中文版

Premiere Pro 2024
完全自学教程

李延周　编著

人民邮电出版社

北京

图书在版编目（CIP）数据

中文版 Premiere Pro 2024 完全自学教程 / 李延周编

著. -- 北京：人民邮电出版社, 2025. -- ISBN 978-7

-115-65594-3

I. TP317.53

中国国家版本馆 CIP 数据核字第 2024YL6663 号

内 容 提 要

　　本书是一本关于视频后期编辑的自学参考书，从零开始系统、全面地解析 Premiere Pro 2024 的各项功能和操作技巧，内容编排由浅入深，结构合理，以实战为主，是易懂、高效、实用的学习指南。

　　全书共 25 章，内容包括 Premiere Pro 的基础操作、工作区布局、面板使用、菜单命令、素材管理和剪辑、动态效果制作、视频过渡、视频效果、音频编辑、色彩调整和影片导出等核心知识点，并且提供了多个综合案例，旨在帮助读者学以致用，提升后期制作能力。同时书中还介绍了 Premiere Pro 2024 的新功能。

　　本书附带配套学习资源，内容包括书中所用的素材文件、案例文件、教学课件和教学视频，可帮助读者提高学习效率。

　　本书适合 Premiere Pro 初学者、影视制作人员和后期制作爱好者学习，也适合高等院校相关专业的学生和各类培训班的学员阅读与参考。

◆ 编　著　李延周

　　责任编辑　王　冉

　　责任印制　陈　犇

◆ 人民邮电出版社出版发行　　北京市丰台区成寿寺路 11 号

　　邮编　100164　电子邮件　315@ptpress.com.cn

　　网址　https://www.ptpress.com.cn

　　雅迪云印（天津）科技有限公司印刷

◆ 开本：880×1092　1/16

　　印张：19.5　　　　　　　　2025 年 3 月第 1 版

　　字数：648 千字　　　　　　2025 年 3 月天津第 1 次印刷

定价：128.00 元

读者服务热线：(010)81055410　印装质量热线：(010)81055316

反盗版热线：(010)81055315

在数字时代，视频已成为一种重要的内容表现形式，它跨越了文字和图片的界限，通过视听一体的表达方法，让我们得以更好地分享生活经历、知识、情感等，而Premiere Pro作为视频剪辑领域的领跑者，它不仅是一个编辑工具，更是帮助我们表达思想和创意的媒介。

本书注重内容的实用性、全面性和学习效率，在深入解读概念和功能的同时，将其与视频制作的实际案例相结合。只有将所学知识转化成提升作品质量的手段，其价值才算得到充分体现。为此，本书基本涵盖了Premiere Pro 2024的全部常用工具、面板、菜单命令、各类效果的应用等内容。同时，本书以技术原理和实际案例并行的方式，帮助读者更好地将所学内容应用于实际操作中。

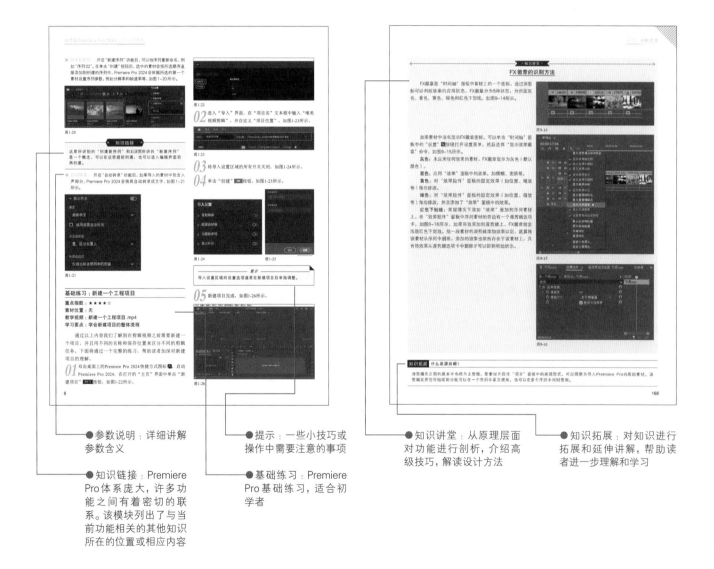

● 参数说明：详细讲解参数含义

● 知识链接：Premiere Pro体系庞大，许多功能之间有着密切的联系。该模块列出了与当前功能相关的其他知识所在的位置或相应内容

● 提示：一些小技巧或操作中需要注意的事项

● 基础练习：Premiere Pro基础练习，适合初学者

● 知识讲堂：从原理层面对功能进行剖析，介绍高级技巧，解读设计方法

● 知识拓展：对知识进行拓展和延伸讲解，帮助读者进一步理解和学习

感谢每一位选择本书的朋友，愿你用无限的创意和精湛的技术做出优秀的作品。

本书包含"基础练习""实战进阶""知识讲堂""知识链接""知识拓展""提示"等模块，部分介绍如下。

编者

2025年2月

目录

注：带有●标记的是Premiere Pro 2024新增和增强功能。

　　带有■标记的是Premiere Pro的快速学习方案，适合时间不充裕的读者短期速成。

中文版Premiere Pro 2024

完全自学教程

第1章

Premiere Pro 的基础操作

【本章简介】

随着网络的发展，视频在工作和学习中成为重要的信息传播途径。Premiere Pro是主流视频剪辑软件之一，其功能全面、操作便捷，能完成各种风格的视频作品。本章将从软件基本情况、工作流程、项目设置和初步完成短片等多角度进行讲解，从基础练习到实战进阶，带领读者发现视频剪辑的乐趣。

【达成目标】

学习本章内容后读者将掌握新建剪辑项目界面内各种选项的含义，以及熟练使用新建序列确定视频参数，包括帧速率、帧大小、像素长宽比等，并了解如何导入素材和导出剪辑好的视频。

了解Premiere Pro软件

Premiere Pro是一款专业的视频剪辑软件，本章将介绍它的发展历程、应用领域，以及基本操作等知识，揭开剪辑世界的神秘面纱。

1.1.1
Premiere Pro 背景介绍

Premiere Pro是一款非线性编辑软件，由Adobe公司推出，从1991年发布Premiere 1.0至今已有30余年的发展历程。说到其发展不得不提到Premiere的创造者——兰迪·乌维略斯（Randy Ubillos），他于1989年加入Adobe公司，在Adobe创始人约翰·沃诺克的建议下研发了视频编辑软件，也就是我们现在所要学习的Premiere。下面以时间线的形式对这款软件的发展做概括性的介绍。

1992年
Premiere 2.0发布，界面中有了彩色元素，支持16位音频输出。

1993年
Premiere 3.0发布，支持更多的音/视频轨道、扩展视图等，此时人们对用计算机剪辑视频感到迷茫。

1996年
Premiere 4.2发布，支持32位架构的Windows 95操作系统，并且支持长文件名。

2003年
Premiere Pro发布，拥有全新的操作界面，新增实时色彩校正、实时运动路径和独立素材面板等功能，同时支持5.1环绕立体声。

2004年
Premiere Pro 1.5发布，支持更多的媒体格式，如WMV、MPEG、MOV、WAV等，增加了贝塞尔曲线关键帧和新的项目管理工具。

1991年
Premiere 1.0发布，只能在macOS系统上运行，一共有3个剪辑轨道——两个视频轨道、一个音频轨道，其中的部分剪辑工具沿用至今，如剃刀工具、放大工具、缩小工具。

1994年
Premiere 4.0问世，同时支持Windows和macOS系统，更新了监视器功能，还可以任意拖动窗口，由于当时的计算机硬件限制，使用人数仍然不多。

1998年
Premiere 5.0发布，支持MMX指令集，新增对比监视器、时间轴轨道等。

2001年
Premiere 6.0发布，因数码摄像机和随身听的流行，开始支持DV视频格式和MP3音频格式。

2014—2018年
CS版本停止发售,进入"创意云"Premiere Pro CC时代,这期间发布了CC 2014、CC 2015、CC 2016、CC 2017、CC 2018、CC 2019版本,新增了代理剪辑、VR视频、白平衡选择、分级调色、8K视频创作等功能,并优化了用户体验和软件稳定性,Premiere Pro CC 2019开始不再支持Windows 10以下版本。

2007—2012年
2007—2008年Adobe依次发布了Premiere Pro CS3、Premiere Pro CS4、Premiere Pro CS5、Premiere Pro CS6。CS3版本开始支持导出MP4格式与H.264编码标准。CS4版本操作界面变为暗色调,是最后一个支持32位系统的版本。CS5版本只支持64位系统,加入"水银加速"引擎。CS6版本整体稳定性提升,启动界面变为深紫色。

2023—2024年
Premiere Pro 2023和Premiere Pro 2024发布,优化语音转文字功能,并升级项目设置界面、更新色彩管理模块,部分功能设计更能满足视频社交平台的需要。

2019—2022年
Premiere Pro 2020发布,从这一版本开始将"CC"从版本名中去除,2022版本新增语音转文字功能。

度高,能满足各种人群的创作需求,提供素材采集、视频剪辑、颜色调整、效果制作、音频处理、字幕添加、输出成品等功能,在电影、电视和网络视频制作中被广泛使用,从记录生活的Vlog到专业电影电视节目的制作,它都可以胜任,如图1-1所示。

Premiere Pro的应用领域包括电影、电视剧、电视节目、广告、宣传片、短视频等。

图1-1

1.1.2
Premiere Pro 应用领域

Premiere Pro作为行业领先的视频编辑软件,创作自由

1.2 剪辑准备工作

视频制作前期的准备工作非常重要,一般来说分为两个环节:编写脚本策划案、获取剪辑素材并进行分类整理。

1.2.1
编辑脚本策划案

要制作一个视频作品,脚本策划案是必不可少的。我们需要将初期的想法以及想要展现的内容用文字的形式进行记录,得到视频作品的"雏形"。从大方向来说脚本策划案一般包括明确主题、风格类型、受众群体、突出重点等内容,从小细节来说则包括时间、场地、人物、事件等,无论是对专业电影还是普通视频而言,脚本策划案都是重中之重,准备好纸与笔,以便记录想法与策划思路,如图1-2所示。

图1-2

1.2.2
素材获取和分类整理

在确定好脚本策划案以后就进入获取素材的环节了。一个完整的视频作品通常由多种类型的素材组成,包括字体、效果、特效、模板、音频、图片、视频等,其中字体、效果、特效、模板等可以用软件制作或者从网上下载。音频、图片、视频需要根据实际情况进行拍摄或录制或者从网上下载,比如需要真人出镜并且有指定台词的视频一般需要自行拍摄录制,如图1-3所示。如果无法进行实地拍摄,需要从网络下载素材,务必要注意内容的合法性和版权。

图1-3

在素材收集完成后就需要对素材进行保存和整理，将素材存放在计算机中，然后根据拍摄时间、景别类型、场景用途等以文件夹的形式进行分类整理，这需要细心和耐心。在前期准备中对素材进行分类整理，在剪辑时可以大大提高工作效率。

Premiere Pro工作流程和启动

1.3

将剪辑所用的素材整理好以后，就可以开始剪辑工作了。使用Premiere Pro剪辑视频时，有一定的工作流程，无论是什么类型的视频，都可根据该流程完成。

1.3.1

Premiere Pro 剪辑流程解析

整理好所有素材以后，从图1-4所示的散乱素材到完成作品，一般会经过以下几个环节。

● 新建项目：新建视频剪辑任务并为其取个名字，用于和其他剪辑任务区分。

● 导入素材：将前期准备好的音频、图片、视频等素材导入Premiere Pro中。

● 新建序列：创建序列，并确定最终成品视频的尺寸，包含分辨率、帧速率等参数。

● 剪辑素材：选择所需的素材进行编辑、拼接等，包含画面、音频、字幕等。

● 添加效果：根据需要添加视频效果或者音频效果。

● 视频调色：在视频内容确定后对视频画面进行调色。

● 成品导出：以上工作全部完成后，输出最终视频。

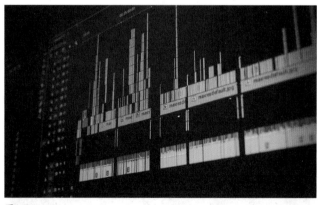

图1-4

1.3.2

启动 Premiere Pro 2024

Premiere Pro 2024的启动方式和常规软件一样，有以下两种。

方法1

双击桌面上的Premiere Pro 2024快捷方式图标，打开Premiere Pro 2024。

方法2

Windows系统：在"开始"菜单中找到"Premiere Pro 2024"，单击即可启动。macOS：可以在"启动台"菜单中启动Premiere Pro 2024。

打开软件以后，首先出现的是"主页"界面，该界面的内容分为3个部分：新建项目、打开项目、最近使用项。如果是首次打开Premiere Pro 2024，"最近使用项"栏中是空白的；如果之前新建过项目，这些项目就会以名称列表的形式显示在"最近使用项"栏中。如果要开始一个全新的项目，可以单击"新建项目" 新建项目 按钮。如果是继续之前做过的项目，就可以单击"打开项目" 打开项目 按钮，找到存放项目的位置并打开项目文件，或者单击"最近使用项"栏中的项目名称直接打开，如图1-5所示。

图1-5

● 新建项目：创建一个新的项目文件进行视频剪辑，需要设置项目名、项目位置、导入设置等选项。

● 打开项目：打开已有的项目文件，继续之前未完成的工作。

提示

单击"打开项目"按钮后，需要找到项目文件所在的文件夹，之前保存的项目文件才会显示。

知识拓展 怎样删掉"最近使用项"栏中的项目？

将鼠标指针放在项目名称上，停留片刻，会显示该项目文件的保存位置，然后打开项目文件所在的文件夹，将对应的项目文件移动或删除，再重启Premiere Pro 2024，此时"最近使用项"中就不再显示该项目文件了。

新建项目

打开Premiere Pro 2024以后，每次做不同的视频之前都需要新建项目，这样做的目的在于区分不同的剪辑任务，也便于保存剪辑文件，Premiere Pro 2024的界面布局如图1-6所示。

图1-6

💎 1.4.1
项目名

每次开始一个新的视频剪辑任务时都需要给这个任务起一个名字，以便区分不同的剪辑内容，这个名字在软件中又称为"项目名"。项目名的内容不固定，方便记忆、主题明确即可，如图1-7所示。

图1-7

💎 1.4.2
项目位置

确定好项目名以后，就需要设置项目保存的位置，单击"项目位置"后的下拉按钮，选择"选择位置"选项，如图1-8所示，会弹出"项目位置"对话框，选择保存位置即可，如图1-9所示。

图1-8

图1-9

1.4.3
素材预览和选择

在素材选择区域能够打开素材存放路径，在素材预览区域可看到音/视频的缩览图，在缩览图下面可以看到素材的名称、格式和时间信息，在缩览图上滑动预览指示线可以查看素材的大致情况。例如预览"E：>剪辑学习"文件夹中的素材，如图1-10所示。

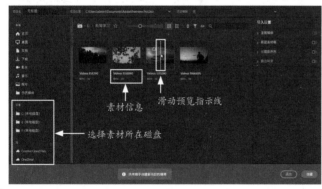

图1-10

确定好需要导入的素材以后可以勾选缩览图左上角的复选框，如图1-11所示，被勾选的素材会在项目创建完成后自动导入项目内。

图1-11

在素材预览区域可以调整预览素材的方式，该区域各项功能介绍如下。

● 调整缩览图的大小：缩小和放大缩览图，对比如图1-12所示。

图1-12

● 网格视图和列表视图：切换素材的预览形式，对比如图1-13所示。

图1-13

● 排序选项：按名称、创建日期、升序或降序调整素材的排列顺序，如图1-14所示。

● 文件类型的筛选：根据需要可以选择只显示某一种类型或者全部类型的素材，如图1-15所示。

图1-14   图1-15

● 目录查看器：根据素材录制设备的品牌或者型号筛选素材，如图1-16所示。

图1-16

● 搜索框：根据名称搜索指定文件夹内的素材，如图1-17所示。

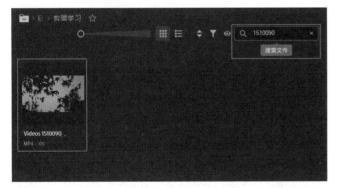

图1-17

> **提示**
>
> 可以搜索素材的全称或者部分名称，搜索范围是当前所打开的文件夹。

1.4.4
导入设置

在导入设置区域可以设置素材的导入方式以及是否用素材来创建序列，如果剪辑素材在U盘或者存储卡内，那么"复制媒体"功能将有很大作用，"新建素材箱"、"创建新序列"和"自动转录"等选项可以在开始剪辑后再设置。

● 复制媒体：如果要从临时位置（例如相机存储卡、U盘等移动存储器）复制媒体文件，可以将"复制媒体"切换为打开状态，Premiere Pro 2024支持在后台复制媒体的同时进行编辑。"预设"中的MD5校验用于确保复制过程中不出现文件损坏，复制的位置可以选择与项目位置相同或者自定义，不过这个功能需要安装Media Encoder才可以使用，如图1-18所示。

图1-18

> **知识拓展** Media Encoder是什么软件？
>
> Media Encoder是Adobe公司开发的音/视频编码应用程序，可以批量处理多个视频和音频的剪辑，在视频为主要内容形式的环境中加快工作速度，可与Premiere Pro和After Effects配合使用。

● 新建素材箱：开启"新建素材箱"功能后，勾选的素材会放在以"名称"文本框中的名称命名的文件夹内，如果不勾选，素材会直接显示，如图1-19所示。

图1-19

● 创建新序列：开启"新建序列"功能后，可以给序列重新命名，例如"序列02"。在单击"创建"按钮后，选中的素材会按所选顺序直接添加到创建的序列中，Premiere Pro 2024会依据所选的第一个素材设置序列参数，例如分辨率和帧速率等，如图1-20所示。

图1-20

┌─────────── 知识链接 ───────────┐

这里所讲到的"创建新序列"和1.5节所讲的"新建序列"是一个概念，可以在这里提前创建，也可以进入编辑界面后再创建。

● 自动转录：开启"自动转录"功能后，如果导入的素材中包含人声部分，Premiere Pro 2024会将其自动转录成文字，如图1-21所示。

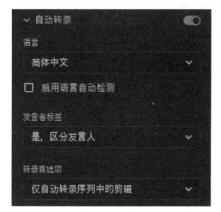

图1-21

基础练习：新建一个工程项目

重点指数：★★★★☆
素材位置：无
教学视频：新建一个工程项目.mp4
学习要点：学会新建项目的整体流程

通过以上内容我们了解到在剪辑视频之前需要新建一个项目，并且用不同的名称和保存位置来区分不同的剪辑任务。下面将通过一个完整的练习，帮助读者加深对新建项目的理解。

01 双击桌面上的Premiere Pro 2024快捷方式图标 **Pr**，启动Premiere Pro 2024，在打开的"主页"界面中单击"新建项目" **新建项目** 按钮，如图1-22所示。

图1-22

02 进入"导入"界面，在"项目名"文本框中输入"唯美视频剪辑"，并自定义"项目位置"，如图1-23所示。

图1-23

03 将导入设置区域的所有开关关闭，如图1-24所示。

04 单击"创建" **创建** 按钮，如图1-25所示。

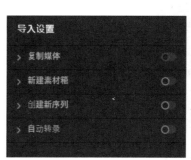

图1-24   图1-25

┌─────────── 提示 ───────────┐
导入设置区域的设置选项通常在新建项目后单独调整。

05 新建项目完成，如图1-26所示。

图1-26

新建序列

1.5

新建序列就是设置视频的帧数、比例、音频采样率等参数，并决定成品视频的最终尺寸，只有新建序列后才能进行视频编辑。查看视频参数的方法是：选中视频文件后单击鼠标右键，选择"属性"命令，在属性对话框的"详细信息"选项卡中查看，如图1-27所示。

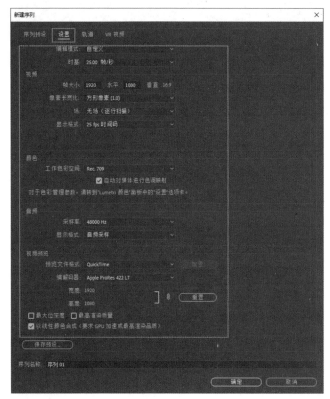

图1-27

启动Premiere Pro 2024以后，在"项目"面板中执行"新建项"→"序列"命令，如图1-28所示。打开"新建序列"对话框，在该对话框中选择"设置"选项卡，其中包括编辑模式、时基、帧大小、像素长宽比、场、显示格式、工作色彩空间、采样率等参数，如图1-29所示。下面对这些参数的概念进行详细讲解。

图1-28

图1-29

知识拓展 一个项目内可以有多少序列？

在一个项目内可以新建多个序列，在剪辑时每个序列是独立的，可以制作出不同的视频作品，导出的视频尺寸以每个序列设置的参数为准。

1.5.1

编辑模式

Premiere Pro 2024根据不同品牌的录制设备预设了多种编辑模式，用户可以根据录制视频的设备进行选择，也可以选择"自定义"选项，创建合适的序列设置，如图1-30所示。

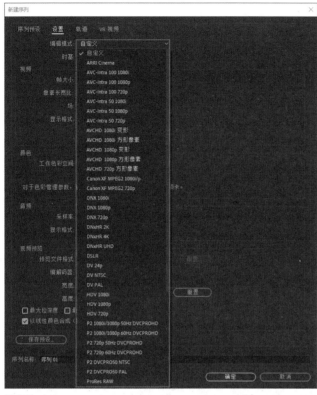

图1-30

"编辑模式"中的预设多数以摄像机品牌和拍摄参数进行命名，预设分类如下所示。

AVC-Intra	DVCPROHD
AVCHD	HDV
DV 24p	XDCAM EX
DV NTSC	XDCAM HD422
DV PAL	XDCAM HD
DVCPRO50	

NTSC/PAL

NTSC/PAL是众多"编辑模式"选项中需要特别注意的模式，NTSC/PAL是全球两大主要电视广播制式，两者在帧频、扫描线、图像信号带宽上有所不同。

NTSC（National Television Standards Committee）是最早的彩电制式，它采用正交平衡调幅的技术，故也称为正交平衡调幅制。其优点是解码线路简单、成本低。

- 供电频率：60Hz。
- 场频：60场。
- 帧频：30帧/秒。

- 扫描线：525行。
- 信号带宽：6.2MHz。

PAL（Phase Alternating Line）采用逐行倒相正交平衡调幅的技术，克服了NTSC制式相位敏感造成色彩失真的缺点。其优点是对相位偏差不敏感，并在传输中受多径接收而出现重影彩色的影响较小。

- 供电频率：50Hz。
- 场频：50场。
- 帧频：25帧/秒。
- 扫描线：625行。
- 信号带宽：4.2MHz、5.5MHz、5.6MHz。

◈ 1.5.2

时基

时基是 Premiere Pro 用于计算每个编辑点的时间单位，也就是通常说的帧速率，即每秒刷新的图片数，如图1-31所示。24帧/秒用于编辑电影胶片，25帧/秒用于编辑PAL视频，29.97帧/秒用于编辑 NTSC视频，帧速率越大视频越流畅。通常，序列的帧速率要和源素材的帧速率一致。

图1-31

◈ 1.5.3

帧大小

"帧"是视频播放的最小时间单位，视频都是由连续播放的图片组成的。"帧大小"指的是以像素为单位的帧的尺寸，也就是画面宽度和高度，如图1-32所示。通常序列的帧大小应与源素材的帧大小保持一致，在16：9的比例下常用的"帧大小"参数如下。

- 标清：1280像素×720像素。

- 高清：1920像素×1080像素。
- 4K：3840像素×2160像素。

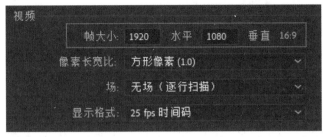

图1-32

💎 1.5.4

像素长宽比

像素是构成图像的基本单位，图像由大量的像素以行和列的形式排列而成。像素长宽比是指图像中单个像素的宽度与高度之比，更改像素长宽比会影响画面整体的比例。画面中像素越多，图像质量就越好。在Premiere Pro中，不同的编辑模式对应的像素长宽比不同，如图1-33所示。

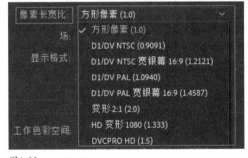

图1-33

如果设置的像素长宽比和源素材的像素长宽比不同，则渲染出的视频会出现扭曲，将图像放大到像素级就可以看到单个的像素块。如果像素长宽比是2：1，看到的像素点的形状就是长方形，如果像素长宽比是1.0（1：1），看到的像素点的形状就是正方形。现在的数字播放设备最常见的就是"方形像素（1.0）"，如果播放设备不是"方形像素（1.0）"，就需要修改成与其对应的像素长宽比。像素长宽比2：1与素长宽比1：1的对比如图1-34所示。

图1-34

💎 1.5.5

场

"场"的概念源于电视，由于要克服信号频率带宽的限制，电视无法在制式规定的刷新时间内（NTSC是30帧/秒，PAL是25帧/秒）同时将一帧图像显示在屏幕上，只能将图像分成两个半幅的图像，一先一后地显示。由于刷新速度快，肉眼看不到。普通电视都采用隔行扫描的方式刷新图像，隔行扫描是将一帧电视画面分成奇数场和偶数场进行两次扫描，第一次由1、3、5、7等所有奇数行组成奇数场，第二次由2、4、6、8等所有偶数行组成偶数场，也称为"奇场"和"偶场"，在Premiere Pro中称为"高场"和"低场"，如图1-35所示。

图1-35

随着录制设备和播放设备的更新迭代，逐行扫描成为主流，因为它不需要对画面进行第二次扫描，在同样的单位时间内没有时间的滞后和插补偏差，能生成比隔行扫描更好的图像质量。

💎 1.5.6

显示格式

视频显示格式

在Premiere Pro中有多种显示格式，更改"显示格式"选项不会改变剪辑或序列的帧速率，只改变在"时间轴"面板上的显示方式，如图1-36所示。

图1-36

用摄像机记录视频时，它会捕捉一系列动作的静态图像。如果每秒捕捉到足够数量的图像，那么在播放时这些图像看上去就像是动态的，每一个图像被称为一个帧，时间码就是用来识别和记录视频中的每一帧的。从视频的开始帧到终止帧，其中的每一帧画面都对应唯一的时间码地址。

- 25fps时间码：视频剪辑中默认的时间格式，视频中的每个帧都分配对应的数字，用小时∶分钟∶秒∶帧的形式来表示。
- 英尺+帧16mm和英尺+帧35mm：如果素材是用胶片拍摄的，就可以采用胶片格式显示项目时间码，它不是测量时间本身，而是测量英尺数量和从上一英尺开始的帧的数量。
- 画框：仅用于计算视频中的帧数量，从0帧开始计算，有时用在动画制作项目中。

　　用不同的显示格式显示同一位置的时间码，其数值也是不一样的，例如：显示格式为"25fps时间码"时，素材时间码为00:00:08:05，转换为"英尺+帧16mm"显示格式后时间码为5+05，转换为"英尺+帧35mm"显示格式后时间码为12+13，转换为"画框"显示格式后时间码为205，对比如图1-37所示。

图1-37

　　播放音频文件时，时间显示格式有"音频采样"和"毫秒"两个选项，如图1-38所示。默认情况下，时间以帧为单位显示。

图1-38

- 音频采样：记录数字音频时，Premiere Pro 会通过麦克风捕捉声音样本，每秒钟采样的数量由序列的设置决定。
- 毫秒：选择这个模式时，Premiere Pro 将以小时、分钟、秒、千分之一秒来显示时间。

　　在编辑音频时，可以单击"时间轴"面板中序列名称旁边的■按钮，选择"显示音频时间单位"选项，如图1-39所示。

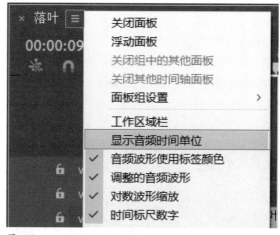
图1-39

💎 1.5.7

工作色彩空间

色彩空间又称色域，是指在设备上所能呈现的颜色范围，可以理解为包含颜色种类的多少。在大自然中有亿万种不同的颜色，是物体反射不同光波频率产生的，人眼能辨识的光叫"可见光"，可见光谱的颜色组成了一个色彩空间，因为显示设备无法呈现所有色彩，所以规定了一系列的色彩空间标准。

我们使用的手机、计算机等电子设备的屏幕，全部统一采用sRGB色彩空间作为标准，也就是SDR色彩空间Rec.709。色彩空间Rec.2100 HLG和Rec.2100 PQ（感知量化）属于HDR模式，如图1-40所示，HDR（高动态范围，High-Dynamic Range）将每个曝光瞬间相对应的最佳细节的图像合成为最终的HDR图像，通俗来说，就是将同一个画面进行多次不同程度的曝光，这样一来可获取更接近真实生活的、具有更高宽容度的颜色和光线范围的图像。

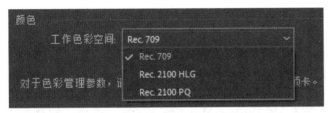

图1-40

💎 1.5.8

采样率

采样率是指录音设备在一秒内对声音信号的采样次数，采样频率越高声音就越真实、越自然。高品质的音频需要更大的磁盘空间和更多的处理时间，如果设置与源音频不同的采样率，不但需要额外的处理时间，而且会影响音频品质。Premiere Pro的5种采样率选项如图1-41所示。

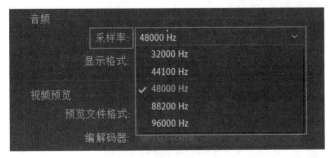

图1-41

● 32000Hz：miniDV 数码视频 camcorder、DAT（LP mode）所用采样率。

● 44100Hz：音频CD、MPEG-1音频（VCD、SVCD、MP3）所用采样率。

● 48000Hz：miniDV、数字电视、DVD、DAT电影和专业音频所用采样率。

● 88200Hz：适用于符合CD标准采样率整数倍的母带处理。

● 96000Hz：DVD-Audio、一些PCMDVD音轨、BD-ROM（蓝光盘）音轨和HD-DVD（高清晰度DVD）音轨所用采样率。

💎 1.5.9

预览文件格式

"预览文件格式"是指允许用户自定义选择一种文件格式，以在渲染时间和文件大小比较小的情况下提供最佳的预览效果。"编辑模式"为自定义模式下的预览文件格式的选项如图1-42所示。某些编辑模式有着固定的预览文件格式。

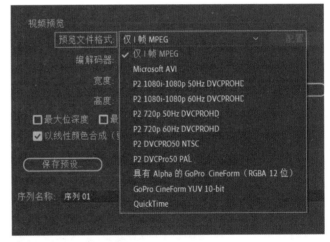

图1-42

💎 1.5.10

编解码器

"编解码器"可指定用于为序列创建预览文件的编解码器。未压缩的UYVY 422 8位编解码器和V210 10位YUV编解码器分别匹配SD-SDI和HD-SDI视频的规范（仅限Windows），如果需要使用某种格式，请从这些编解码器中选择一个，如图1-43所示。要使用其中任一编解码器，请首先选择"自定义"编辑模式。

图1-43

💎 1.5.11

最大位深度

"最大位深度"用于使颜色位深度最大化，以包含按顺序回放的视频。如果选定压缩程序仅提供了一个位深度选项，此设置通常不可用。当准备用于 8 bpc 颜色回放的序列时，例如，对于 Web 或某些演示软件使用"桌面"编辑模式时，也可以指定 8 位（256 颜色）调色板。如果项目包含由 Adobe Photoshop 等软件或高清摄像机生成的高位深度资源，请选择"最大位深度"。然后，Premiere Pro 会使用这些资源中的所有颜色信息来处理效果或生成预览文件。

💎 1.5.12

最高渲染质量

当从占用空间较大的格式变为较小的格式，或从高清晰度变为标准清晰度格式时，"最高渲染质量"可用于使所渲染剪辑和序列中的运动质量达到最佳效果，勾选此复选框通常会使移动资源的渲染更加逼真。与默认的标准质量相比，最高质量的渲染需要更多的时间，并且要使用更多的内存。此选项仅适用于具有足够内存的系统，对于内存极少的系统，建议不要使用"最高渲染质量"选项。"最高渲染质量"通常会使高度压缩的图像或包含压缩失真的图像锐化，因此效果更差。

💎 1.5.13

以线性颜色合成

"以线性颜色合成"用于为混合帧提供更逼真的照片外观。例如，将自然图像与 Alpha 蒙版或羽化蒙版混合在一起，在某些情况下，勾选此复选框会减少文本或图形周围的光晕。取消勾选此复选框，线性淡化会显得更平滑。

实战进阶：新建 1080p 横屏序列并保存

重点指数：★ ★ ★ ★ ☆
素材位置：无
教学视频：新建 1080p 横屏序列并保存预设 .mp4
学习要点：帧大小、帧速率、像素长宽比、场

经过以上的学习，使用"新建序列"功能新建一个具有高清分辨率、25帧/秒的视频序列。

01 双击桌面上的Premiere Pro 2024快捷方式图标 **Pr**，启动 Premiere Pro 2024，在打开的"主页"界面中单击"新建项目" **新建项目** 按钮，如图1-44所示。

图1-44

02 进入"导入"界面，在"项目名"对话框中输入"高清序列"，并自定义"项目位置"，关闭"导入设置"中的开关，然后单击"创建" **创建** 按钮，如图1-45所示。

图1-45

03 在"项目"面板执行"新建项"→"序列"命令，打开"新建序列"对话框，如图1-46所示。

图1-46

04 在"新建序列"对话框中打开"设置"选项卡，将"编辑模式"设置为"自定义"，"时基"设置为25帧/秒，"帧大小"设置为1920像素×1080像素，"像素长宽比"设置为"方形像素（1.0）"，"场"设置为"无场（逐行扫描）"，其他参数保持默认，最后单击"确定" 确定 按钮，如图1-47所示。

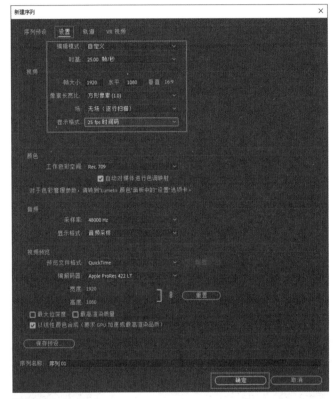

图1-47

知识链接

关于"帧大小"的数值可以根据 1.5.3 小节中讲到的"标清、高清、4K"进行设置。

知识拓展 高清竖屏序列该怎么设置？

较常用的横屏视频分辨率参数是1920像素×1080像素，如果需要一个高清竖屏的序列，只需把"帧大小"设置为1080像素×1920像素，其他的参数同横屏设置一致即可。

05 如果需要序列预设，单击"保存预设" 保存预设 按钮，弹出"保存序列预设"对话框，输入保存的名称，然后单击"确定" 确定 按钮，如图1-48所示。

图1-48

06 在"序列预设"选项卡内会显示已保存的序列"高清横屏"，在右侧文本框中有序列参数的详细说明，下次使用时直接选中"自定义"内的预设，单击"确定" 确定 按钮即可，如图1-49所示。

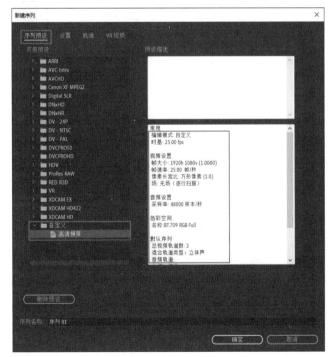

图1-49

1.6 导入素材

导入素材是使用Premiere Pro编辑视频时的必要环节，在剪辑之前需要把所用的素材放入"项目"面板内，其中音频、图片和视频的导入方式是一样的，下面将逐一介绍导入方式。另外，Premiere Pro还可以导入Premiere Pro工程项目。

1.6.1 常规素材导入

在剪辑时，最常用到的素材类型有音频、图片和视频3种类型，这3种素材的导入方式一样，可用以下任何一种方式导入，只是导入的途径不同，导入后的内容、参数、格式等都一样。

菜单栏导入

启动Premiere Pro 2024，在新建项目以后，执行"文件"→"导入"命令，如图1-50所示。此时会弹出"导入"对话框，或者直接按快捷键Ctrl+I也会弹出"导入"对话框，然后打开素材所在文件夹，选中所需素材，单击"打开"[打开(O)]按钮，即可导入素材，如图1-51所示。

图1-50

图1-51

> **提示**
>
> 如果要选的素材不是连续排列的，可以按住Ctrl键，然后用鼠标依次选中所需素材即可。

"项目"面板导入

在"项目"面板的任意空白处单击鼠标右键，在弹出的菜单中选择"导入"选项，如图1-52所示。此时会弹出"导入"对话框，或者直接双击"项目"面板的任意空白处也会弹出"导入"对话框，后面的导入步骤同前文。

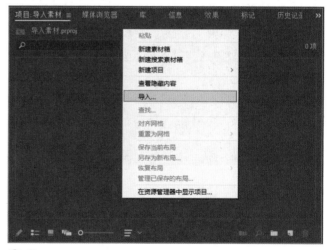

图1-52

拖动素材导入

除了以上两种导入素材方式，还可以直接打开素材所在的文件夹，然后选中所需素材，将素材拖至"项目"面板内，如图1-53所示。

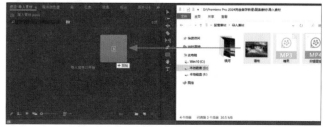

图1-53

1.6.2

图片序列导入

　　图片序列是按照顺序拍摄并命名的摄影素材，以图片的形式存在，在导入Premiere Pro后形成连贯的视频内容，图片的命名形式是连续的，比如001、002、003……。图片之间有时间上的关系，如图1-54所示，通常用于延时摄影，是拍摄日出、日落、云流、星空等运动或变化较慢的对象的常用手法。

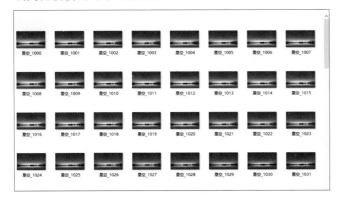

图1-54

　　启动Premiere Pro 2024，在新建项目以后，执行"文件"→"导入"命令，在"导入"对话框中打开存放素材的位置，然后选中第一张图片，并勾选"图像序列"复选框，最后单击"打开" 打开(O) 按钮，如图1-55所示。

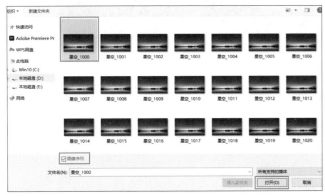

图1-55

　　图片序列导入Premiere Pro后会以视频的形式存在，视频时长和图片的数量有直接关系，比如有100张图片，以每秒25帧计算，那么100张图片序列导入后的视频时长就是4秒。导入后的视频效果如图1-56所示。

> **知识拓展** 导入图片序列的默认帧数怎么设置？
>
> 　　通常默认的帧数是25帧/秒，如果需要调整这个数值，执行"编辑"→"首选项"→"媒体"命令，调整"不确定的媒体时基"选项即可。

图1-56

1.6.3

Premiere Pro 工程项目导入

　　在Premiere Pro 2024中，除了能导入各种格式的媒体素材，还可以在一个项目文件中导入一个或者多个另外的工程项目文件，导入后以文件夹的形式存在。

　　启动Premiere Pro 2024，在新建项目后，执行"文件"→"导入"命令，在"导入"对话框中选择工程项目文件，单击"打开" 打开(O) 按钮，如图1-57所示。

图1-57

在弹出的"导入项目"对话框中选择"导入整个项目"选项，单击"确定" 确定 按钮，如图1-58所示。

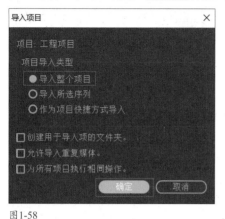

图1-58

导入后会在"项目"面板显示原工程项目中包含的所有素材内容和序列，双击序列文件即可在"时间轴"面板中显示剪辑详情，如图1-59所示。

图1-59

> **提示**
>
> 如果在导入项目时出现"链接媒体"对话框，说明有素材未识别到或者丢失，这时可以单击"链接媒体"对话框中的"查找" 查找 按钮，然后手动找到素材的所在位置，选中缺失的素材，单击"确定" 确定 按钮将丢失的素材重新链接。

· 知识讲堂 ·

如何识别项目中的素材状态？

在"项目"面板中快速识别素材状态有助于精准查找和使用素材，提升剪辑的工作效率。视频素材的状态分为序列文件、已使用素材、未使用素材，其中已使用和未使用的素材又分为有音频轨道和无音频轨道。以上所述都会出现在图标视图状态下，如图1-60所示。

图1-60

序列文件

时间轴中剪辑内容的载体，在导入工程项目文件后需要双击序列文件以打开"时间轴"面板，或者在剪辑时将"时间轴"面板误关闭也可以通过双击序列文件进行恢复，识别图标如图1-61所示。

已使用素材（不带音轨）

在时间轴上使用的视频素材，识别图标如图1-62所示。

未使用素材（不带音轨）

未使用的视频素材，没有识别图标，如图1-63所示。

图1-61

图1-62

图1-63

已使用素材（带音轨）

在时间轴上使用的视频素材，识别图标如图1-64所示。

图1-64

未使用素材（带音轨）

未使用的视频素材，识别图标如图1-65所示。

图1-65

编辑素材

编辑素材是视频剪辑中工作量最大的一个环节，也是决定视频最终效果的环节，其中主要包含剪辑思路和剪辑技术两个方面。剪辑思路是对成型作品的大致预期，其中包括叙述表达的主线、镜头拼接的逻辑、音乐节奏的融合等方面，本节将介绍素材片段的拼接逻辑和剪辑工具的用法。

1.7.1

镜头之间的拼接逻辑

导入素材以后就可以进行镜头片段的大致拼接了，其中镜头的排列顺序是内容表达的关键，同样的镜头用不同的顺序排列，观众对视频内容的理解就不一样。下面用一段"剪羊毛"的示例来分析镜头拼接的思维逻辑，3段镜头内容如图1-66所示。

图1-66

3段镜头的景别分别是：特写、近景和全景。全景中的内容交代了人物所在的大环境和所做事情的大致情况，通过这个全景镜头可以分析出天气、季节、事件场所、人物动作等内容，如图1-67所示。

图1-67

近景镜头交代了事件中的人物更详细的表情、动作、穿着等内容，如图1-68所示。

图1-68

特写镜头能给人强烈的视觉冲击，强调和突出所做动作的具体情况，如图1-69所示。

图1-69

根据以上3个镜头的内容，可以先交代大环境也就是全景，然后交代人物主体的表情和动作，最后用特写镜头突出动作的详细内容，如图1-70所示。

图1-70

也可以先交代人物的表情和动作，让观众有一种想要看下人物具体在做什么事情的欲望，然后给出特写镜头，最后用全景交代整体环境，让观众产生豁然开朗的感觉，如图1-71所示。

图1-71

💎 1.7.2

调整素材位置、长度和速度

调整素材的位置、长度和速度是剪辑视频的基本也是关键，移动素材位置可以调整镜头的顺序和在时间轴上的位置，调整长度可以控制画面内容的时间长短，调整速度可以控制画面中动作内容的快慢。

新建序列，执行"新建项"→"序列"命令，打开"新建序列"对话框，如图1-72所示。

图1-72

在"新建序列"对话框中打开"设置"选项卡，将"编辑模式"设置为"自定义"，"时基"设置为25帧/秒，"帧大小"设置为1920像素×1080像素，"像素长宽比"设置为"方形像素（1.0）"，"场"设置为"无场（逐行扫描）"，其他参数保持默认，然后单击"确定"　确定　按钮，如图1-73所示。

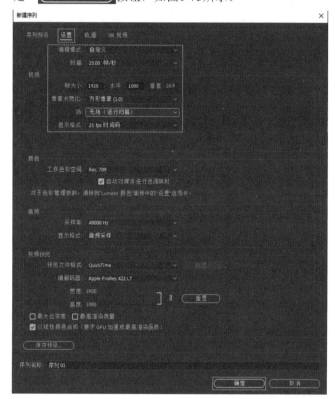

图1-73

执行"文件"→"导入"命令，将"特写""近景""全景"3个素材导入，全选后拖至时间轴，如图1-74所示。

图1-74

> **提示**
>
> 选中"时间轴"面板，按+键可以放大时间轴，按-键可以缩小时间轴，按的时候需要在英文输入法的状态下。

调整素材位置。使用"选择工具"▶，在素材上按住鼠标左键，即可拖动素材，如图1-75所示。

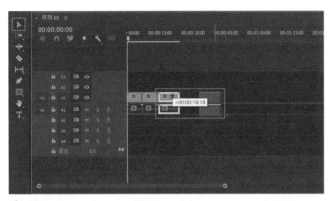

图1-75

调整素材长度。将鼠标指针放在素材的前端或者后端，会出现方向箭头，这时按住鼠标左键不放，向前或者向后拖动方向箭头即可调整素材的长度，如图1-76所示。

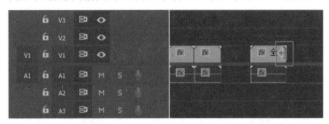

图1-76

调整素材速度。选中需要调整速度的素材，单击鼠标右键，在弹出的快捷菜单中选择"速度/持续时间"命令，如图1-77所示。弹出"剪辑速度/持续时间"对话框，更改"速度"参数即可调整素材速度，调整后单击"确定" 确定 按钮，如图1-78所示。

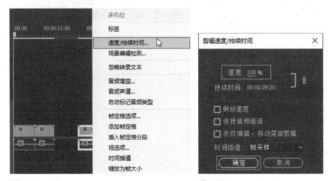

图1-77   图1-78

基础练习：镜头的拼接逻辑

重点指数：★★★★★
素材位置：素材文件\第1章\镜头的拼接逻辑
教学视频：镜头的拼接逻辑.mp4
学习要点：掌握镜头之间的拼接顺序

镜头的拼接顺序决定视频内容的走向，是叙事表达

的重要环节，本案例将对以上课程知识点进行综合性的练习，最后效果如图1-79所示。

图1-79

01 双击桌面上的Premiere Pro 2024快捷方式图标 ，启动Premiere Pro 2024。新建项目后，执行"新建项"→"序列"命令，打开"新建序列"对话框中，在该对话框中打开"设置"选项卡，将"编辑模式"设置为"自定义"，"时基"设置为25帧/秒，"帧大小"设置为1920像素×1080像素，"像素长宽比"设置为"方形像素（1.0）"，"场"设置为"无场（逐行扫描）"，其他参数保持默认，最后单击"确定" 确定 按钮，如图1-80所示。

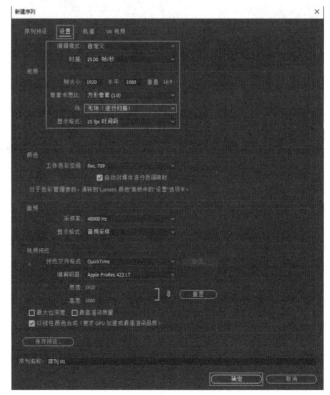

图1-80

02 执行"文件"→"导入"命令，弹出"导入"对话框，选中"背影""侧面""脚步"素材，单击"打开" 打开(O) 按钮，如图1-81所示。

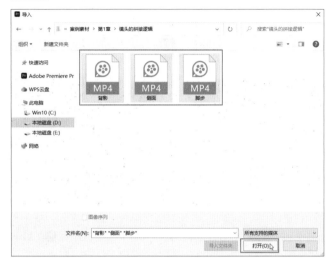

图1-81

03 将"背影""侧面""脚步"素材拖至"时间轴"面板，如图1-82所示。

图1-82

04 将拖至"时间轴"面板的素材按照"背影""脚步""侧面"的顺序排列，如图1-83所示。

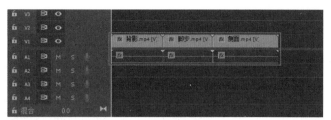

图1-83

05 将鼠标指针放至"背影"和"脚步"素材的尾部，剪掉一部分内容，如图1-84所示。

图1-84

06 向前拖动"脚步"和"侧面"素材使所有素材闭合，如图1-85所示。

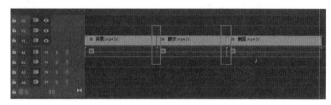

图1-85

调整后的最终效果如图1-86所示。

图1-86

· 知识讲堂 ·

景别的分类和作用是什么?

景别的类型分为：远景、全景、中景、近景、特写。

远景：远景一般用于展现广阔的空间和开阔的大场面，可以提供较多的视觉信息，交代故事背景、人文地貌、自然风光、事件规模等，在电视剧和电影中常用作开篇、结尾或者画面过渡。

全景：全景可以清楚地看到人和物的形体动态，通常用于展示人物全身形象、人与人之间的关系、主体与环境之间的关系等，可以表现事物或场景的全貌，让观众清楚拍摄主体在所处空间的定位。

中景：中景能清楚看到人物的形体动作和情绪交流，常用于表现人物膝盖以上部分或者场景局部的画面，以及人的动作、情感、姿态等信息，能提供大量的画面细节。

近景：近景用于表现人物胸部以上或者景物局部的画面，主要包括人物的面部神态、心理活动和物体局部特征，这种景别下环境空间被淡化，处于陪衬地位，因此近景是刻画人物面部、细微动作和局部状态的主要景别。

特写：被摄对象的某一局部充满画面，构图饱满。特写可使表现对象从周围环境中突现出来，塑造清晰的视觉形象，起到放大形象、强化内容、突出细节的作用。

1.8 快速导出

导出就是把编辑好的项目内容以播放文件的形式进行输出，常用的导出类型有视频、音频和图片，其中视频、音频和图片又分为多种压缩格式，还会涉及各种参数的设置，本节主要讲解常见的导出类型，在后续内容中，会为大家详细讲解导出方面的知识点。

1.8.1 视频导出

在剪辑完成后，可以在"节目"面板中单击"播放-停止切换" ▶ 按钮，预览完整的视频内容，确认无误后导出，如图1-87所示。

图1-87

视频常用的输出格式是MP4，这里就以MP4格式为例进行导出。在导出之前需要先确定导出的范围，也就是视频开始和结束的位置。在"时间轴"面板将播放指示器移至前端，然后按I键可以确定开始的位置，也就是视频的"入点"，如图1-88所示。

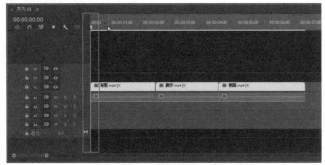

图1-88

> **提示**
> 按快捷键时需要在英文输入法状态下。

接着在"时间轴"面板将播放指示器移至视频内容末端，再按O键可以确定结束的位置，也就是视频的"出点"，如图1-89所示。

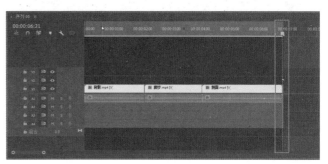

图1-89

> **提示**
> 按↑和↓键，可以将鼠标指针准确地放在素材的衔接处。

确定好导出的范围以后，执行"文件"→"导出"→"媒体"命令。在"导出"界面的"文件名"文本框内输入"奔跑"，单击"位置"后面的蓝色文字，可以选择输出位置，将"格式"设置为H.264，其他参数保持默认，单击"导出" 导出 按钮，如图1-90所示。

图1-90

此时会弹出"编码 序列01"对话框，如图1-91所示。进度条走完以后视频即导出完成。找到视频的输出位置，双击即可观看编辑好的视频内容，如图1-92所示。

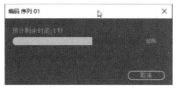

图1-91

图1-92

音频导出

如果只需要导出剪辑内容的音频，则首先确定导出范围，在"时间轴"面板将播放指示器移至前端，然后按I键可以确定开始的位置，也就是音频的"入点"，如图1-93所示。

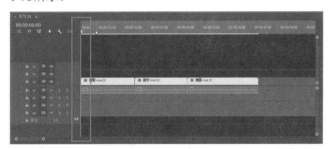

图1-93

接着在"时间轴"面板将播放指示器移至音频内容末端，再按O键可以确定结束的位置，也就是音频的"出点"，如图1-94所示。

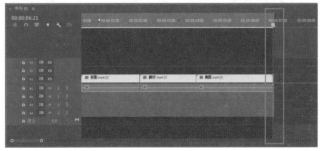

图1-94

确定好导出范围以后，执行"文件"→"导出"→"媒体"命令。在"导出"界面的"文件名"文本框中输入"音频"，单击"位置"后面的蓝色文字，可以选择输出位置，将"格式"设置为MP3，其他参数保持默认，如图1-95所示。单击界面右下角的"导出" 导出 按钮。

图1-95

图片导出

在"节目"面板内，拖动播放指示器使画面停留在需要导出的位置，然后单击"导出帧" ◻ 按钮，如图1-96所示。

图1-96

弹出"导出帧"对话框，在"名称"文本框中输入"晨光"，将"格式"设置为JPEG，单击"浏览" 浏览 按钮，可以选择导出位置，最后单击"确定" 确定 按钮即可导出，如图1-97所示。

图1-97

导出图片的最终效果如图1-98所示。

图1-98

实战进阶：剪辑小短片并导出

重点指数：★★★★★
素材位置：素材文件\第1章\剪辑小短片并导出
教学视频：剪辑小短片并导出.mp4
学习要点：熟悉完整的剪辑流程

本案例将从新建项目开始到完成视频编辑，再到最终导出视频做总结性的实操练习。我们将以"放羊女孩"素材作为剪辑案例，练习镜头之间的拼接和背景音乐的添加，效果如图1-99所示。

图1-99

01 双击桌面上的Premiere Pro 2024快捷方式图标 🔲，启动Premiere Pro 2024。新建项目后，执行"新建项"→"序列"命令，打开"新建序列"对话框，在该对话框打开"设置"选项卡，将"编辑模式"设置为"自定义"，"时基"设置为25帧/秒，"帧大小"设置为1920像素×1080像素，"像素长宽比"设置为"方形像素（1.0）"，"场"设置为"无场（逐行扫描）"，其他参数保持默认，最后单击"确定" 🔲 按钮，如图1-100所示。

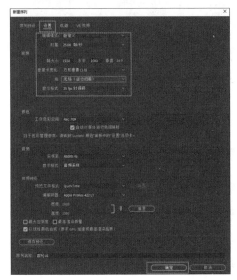

图1-100

02 执行"文件"→"导入"命令，弹出"导入"对话框。选中"奔跑""观察""羊群""追逐""森林摇篮曲"素材，单击"打开" 🔲 按钮，如图1-101所示。

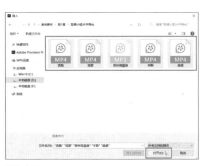

图1-101

03 先将"观察"和"奔跑"素材拖至时间轴，如图1-102所示。

图1-102

04 将"观察"素材的头部和尾部剪掉一部分，将"奔跑"素材的头部剪掉一部分，如图1-103所示。

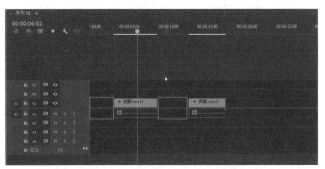

图1-103

05 拖动"观察"和"奔跑"素材，去掉它们之间的空隙，如图1-104所示。

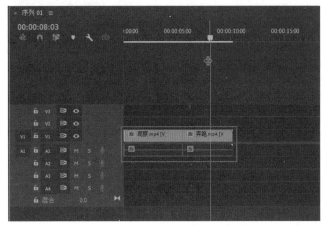

图1-104

06 将"追逐"素材拖至"奔跑"素材的后面，在女孩开始奔跑的位置进行剪辑，如图1-105所示。

图1-105

07 去掉"奔跑"和"追逐"素材之间的空隙，然后将"羊群"素材拖至"追逐"素材的后面，如图1-106所示。

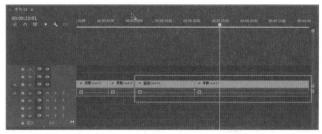

图1-106

08 在"追逐"素材中剪掉女孩将要停止奔跑以后的素材，如图1-107所示。

图1-107

09 在"羊群"素材中剪掉女孩从左向右奔跑之前的素材，如图1-108所示。

图1-108

10 去掉"追逐"和"羊群"素材之间的空隙，如图1-109所示。

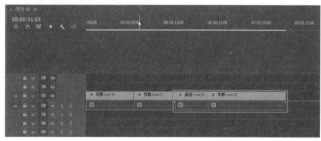

图1-109

11 将背景音乐"森林摇篮曲"拖至视频下面的音频轨道，如图1-110所示。

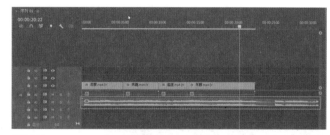

图1-110

12 在与视频末尾平齐处剪掉多余的音频，如图1-111所示。

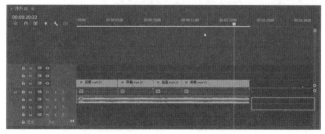

图1-111

13 视频剪辑完成，使用I键和O键选择导出范围，如图1-112所示。

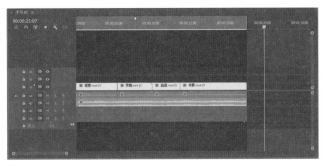

图1-112

14 执行"文件"→"导出"→"媒体"命令，在"导出"界面的"文件名"文本框中输入视频名称，单击"位置"后面的蓝色文字选择输出位置，将"格式"设置为H.264，其他参数保持默认，如图1-113所示。单击界面右下角的"导出" 导出 按钮。

图1-113

15 视频剪辑完成，最终效果如图1-114所示。

图1-114

第2章

Premiere Pro 2024 工作区

工作区介绍

在剪辑时可以通过"工作区" ▣ 按钮切换不同模式的工作区，如图2-1所示。用户可根据自己的工作需求选择合适的工作区，工作需求是指侧重的工作内容，比如素材剪辑常用"编辑"模式工作区、调色常用"颜色"模式工作区、加字幕常用"字幕和图形"模式工作区等。这些模式工作区与工作内容的对应并不是固定的，也可以在"编辑"模式工作区中进行调色，只是选择合适的工作区更方便某些功能的使用。

【本章简介】

Premiere Pro 的工作区由不同功能的操作面板组成，对这些面板进行组合排列，可以形成支持不同工作环节的界面布局。Premiere Pro 2024根据用户操作习惯共预设了17个工作区，在工作时可以基于不同的制作任务切换至相应的工作区。本章将介绍不同模式下工作区的功能以及工作区的调整方法，使读者了解如何使用工作区，以提高剪辑的工作效率。

【学习重点】

【达成目标】

读者在学习本章内容后要熟练掌握不同模式工作区的切换，清楚完成不同的剪辑任务需要使用对应的工作区，还要学会对工作区进行调整，比如重置布局、保存更改、调整面板等。

◈ 2.1.1

"必要项"模式工作区

　　"必要项"模式工作区包含剪辑时常用的功能面板，将"效果控件""Lumetri颜色""基本图形""基本声音""文本"面板都集中在右上方的区域，这些面板包含整个剪辑流程中每个环节常用的工具，如图2-2所示。

图2-1

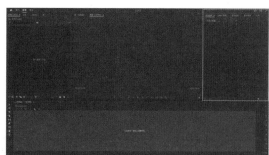

图2-2

◈ 2.1.2

"垂直"模式工作区

　　在"垂直"模式工作区中，"源"面板和"节目"面板纵向置于右侧区域，如图2-3所示。使用"垂直"模式工作区可以更清楚、完整地预览竖屏视频内容。

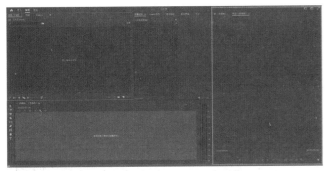

图2-3

2.1.3

"学习"模式工作区

"学习"模式工作区是首次打开Premiere Pro默认的工作区，其左侧区域是"Learn"面板，其中包含Premiere Pro内置的软件教程，如图2-4所示。

图2-4

2.1.4

"组件"模式工作区

"组件"模式工作区中"项目"面板的区域比较大，主要用于放置素材，使用户更方便地整理和选择素材，快速创建粗剪内容，如图2-5所示。

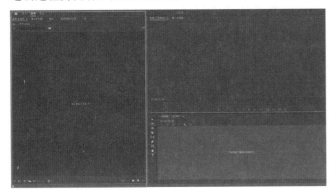

图2-5

2.1.5

"编辑"模式工作区

"编辑"模式工作区是平时剪辑视频最常用的面板组合，面板的排列方式更符合常规的剪辑习惯，"编辑"模式工作区以外的工作区都是在"编辑"模式工作区的基础上增加或者减少部分面板所形成的。"编辑"模式工作区的左上方区域是"源"面板，右上方区域是"节目"面板，下方区域从左向右分别是"项目"面板、"工具"面板、"时间轴"面板、"音频仪表"面板，如图2-6所示。

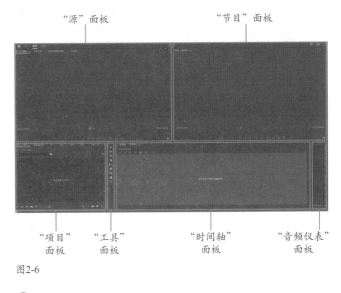

图2-6

2.1.6

"颜色"模式工作区

"颜色"模式工作区在"编辑"模式工作区的基础上增加了"Lumetri颜色"面板和"Lumetri范围"面板，"Lumetri颜色"面板是重要的调色工具，"Lumetri范围"面板用来显示画面的色彩信息，所以在"颜色"模式工作区中用户能更方便地进行调色环节的操作，如图2-7所示。

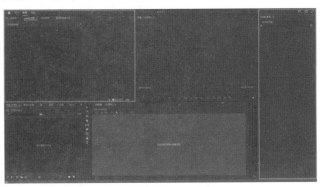

图2-7

◇ 2.1.7

"效果"模式工作区

"效果"模式工作区中的重点是右侧区域的"效果"面板，如图2-8所示。"效果"面板中有制作效果、包装、特效的主要工具，所以在"效果"模式工作区中更方便为视频或者音频制作各种效果。

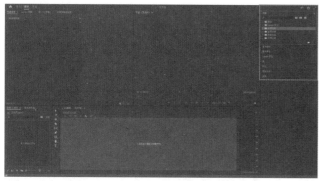

图2-8

◇ 2.1.8

"音频"模式工作区

"音频"模式工作区的重点是"基本声音"面板和"音轨混合器"面板，如图2-9所示。"基本声音"面板中有编辑声音的各项功能，所以"音频"模式工作区更适用于音频的调整。

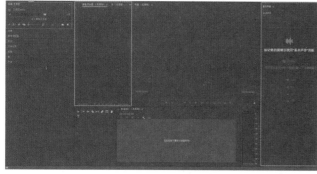

图2-9

◇ 2.1.9

"字幕和图形"模式工作区

在"字幕和图形"模式工作区中，右侧为"基本图形"面板，左侧增加了"文本"面板，如图2-10所示。"基本图形"面板主要用于文字内容的包装，"文本"面板主要用于视频字幕的添加，所以"字幕和图形"模式工作区更适用于文本内容的制作。

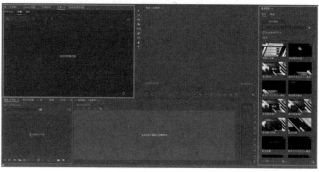

图2-10

◇ 2.1.10

"审阅"模式工作区

在"审阅"模式工作区中，"节目"面板和"源"面板合并在一起，左侧为"Frame.io"面板，如图2-11所示。"Frame.io"面板可以共享创作项目进行审阅和多人协作，具有添加注释、添加协作者、共享编辑项目等功能。"审阅"模式工作区可以方便他人查看项目或者提供反馈。

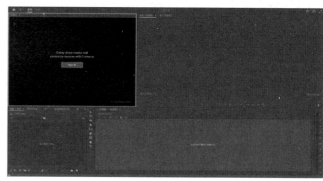

图2-11

◇ 2.1.11

"库"模式工作区

用户在登录Creative Cloud账户后可以使用"库"模式工作区，"库"模式工作区中重点显示"库"面板和"项目"面板，如图2-12所示。其中Creative Cloud Libraries 是 Creative Cloud的一项功能，包含徽标、图形等元素。使用"库"模式工作区可以更方便地使用Creative Cloud Libraries中的资源。

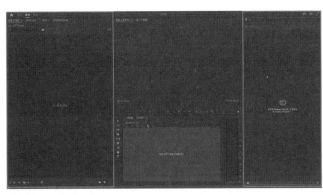

图2-12

2.1.12

"基于文本的编辑"模式工作区

在"基于文本的编辑"模式工作区中，"文本"面板所占区域最大，如图2-13所示，适用于批量添加字幕。

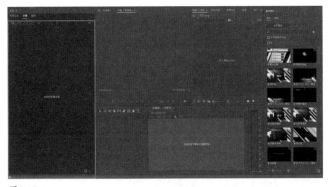

图2-13

2.1.13

"所有面板"模式工作区

"所有面板"模式工作区包含Premiere Pro中所有的工作面板，由于空间限制，部分面板需要单击后才能显示，如图2-14所示。用户可以在这个工作区中对面板进行删减和调整，以自定义工作区。

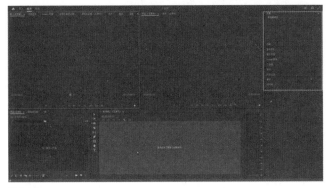

图2-14

2.1.14

"元数据记录"模式工作区

在"元数据记录"模式工作区中，右侧为"元数据"面板和"标记"面板。元数据是指关于素材的说明性信息，视频和音频文件自动包含基本元数据属性，如类型、时长和内存等；"标记"面板用于通过不同的信息对素材做标记，以便查找和整理，如图2-15所示。

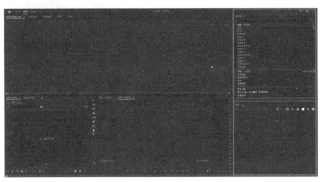

图2-15

2.1.15

"作品"模式工作区

"作品"模式工作区的左侧为"作品"面板，如图2-16所示。在"作品"模式工作区中，用户可以将复杂的工作流程拆分为多个管理项目，对编辑人员进行分组，提高工作效率。

图2-16

2.1.16

"Captions"模式工作区

"Captions"模式工作区的布局与"字幕和图形"模式工作区相同，如图2-17所示。"Captions"意为字幕，可以在"Captions"模式工作区中使用"文本"面板的字幕工具将语音转为文本字幕，所以此面板更适合用于为视频添加文本内容。

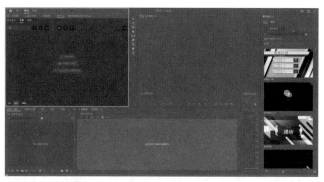

图2-17

区别在于右上方区域为"元数据"面板，"项目"面板组和"时间轴"面板所占区域增加，如图2-18所示。

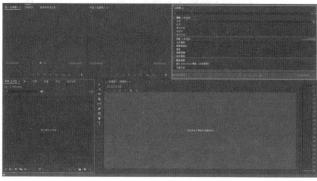

图2-18

2.1.17

"视频效果"模式工作区

"视频效果"模式工作区与"编辑"模式工作区类似，

工作区的设置

2.2

工作区的设置除了固定的工作区选项卡的切换还有拓展功能的设置，主要包括工作区显示形式的设定、重置工作区、自定义工作区和面板的调整等，其中面板的调整包含面板的大小调整、打开/关闭、浮动等。演示素材如图2-19所示。

图2-19

图2-20

2.2.1

显示工作区标签

"显示工作区标签"选项用于显示或隐藏当前工作区名称，显示状态和隐藏状态的对比效果如图2-20所示。

2.2.2
显示工作区选项卡

"显示工作区选项卡"选项用于显示或隐藏工作区的名称，显示后不用再单击"工作区" 按钮，可直接切换为不同模式的工作区，显示状态如图2-21所示。

标指针变为垂直双向箭头 时上下拖动分隔线，即可调整"源"面板和"项目"面板的高度，如图2-23所示。

图2-21

2.2.3
操作面板的调整

在切换工作区时除了使用Premiere Pro 2024默认的工作区，还可以对工作区内的单个面板进行设置，根据自己的操作习惯调整对应的面板，如调整面板大小、移动面板、新建面板区域、关闭面板、打开面板和浮动面板。

调整面板大小

可以单独调整面板的宽或者高，也可以同时调整。将鼠标指针放在"源"面板和"节目"面板之间，鼠标指针变为水平双向箭头 时左右拖动分隔线，即可调整"源"面板和"节目"面板的宽度，如图2-22所示。

图2-23

将鼠标指针放在面板交界处，鼠标指针变为四向箭头 时可以向任意方向拖动，调整面板的高度和宽度，如图2-24所示。

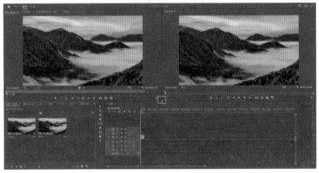

图2-24

移动面板

在工作区中，单个面板是可以移动的。按住鼠标左键不放，拖动"效果控件"面板至"节目"面板右侧，如图2-25所示。松开鼠标左键，完成"效果控件"面板的移动，如图2-26所示。

图2-22

将鼠标指针放在"源"面板和"项目"面板之间，鼠

图2-25

图2-26

知识链接

将面板恢复至初始状态可以查看*2.2.4*小节中的内容。

新建面板区域

新建面板区域也是移动面板的一种方法，其与移动面板的区别在于新建面板区域后面板和目标面板并列显示，而移动面板后面板和目标面板折叠显示。按住鼠标左键不放，拖动"效果控件"面板至图2-27中的梯形区域，松开鼠标左键后，即可将"效果控件"面板与"节目"面板并列显示，如图2-28所示。

图2-27

图2-28

新建面板区域时面板可以放在目标面板上、下、左、右4个方向的梯形区域，如图2-29所示。选择方向，可以使面板在相应区域显示。

图2-29

关闭面板

在调整工作区时如果需要关掉某个面板，可以单击该面板的■按钮，选择"关闭面板"选项，如图2-30所示。

图2-30

打开面板

工作区中如果缺少某个面板，可以打开"窗口"菜单选择对应命令使面板显示。命令前面有☑标志代表对应面板在工作区中显示，没有☑标志代表工作区中没有对应面板。如需添加"文本"面板，选择"文本"命令即可，如图2-31所示。

图2-31

使面板浮动

除了可以对各个面板进行组合，还可以将单个面板独立浮动显示。不同于常规面板，浮动面板可以任意移动。单击"效果控件"面板的 按钮，选择"浮动面板"选项，如图2-32所示，使面板浮动。

图2-32

调整为浮动面板后，按住鼠标左键不放，拖动面板顶部的白色区域可以改变面板的位置，如图2-33所示。

图2-33

将鼠标指针放在浮动面板的任意角上，鼠标指针会变成双向箭头，拖动鼠标即可调整面板大小，如图2-34所示。

如需将"效果控件"面板放回原来的位置，拖动"效果控件"面板至目

图2-34

标面板的中间位置，当目标面板出现矩形区域时松开鼠标左键，即可将"效果控件"面板放回原位置，如图2-35所示。

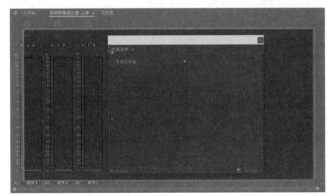

图2-35

💎 2.2.4
重置为已保存的布局

在调整面板时如果出现面板丢失、错乱等情况，可

以使用"重置为已保存的布局"功能，将当前工作区重置为初始状态。例如，在"编辑"模式工作区下选择"重置为已保存的布局"选项，如图2-36所示，在工作区重置后就会回到"编辑"模式工作区的初始状态。

图2-36

💎 2.2.5
另存为新工作区

对单个面板进行调整后，可以将当前布局另存为新的工作区。例如，在"编辑"模式工作区中，将"项目"面板移动到"效果控件"面板旁，然后将"元数据"面板关闭，如图2-37所示。

图2-37

单击"工作区"  按钮，选择"另存为新工作区"选项，如图2-38所示。

在弹出的"新建工作区"对话框中输入新工作区的名称，如图2-39所示。名称输入后单击"确定" 确定 按钮即可完成新工作区的创建。单击"工作区" 按钮，此时就可以切换为新创建的工作区了，如图2-40所示。

图2-38　　　　图2-39　　　　图2-40

💎 2.2.6

保存对此工作区所做的更改

"保存对此工作区所做的更改"选项只对新创建的工作区有效，不能调整原有的默认工作区。如果对新创建的工作区做了一定修改，就可以选择"保存对此工作区所做的更改"选项保存修改，如图2-41所示。

图2-41

💎 2.2.7

编辑工作区

"编辑工作区"选项用于调整工作区名称的显示顺序、隐藏工作区名称、删除自定义工作区。单击"工作区" 按钮，选择"编辑工作区"选项，即可弹出"编辑工作区"对话框，如图2-42所示。

调整工作区名称的显示顺序：拖动工作区名称，会出现蓝色线条，该线条代表工作区名称的目标位置，如图2-43所示，确定目标位置后松开鼠标左键，然后单击"确定" 确定 按钮，即可将工作区名称调整到新的位置。

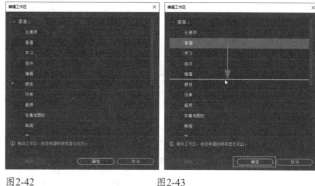

图2-42　　　　　　　图2-43

隐藏工作区名称：将工作区名称拖至"不显示"栏下面，松开鼠标左键后单击"确定" 确定 按钮，如图2-44所示，该工作区名称在工作区选项内就不再显示。

删除自定义工作区：选中自定义工作区名称，先单击"删除" 删除 按钮，再单击"确定" 确定 按钮，如图2-45所示，即可删除该工作区。

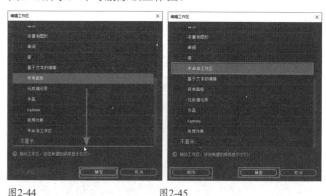

图2-44　　　　　　　图2-45

基础练习：自定义新的工作区

重点指数：★★★★☆

素材位置：素材文件\第2章\自定义新的工作区

教学视频：自定义新的工作区.mp4

学习要点：学会调整工作区面板

下面将根据所学的知识创建一个属于自己的工作区，思路是在"编辑"模式工作区的基础上进行调整，把"节目"面板和"源"面板放在一个窗口中，"项目"面板放在"效果控件"面板的位置，关闭"媒体浏览器"面板、"库"面板和"标记"面板，将"效果控件"面板设置成浮动面板。演示素材如图2-46所示。

图2-46

01 将"源"面板移动至"节目"面板的位置。在"源"面板的名称处按住鼠标左键并拖至"节目"面板右侧，如图2-47所示，松开鼠标左键，即可将"源"面板移动至"节目"面板的位置。

图2-47

02 将"项目"面板移动至"效果控件"面板的位置。在"项目"面板的名称处按住鼠标左键，然后拖至"效果控件"面板顶部，如图2-48所示，松开鼠标左键，即可将"项目"面板移动至"效果控件"面板的位置。

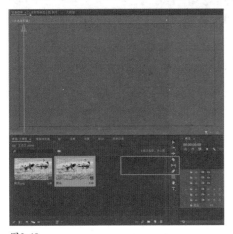

图2-48

调整后的工作区状态如图2-49所示。

图2-49

03 关闭"媒体浏览器"面板、"库"面板和"标记"面板。单击"媒体浏览器"面板的 ≡ 按钮，选择"关闭面板"选项，关闭"媒体浏览器"面板，如图2-50所示。对"库"面板和"标记"面板也做同样的操作。

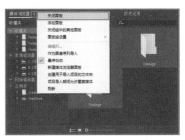

图2-50

04 将"效果控件"面板设置成浮动面板。单击"效果控件"面板的 ≡ 按钮，选择"浮动面板"选项，如图2-51所示。

图2-51

05 单击"工作区" ≡ 按钮，选择"另存为新工作区"选项，在弹出的"新建工作区"对话框中输入名称"快剪工作区"，然后单击"确定"按钮，如图2-52所示。

图2-52

06 新工作区创建完成，单击"工作区" ≡ 按钮，切换为新建的工作区，如图2-53所示。

图2-53

第3章

Premiere Pro 2024面板解析

【本章简介】

面板是工作区的主要构成部分，每个面板都有相对应的功能并且各个面板之间需要配合使用，因此熟悉面板的操作是学习剪辑的基本。本章讲解的是"编辑"模式工作区下的各项面板，共分为6个板块，分别是："项目"面板组、"工具"面板、"时间轴"面板、"音频仪表"面板、"源"面板组和"节目"面板，将讲解面板内各项功能的含义以及各个面板的主要作用。

【达成目标】

学习本章内容后，读者要明白各个面板有什么用途，并且了解面板内各种工具的具体使用方法，为后续面板之间的配合使用打下基础。

3.1 "项目"面板组

"项目"面板组共包含7个面板，分别是："项目"面板、"媒体浏览器"面板、"库"面板、"信息"面板、"效果"面板、"标记"面板和"历史记录"面板。"项目"面板组位于"编辑"模式工作区的左下角，其中"项目"面板、"媒体浏览器"面板、"库"面板、"信息"面板和"标记"面板主要用于素材的查看和管理，"效果"面板包含剪辑时所用到的音/视频效果，"历史记录"面板显示工作时的操作记录。"项目"面板组如图3-1所示。

图3-1

3.1.1

"项目"面板

"项目"面板的作用是导入和管理剪辑时所需的各类素材，还可以创建部分软件自带素材。"项目"面板包含的素材类型有视频、音频、图片、序列和工程文件等，在面板底部的工具中，左侧部分用于素材的显示调整，右侧部分用于素材的查找、新建、删除等，如图3-2所示。

图3-2

项目可写/只读

使用"项目可写/只读" ▨按钮可以让"项目"面板中的素材在"可编辑"和"只读"之间进行切换。单击"项目可写/只读" ▨按钮时会弹出提示保存的对话框，如图3-3所示，其作用是在切换之前进行项目的保存。切换成"只读"状态后，"项目"面板内的素材将不可操作，如想切换至"可编辑"状态，再次单击"项目可写/只读" ▨按钮即可，如图3-4所示。

图3-3

图3-4

列表/图标视图

在"列表视图"状态下素材以列表的形式显示，显示信息比较详细，如帧速率、媒体开始、媒体结束等参数，如图3-5所示。"图标视图"状态下素材以缩览图的形式显示，选中缩览图，可以对素材内容进行大致预览，如图3-6所示，单击相应按钮即可切换两种状态。

图3-5

图3-6

知识拓展 列表视图和图标视图状态下，各个图标的含义

列表视图	图标视图	含义
▣	▦	包含视频
▦	▣	包含音频
▩	▣	序列

自由变换视图

在"自由变换视图"状态下可以自定义素材位置，不受网格和排列顺序的限制，拖动素材即可移动。这种自定义布局常用于从空间上对剪辑时间线做排列组合，方便梳理剪辑思路，如图3-7所示。

图3-7

调整图标和缩览图的大小

左右拖动"项目"面板底部的滑块，可以放大和缩小对应视图下的图标或者缩览图，如图3-8所示。

图3-8

排列图标

在"图标视图"状态下单击"排列图标"按钮，可以调整素材的排列条件，如图3-9所示。

图3-9

自动匹配序列

自动匹配序列功能用于将所选素材自动排列到时间轴上，使用这个功能之前需要先新建序列，然后选中多个素材，单击"自动匹配序列"按钮，如图3-10所示。

图3-10

知识链接

关于"序列"的创建和参数设置可以查看*1.5节*中讲到的知识点。

在弹出的"序列自动化"对话框中可以修改素材在"时间轴"面板中排序的方式以及其他参数。设置好以后单击"确定"按钮即可，如图3-11所示。

图3-11

此时选中的素材会自动排列在时间轴上，如图3-12所示。

图3-12

查找

在素材量较大的情况下，根据不同的搜索条件可以对所需素材进行快速查找。单击"查找"按钮，在弹出的"查找"对话框中通过调整"列"和"运算符"选项查找对应素材，如图3-13所示。

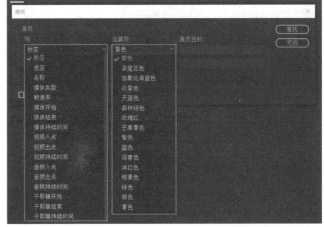

图3-13

新建素材箱

新建素材箱相当于在计算机中新建文件夹，在Premiere Pro中可以通过素材箱的方式对素材分类管理。单击"新建素材箱"■按钮即可创建素材箱，可以对素材箱重新命名，如图3-14所示。

图3-14

如需将素材移至素材箱，选中需要移动的素材，拖动素材时鼠标指针会变成抓手状态■，移至素材箱后松开鼠标即可，如图3-15所示。

图3-15

新建项

新建项功能用于创建序列、项目快捷方式、脱机文件、调整图层、彩条、黑场视频、颜色遮罩、通用倒计时片头和透明视频。单击"新建项"■按钮，在菜单中选择需要创建的类型即可，如图3-16所示。

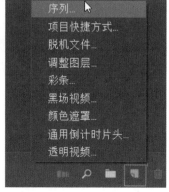

图3-16

清除

可以清除不需要的素材。方法一：选中需要删除的素材，单击"清除"■按钮即可删除，如图3-17所示。方法二：将需要删除的素材拖至"清除"■按钮上，松开鼠标即可，如图3-18所示。

图3-17

图3-18

搜索框

在搜索框中可以根据素材的名称查找素材，直接输入文字内容即可，如图3-19所示。还可以单击"从查询创建新的搜索素材箱"■按钮，将搜索到的素材直接放进新建的素材箱内，如图3-20所示。

图3-19

图3-20

预览区域

添加预览区域后可以在"项目"面板中单独显示素材的详细信息。单击"项目"面板的 ≡ 按钮，选择"预览区域"选项即可添加预览区域，如图3-21所示。

添加"预览区域"以后，选中素材即可显示该素材的详细信息，如图3-22所示。如果需要关闭"预览区域"，重复上一步操作即可。

图3-21

图3-22

💎 3.1.2
"媒体浏览器"面板

"媒体浏览器"面板和软件所在的计算机文件夹是同步的，相当于可以在Premiere Pro内打开计算机的文件夹，能够直接查看或者导入剪辑素材，如图3-23所示。

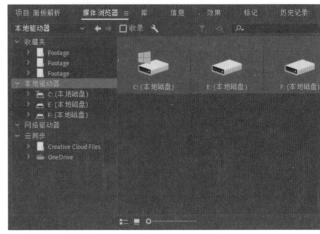

图3-23

打开素材的存放路径，在素材上单击鼠标右键，弹出的快捷菜单中的可选项分别是："导入"、"在源监视器中打开"和"在资源管理器中显示"。"导入"就是将所选素材导入"项目"面板中，"在源监视器中打开"是在不导入的情况下在"源"面板中预览素材，"在资源管理器中显示"是在计算机中打开存放所选素材的文件夹，如图3-24所示。

图3-24

上一步/前进

使用"上一步"和"前进"按钮可以控制所选路径。单击"上一步"◀按钮可以在当前路径向后退一步，单击"前进"▶按钮可以在当前路径向前进一步，如图3-25所示。

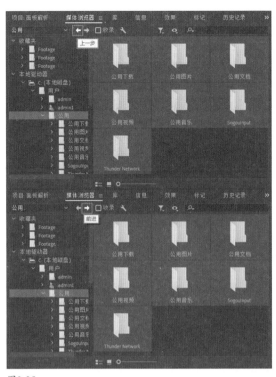

图3-25

收录

　　收录功能需要配合Adobe Media Encoder使用，通过收录能更灵活地处理大型媒体文件，还能将源素材重新复制一份到计算机的特定位置，让剪辑工作在新复制的内容上进行，起到不破坏源素材的作用。收录设置包含4个选项，分别是：复制、转码、创建代理、复制并创建代理，如图3-26所示。

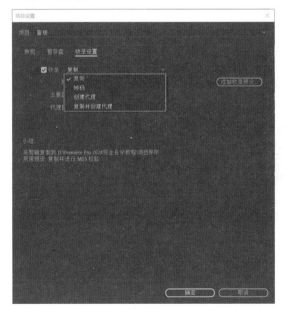

图3-26

● 复制：将源素材复制一份。例如，在从移动存储设备向计算机传输素材时，可以选择"复制"选项，"主要目标"选项用于指定复制位置，如图3-27所示。

● 转码：可以将剪辑素材转码成新格式并保存到新的位置。例如，可以将拍摄的原始素材转码为后期剪辑特定的文件格式，"预设"选项用于设置转码格式，"主要目标"选项用于指定转码文件的存放位置，如图3-28所示。

图3-27　　　　　　　　　　　　图3-28

● 创建代理：当所剪辑的源素材参数超出计算机的运算能力时，如6K分辨率、8K分辨率，可以使用代理剪辑来减轻计算机的运算压力。"预设"选项用于设置代理文件的格式，"代理目标"选项用于指定代理文件的存放位置，如图3-29所示。

图3-29

● 复制并创建代理：可以在复制媒体文件的同时创建代理剪辑。

文件类型已显示

　　单击"文件类型已显示"按钮，可以通过文件格式限制"媒体浏览器"中文件的显示，以挑选特定的文件格式，默认选项是"所有支持的文件"，如图3-30所示。

图3-30

目录查看器

　　单击"目录查看器" 🔍 按钮会弹出目录菜单，在没有其他项目目录的情况下，其选项是不可选状态，默认选项是"文件目录",如图3-31所示。

图3-31

搜索框

在搜索框中可以根据素材命名在指定的文件夹下查找素材,直接输入文字内容即可,如图3-32所示。

图3-32

知识链接

"媒体浏览器"面板中的"列表视图"和"图标视图"同*3.1.1*小节中介绍的用法一致。

3.1.3

"库"面板

"库"面板中包含云端应用程序,登录Creative Cloud账户后可以使用,不登录也不影响正常的视频剪辑工作,其界面如图3-33所示。

图3-33

3.1.4

"信息"面板

"信息"面板中可以显示编辑素材、使用效果和时间轴上空白区间的详细信息。如需查看某段内容的具体信息,只需在"项目"面板

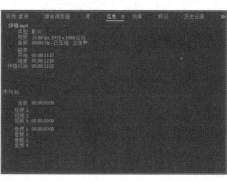

图3-34

板或者"时间轴"面板中选中需要查看的内容,"信息"面板中就会显示其格式、帧率、分辨率、时长等重要信息,如图3-34所示。

3.1.5

"效果"面板

"效果"面板包含剪辑时常用的预设、效果和过渡效果,其中效果分为音频效果、视频效果,过渡分为音频过渡、视频过渡。效果直接作用在画面或者音频上,如改变颜色、添加模糊、操控声音等,过渡作用在两段素材的衔接处,也可以理解为"转场",如视频交叉溶解、音频恒定功率等,"效果"面板如图3-35所示。如需添加某种效果,只需将该效果拖至"时间轴"面板的剪辑素材上即可,如需添加音频过渡或者视频过渡,需要将过渡效果拖至两段素材的衔接处。

图3-35

在挑选效果时可以根据分类逐个展开以查找合适的效果,也可以直接在搜索框内输入相应关键词搜索某种效果。例如,搜索"颜色"关键词,就会出现与"颜色"相关的效果内容,如图3-36所示。

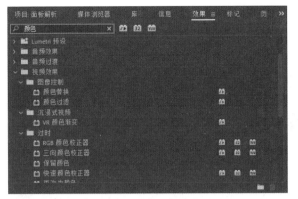

图3-36

在某些效果后面还会带有一种或者多种图标，分别是：[图标]"加速效果"、[图标]"32位颜色"、[图标]"YUV效果"。

加速效果

带有[图标]标志，表示该效果可以利用GPU的处理能力来加速渲染，在回放效果时会实时进行，如图3-37所示。

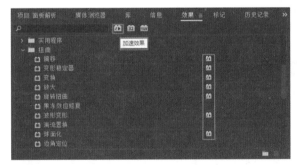

图3-37

32位颜色

在处理高位深度资源时，使用"32位颜色"效果可以提高画面的色彩分辨率，使颜色渐变更平滑，如图3-38所示。

图3-38

YUV效果

带有[图标]标志代表可以直接处理YUV值，像素值不会转换为RGB值，使用这些效果不会产生不必要的色变，如图3-39所示。

图3-39

3.1.6

"标记"面板

在"源"面板、"节目"面板、"效果控件"面板和"时间轴"面板添加标记后，对应的标记点会在"标记"面板显示。添加标记的方式是：执行"标记"→"添加标记"命令，如图3-40所示。可以设置标记的名称、入点、出点和注释，可以通过标记的颜色筛选标记，如果不进行筛选就将显示全部的标记，如图3-41所示。

图3-40

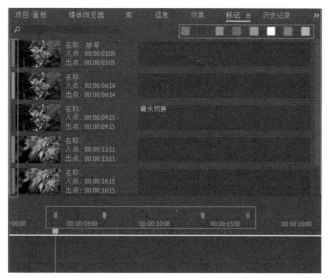

图3-41

💎 3.1.7

"历史记录"面板

"历史记录"面板用于记录操作过程中的每一个动作,在编辑时每操作一步,在"历史记录"面板中就会增加一个新的状态。如果想要退回到之前的某一个操作状态,在面板中单击该操作的名称即可。单击以后在该操作之后的步骤都会变成灰色,表示这些步骤处于撤回状态,也可以再次单击灰色名称回到该步骤,如图3-42所示。

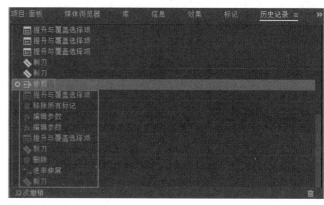

图3-42

单击"历史记录"面板的 ≡ 按钮,选择"设置"选项可以修改历史记录的保存次数,如图3-43所示。

图3-43

3.2 "工具"面板

"工具"面板内的工具主要用于在"时间轴"面板中编辑素材,在选择某个工具后,鼠标指针在"时间轴"面板会变成对应的形状,同时被选中的工具会变成蓝色,也就是激活状态。例如,选择"剃刀工具" ◆ ,将鼠标指针移至时间轴上时,会变成剃刀形状,如图3-44所示。在工具的右下角如果有三角形的标志,就说明此工具还有相应的拓展选项,在这个工具上长按鼠标左键即可调出拓展工具,如图3-45所示。

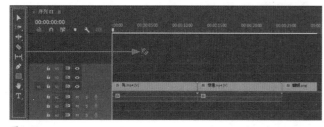

图3-44

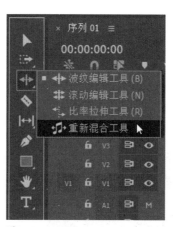

图3-45

● 选择工具 ▶ :"选择工具"是默认的鼠标指针状态,作用范围不仅限于"时间轴"面板,是内容编辑、菜单选项和其他常规操作的标准工具,通常在其他工具使用完毕以后都会切换到"选择工具"。

- 向前选择轨道工具 ▦：使用"向前选择轨道工具"时，可选择序列中位于鼠标指针右侧的所有剪辑内容，通常用于素材内容的整体移动。

- 向后选择轨道工具 ▦：使用"向后选择轨道工具"时，可选择序列中位于鼠标指针左侧的所有剪辑内容，通常用于素材内容的整体移动。

- 波纹编辑工具 ▦：使用"波纹编辑工具"可以拖动时间轴中素材的出点或者入点，拖动时会改变当前素材的长度，同时左右相邻素材的位置会根据拖动方向变化，但不会改变长度，整个剪辑内容的时间长度将改变。

- 滚动编辑工具 ▦：当想要调整两个剪辑之间的剪切点时，使用"滚动编辑工具"可以在时间轴内的两个剪辑素材之间滚动剪切

点，能够修剪一个剪辑的入点和另一个剪辑的出点，同时保持两段素材组合的持续总时间不变。

> ——— 提示 ———
> 使用"滚动编辑工具"时需要在两段素材衔接的位置删掉部分素材内容，给剪切点留出一定的滚动空间。

- 比率拉伸工具 ▦："比率拉伸工具"用于在"时间轴"面板中更改剪辑素材的持续时间，同时更改剪辑素材的速度来适应持续时间，简单地说就是使剪辑素材"减速"或者"加速"。使用此工具会改变素材的速度和持续时间，不会改变剪辑的入点和出点。

·知识讲堂·

速度改变和出入点不变的关系

下面对"改变剪辑素材的速度但是剪辑的入点和出点不改变"这句话举例说明。比如，一段素材的总时长是10秒，我们只使用了2秒到6秒之间的内容，那么2秒和6秒的位置就是入点和出点。这时将这段内容的速度改为原来的50%，那么原来4秒的素材内容就变成了8秒，但是这4秒的画面内容没有发生改变，也就是剪切点没有变，改变的只是素材的持续时间，所以就是速度改变了，剪辑的出入点没有发生改变。

- 重新混合工具 ▦："重新混合工具"用于调整音频的时长。在剪辑时经常会出现音频时长不够或者时长超出的情况，使用"重新混合工具"后，Premiere Pro会对音频中每个节拍的特质进行分析，并将其与其他所有节拍进行比较，最后根据目标时长重新合成这段音频，新合成的音频是连贯的。

- 剃刀工具 ▦："剃刀工具"用于对时间轴上的素材进行一次或者多次切割，用于修剪素材。

- 外滑工具 ▦："外滑工具"用于同时更改时间轴上剪辑素材的入点和出点，使用"外滑工具"改变入点和出点的位置时，两点之间的时间间隔保持不变，也不会影响相邻的剪辑内容。

- 内滑工具 ▦："内滑工具"用于将时间轴上的剪辑素材向左或者向右移动，在移动的同时会修剪相邻剪辑素材。当使用"内滑工具"向左拖动剪辑素材时，该剪辑素材的入点和出点（即持续时间）保持不变，其前面的剪辑素材缩短，后面的剪辑素材延长，反之亦然。

- 钢笔工具 ▦："钢笔工具"用于设置或选择关键帧，或者调整"时间轴"面板中的连接线。

- 矩形工具 ▦："矩形工具"用于在"节目"面板中绘制四边形。

- 椭圆工具 ▦："椭圆工具"用于在"节目"面板中绘制椭圆。

- 多边形工具 ▦："多边形工具"用于在"节目"面板中绘制多边形。

- 手形工具 ▦：使用"手形工具"可以向左或者向右移动"时间轴"面板的查看区域，在查看区域内的任意位置左右拖动即可。

- 缩放工具 ▦："缩放工具"用于放大或者缩小"时间轴"面板的查看区域，单击查看区域将以1为增量进行放大，按住Alt键（Windows）或Option键（macOS）并单击将以1为增量进行缩小。

- 文字工具 ▦：使用"文字工具"可以直接在"节目"面板输入横排文字。

- 垂直文字工具 ▦：使用"垂直文字工具"可以直接在"节目"面板输入竖排文字。

3.3 "时间轴"面板

"时间轴"面板作为整个工作区的核心功能面板，是视频编辑工作中使用最多的面板，主要由视频轨道和音频轨道组成。在新建序列以后"时间轴"面板中的功能会被激活，以序列的形式完成素材拼接、字幕添加、效果制作等编辑内容，可以在"时间轴"面板删除序列，也可以同时存在多个序列。如果需要在"时间轴"面板中打开某个序列，直接在"项目"面板中双击该序列即可。"时间轴"面板如图3-46所示。

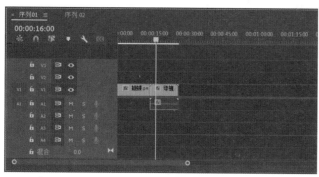

图3-46

3.3.1 区域认识

"时间轴"面板的功能区相对复杂，熟悉区域划分可以更加容易理解这部分的知识点。整个"时间轴"面板大致分为轨道头、视频轨道、音频轨道、时间标尺、时间轴工具几个区域，如图3-47所示。

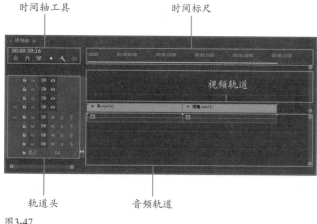

图3-47

3.3.2 导航控件

"时间轴"面板包含多个用于操作时间移动的控件，配合使用这些控件可以精准定位剪辑内容所在的位置。

播放指示器

"时间轴"面板中的一条蓝色垂直线叫作播放指示器。在播放视频时播放指示器会随着播放时间变化进行移动，拖动播放指示器可以在"节目"面板预览其所指时间的画面内容，直接在时间标尺上单击可以快速定位到所选位置，如图3-48所示。

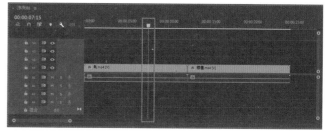

图3-48

时间标尺

时间标尺位于视频轨道的上方，是时间间隔的可视化显示形式，显示刻度以帧为单位，刻度数字沿时间标尺从左到右显示，刻度数字之间的实际刻度数取决于当前时间轴的缩放级别，如图3-49所示。

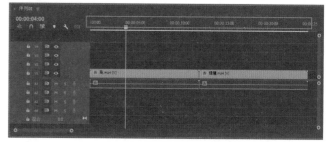

图3-49

播放指示器位置

播放指示器位置显示"时间轴"面板中当前画面的具体时间码，可以单击播放指示器位置输入新的时间码并按Enter键，这时播放指示器会移动至对应位置。直接修改播放指示器位置的数字和左右拖动播放指示器的作用是一样的，如图3-50所示。

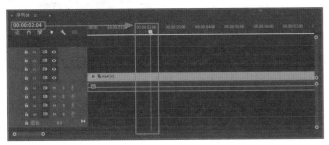

图3-50

缩放滚动条

缩放滚动条位于"时间轴"面板的底部，用于改变时间标尺的可见区域。拖动两端的控制柄更改缩放滚动条的宽度，以控制时间标尺的缩放比例，如图3-51所示。拖动缩放滚动条的中心可改变时间标尺的可见部分，此操作不会更改时间标尺的缩放比例，而是在整个序列内容上选择需要查看的剪辑片段，如图3-52所示。

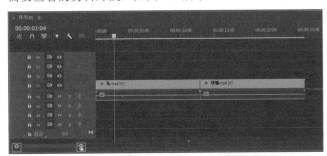

图3-51

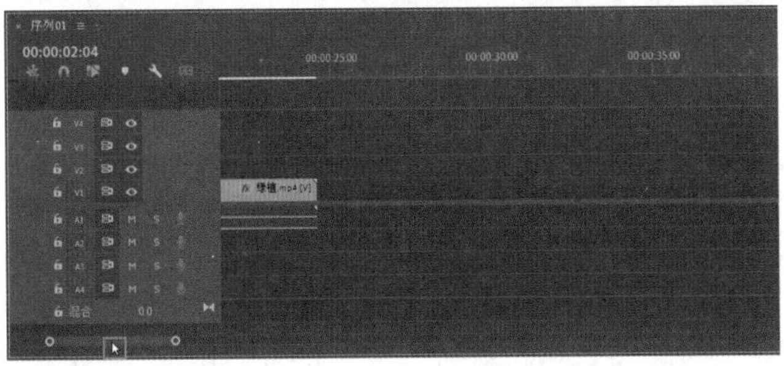

图3-52

3.3.3
视频轨道

视频轨道是编辑视觉内容的轨道，可以放置视频、图片、字幕和效果等内容，在"时间轴"面板中以"V"字母开头的轨道都属于视频轨道。在视频轨道前面的轨道头中有5个功能按钮，下面将一一介绍它们的用法，如图3-53所示。

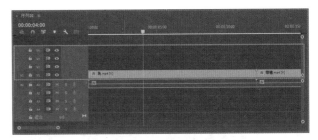

图3-53

对插入和覆盖进行源修补

通过"源"面板插入或者覆盖剪辑素材时，如果只激活V1，那么插入或者覆盖到时间轴的素材就只有视频；如果只激活A1，那么插入或者覆盖到时间轴的素材就只有音频；如果V1和A1都激活，插入或者覆盖到时间轴的素材就有视频和音频，如图3-54所示。

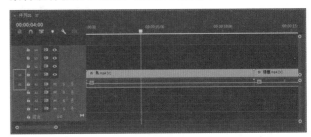

图3-54

> **提示**
> V1和A1显示与否和"源"面板的素材有关，如选中的素材是无音轨的，那么A1就不会被激活。在向"时间轴"面板添加素材时如果缺少视频或者音频内容，需要留意V1和A1的激活状态。

切换轨道锁定

"切换轨道锁定"按钮用于锁定对应轨道，不可对被锁定的轨道中的剪辑内容做任何操作，单击"切换轨道锁定"按钮后被锁定的轨道出现斜线，如要解除锁定，再次单击"切换轨道锁定"按钮即可，如图3-55所示。

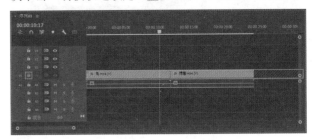

图3-55

以此轨道为目标切换轨道

"以此轨道为目标切换轨道"按钮用于选择激活或者

不激活视频轨道，如果不激活那么该轨道将不参与对序列
的操作命令。单击"以此轨道为目标切换轨道" V2 按钮可
以激活此功能，激活状态为蓝色，当按 ↑ 键或者 ↓ 键切换
剪辑点时，播放指示器只会在激活状态的轨道上跳转，如
图3-56所示。

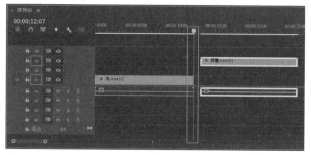

图3-56

切换同步锁定

"切换同步锁定"默认是开启状态，在使用"插入"
按钮或者"波纹编辑工具"时，其他开启"切换同步锁
定"的轨道会进行相应的移动，单击"切换同步锁定" 按钮可以关闭此状态，关闭后"切换同步锁定"图标为
。如将V2轨道的"切换同步锁定"状态关闭，对V1轨道
的素材使用"波纹编辑工具"，V2轨道的素材不会进行同
步移动，V3轨道的素材会进行同步移动，如图3-57所示。

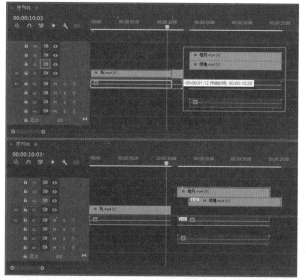

图3-57

切换轨道输出

"切换轨道输出"按钮用于控制视频轨道上的内容是
否可见，默认是开启状态，单击"切换轨道输出" 按钮
切换为关闭状态，关闭后的图标为 ，开启和关闭状态对
比如图3-58所示。

图3-58

3.3.4
音频轨道

在"时间轴"面板中以"A"开头的轨道便是音频轨
道，其作用主要是编辑音频，如背景音乐、音效和录音
等。音频轨道和视频轨道前面图标相同的功能按钮作用也
相同，此外还有"静音轨道"按钮、"独奏轨道"按钮、
"画外音录制"按钮，如图3-59所示。

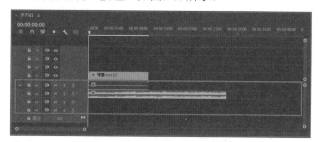

图3-59

静音轨道

"静音轨道"按钮用于打开或者关闭该轨道的声音，
单击"静音轨道" M 按钮可以关闭该音频轨道的声音，关闭
后该轨道的音频素材播放时将没有声音，如图3-60所示。

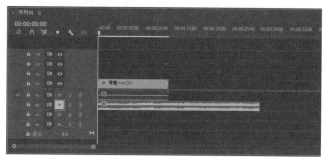

图3-60

独奏轨道

单击"独奏轨道" S 按钮后，除了该轨道，其他音频
轨道的素材内容都会被静音，激活独奏状态的图标为 S ，
如图3-61所示。

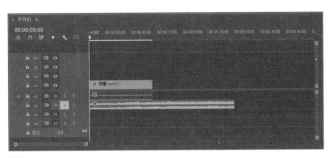

图3-61

画外音录制

单击"画外音录制" 🎙 按钮后可以直接在Premiere Pro中录制旁白，如图3-62所示。录制完成后会在音频轨道和"项目"面板出现新录制的音频素材，如图3-63所示。

图3-62

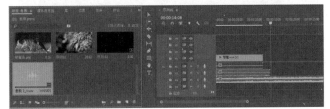

图3-63

💎 3.3.5
轨道命令

除了使用轨道头中的功能按钮，还可以在"时间轴"面板中进行添加轨道、删除轨道和重命名轨道的操作。

添加轨道

在编辑过程中如果遇到轨道数量不够的情况，可以在现有轨道的基础上增加新轨道，新增加的视频轨道会显示在现有视频轨道的上方，新增加的音频轨道会显示在现有音频轨道的下方。在轨道头单击鼠标右键，在弹出的菜单中选择"添加轨道"命令，如图3-64所示，或者执行"序列"→"添加轨道"命令，都可以打开"添加轨道"对话框，在对话框中可以设置添加轨道类型、添加轨道数量和添加轨道位置等，如图3-65所示。

图3-64   图3-65

删除轨道

如果需要删除多余轨道，可以在要删除的轨道前面的空白处单击鼠标右键，选择"删除单个轨道"命令，如图3-66所示，或者执行"序列"→"删除轨道"命令，弹出"删除轨道"对话框，在对话框中可以选择删除轨道的类型和指定某个轨道，如图3-67所示。删除某一轨道将移除该轨道中的所有剪辑内容，但不会影响在"项目"面板中的源剪辑素材。

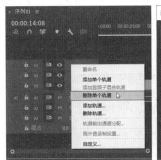

图3-66   图3-67

重命名轨道

在需要重命名的轨道前面的空白处双击鼠标，可以将该轨道展开，如图3-68所示，然后在展开的空白处单击鼠标右键，选择"重命名"命令，此时轨道名称变为可修改状态，如图3-69所示，输入名称后按Enter键即可为该轨道重新命名。

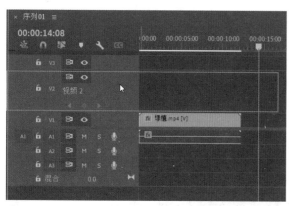

图3-68

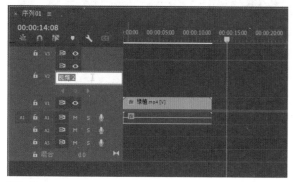

图3-69

💎 3.3.6

轨道显示设置

可调整轨道和轨道头的大小，以便更好地查看关键帧、图标、缩览图、音轨波形等信息。

轨道高度

调整轨道高度。将鼠标指针放置在两条轨道之间，当鼠标指针变成高度调整图标🔲时，向上或者向下拖动即可调整轨道高度，如图3-70所示。

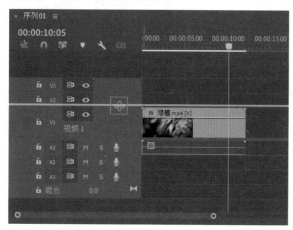

图3-70

> **提示**
>
> 当鼠标指针放在轨道头的视频轨道和音频轨道之间时，上下拖动可以调整视频轨道区域和音频轨道区域在"时间轴"面板所占的比例。

轨道头宽度

调整轨道头宽度。将鼠标指针放在轨道头区域右侧边缘上，当鼠标指针变成宽度调整图标🔲时，左右拖动可以调整轨道头的宽度，如图3-71所示。轨道头的最大宽度大约是最小宽度的1.5倍。

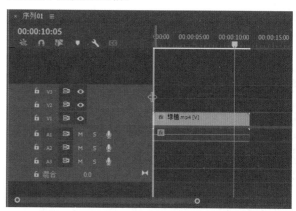

图3-71

全局预览素材

按 \ 键可以将轨道上的所有素材以自适应的方式完整显示在"时间轴"面板中，如图3-72所示。

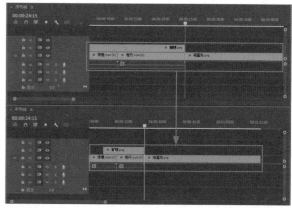

图3-72

💎 3.3.7

时间轴工具

在"时间轴"面板的左上方有一排关于序列设置的工具，分别是："将序列作为嵌套或个别剪辑插入并覆盖""在时间轴中对齐""链接选择项""添加标记"

"时间轴显示设置""字幕轨道选项",如图3-73所示。

图3-73

将序列作为嵌套或个别剪辑插入并覆盖

"将序列作为嵌套或个别剪辑插入并覆盖"默认处于开启状态,当把序列拖到"时间轴"面板时,若开启此状态,会把该序列作为序列整体进行显示。若关闭此状态,将序列拖到"时间轴"面板时,所有剪辑将保持原来的轨道布局添加到当前序列中。即开启此状态时,序列以打包的形式放进"时间轴"面板中,关闭此状态时,序列以原有的剪辑状态放进"时间轴"面板中。

下面进行演示说明。新建高清序列,命名为"序列01",并将素材放在时间轴中,如图3-74所示。然后再新建一个高清序列,命名为"序列02",如图3-75所示。

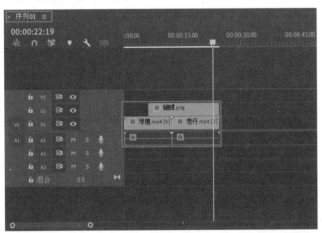

图3-74

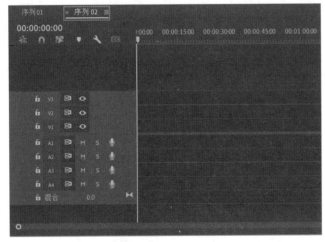

图3-75

在"将序列作为嵌套或个别剪辑插入并覆盖"开启的状态下,图标状态为 ,将"项目"面板中的"序列01"拖入"序列02"中,如图3-76所示。

图3-76

在"将序列作为嵌套或个别剪辑插入并覆盖"关闭的状态下,图标状态为 ,将"项目"面板中的"序列01"拖入"序列02"中,如图3-77所示。

图3-77

知识链接

关于"新建序列"的知识点可以参考*1.5节*中的内容。

在时间轴中对齐

"在时间轴中对齐"开启时的图标状态为 ,开启此功能拼接剪辑素材时,当前素材会自动吸附到目标素材或者当前播放指示器,中间不会产生空隙。当此功能关闭时图标状态为 ,此时拼接剪辑素材,需要手动把控移动位置,移动过程中容易覆盖目标素材或者在两个素材之间产生空隙,如图3-78所示。

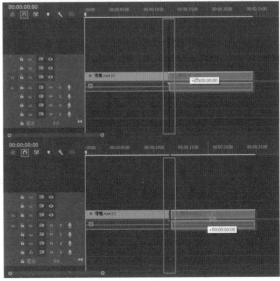

图3-78

链接选择项

"链接选择项"用于控制剪辑素材中自带的音频和视频是否为链接状态，当"链接选择项"开启时，图标状态为 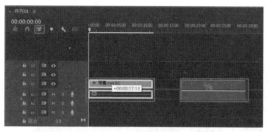 ，这时剪辑素材的视频和音频成为一个整体，可以同时移动，如图3-79所示。当"链接选择项"关闭时，图标状态为 ，这时可以单独选择视频或者音频进行移动，如图3-80所示。

图3-79

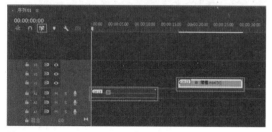

图3-80

添加标记

单击"添加标记" 按钮可以在播放指示器的位置添加标记，若选中剪辑素材，标记将添加在剪辑素材上面，若不选中任何素材，标记将添加在时间标尺上，如图3-81所示。

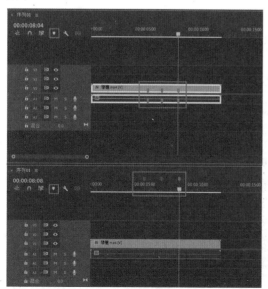

图3-81

时间轴显示设置

单击"时间轴显示设置" 按钮，打开下拉菜单，其中选项前带"√"且字体为蓝色代表该选项被激活，字体为灰色代表该选项未被激活。如果需要激活某个选项，直接单击即可，如图3-82所示。

图3-82

字幕轨道选项

在"字幕和图形"模式工作区中的"文本"面板内单击"创建新字幕轨"按钮，激活"时间轴"面板中的"字幕轨道选项"功能。单击"字幕轨道选项" 按钮，打开下拉菜单，可对字幕轨道进行设置，如图3-83所示。

图3-83

3.3.8 面板设置

单击"时间轴"面板的 按钮，打开关于面板设置的菜单，其中选项前带 图标的代表该选项被激活。如果要激活或者关闭某个选项，直接单击该选项即可，如图3-84所示。

图3-84

3.4 "音频仪表"面板

"音频仪表"面板在"编辑"模式工作区的右下角位置，当播放音频时将以可视化的形式显示所采集素材的音频电平。在"音频仪表"面板的下面有两个 S 标志，左边代表"独奏 左侧 声道"，单击后就只播放左声道，右边代表"独奏 右侧 声道"，单击后就只播放右声道。在音频播放时仪表色条显示绿色和黄色代表音量正常，显示橙色和红色代表音量过高，如果在"音频仪表"面板顶部出现红色提示块，就代表该音频音量过高，需要适当降低，如图3-85所示。

图3-85

3.5 "源"面板组

"源"面板组在"编辑"模式工作区的左上方位置，包含"源"面板、"效果控件"面板、"音频剪辑混合器"面板和"元数据"面板，如图3-86所示。

图3-86

🔶 3.5.1

"源"面板

"源"面板主要用于在剪辑时预览素材，可以将素材

从该面板添加到"时间轴"面板的序列中，也可通过标记入点和出点的方式修剪素材，是剪辑工作中的常用面板。

时间控件

在"源"面板下面的蓝色标记就是该面板的播放指示器，用于控制"源"面板中当前时间的画面内容，可以通过该面板底部的缩放滚动条调整时间间隔，如图3-87所示。

图3-87

时间显示

在"源"面板左下方的蓝色时间码显示的是播放指示器所在的时间，面板右下方灰色时间码显示的是当前素材的总时长，如图3-88所示。

图3-88

选择缩放级别

"选择缩放级别"用于放大或者缩小当前画面。放大可以更方便查看画面的细节部分，缩小可以显示画面的整体区域，默认状态是"适合"。当"源"面板不能显示完整图像时，在面板右侧和下方会出现滚动条，用来调整可见区域，如图3-89所示。

图3-89

选择回放分辨率

"选择回放分辨率"用于调整预览素材时的画面质量，默认的预览分辨率是"完整"，也就是素材的原画质。如果在预览画面时出现卡顿的情况，可以在"选择回放分辨率"列表中选择1/2、1/4等选项，调整完以后在预览过程中画质会降低，默认设置下暂停后的分辨率是"完整"状态的分辨率，如图3-90所示。

图3-90

> **提示**
>
> 使用"选择缩放级别"和"选择回放分辨率"都只影响画面预览时的显示状态，不会影响源素材和导出后的画面质量。

仅拖动视频/音频

"仅拖动视频"用于将"源"面板素材的视频部分拖动到"时间轴"面板，这个过程也是筛选剪辑素材的方式之一。将鼠标指针放在"仅拖动视频"▣按钮上，会变成抓手状态👋，按住鼠标左键后鼠标指针变成握拳状态✊，这时向"时间轴"面板的视频轨道上拖动，松开鼠标左键即可将视频素材放到视频轨道上，如图3-91所示。

图3-91

"仅拖动音频"用于将"源"面板素材的音频部分拖动到"时间轴"面板，将鼠标指针放在"仅拖动音频"📶按钮上，会变成抓手状态👋，按住鼠标左键后鼠标指针变成握拳状态✊，这时向"时间轴"面板的音频轨道上拖动，松开鼠标左键即可将该素材的音频部分放到音频轨道上，如图3-92所示。

图3-92

提示

通过"仅拖动视频/音频"的方式可以将素材的音频和视频分离，相当于将音频和视频取消链接。

知识拓展 如何将视频和音频同时拖动？

将鼠标指针放在画面内容的任意位置，按住鼠标左键直接拖至"时间轴"面板即可。

设置

单击"源"面板右下方的"设置" 按钮，打开菜单，选项前面带有 图标的为"源"面板中激活的内容，如果需要激活或者关闭某一选项，直接单击该选项即可，如图3-93所示。

图3-93

添加标记

单击"源"面板中的"添加标记" 按钮，可以给当前素材添加标记，该工具和"时间轴"面板中的"添加标记"用法相同。若将当前素材放入"时间轴"面板，在"源"面板中添加标记和在"时间轴"面板中选中素材添加标记是同步的，如图3-94所示。

图3-94

标记入点/出点

单击"标记入点" 按钮，可以在"源"面板选取该素材中所需片段的开始位置；单击"标记出点" 按钮，可以在"源"面板选取该素材中所需片段的结束位置，如图3-95所示。在确定入点和出点后，向"时间轴"面板拖动素材，拖动的范围将是入点和出点之间的内容。

图3-95

转到入点/出点

单击"转到入点"⏮按钮，可以使播放指示器快速跳转到素材片段的入点位置，如图3-96所示。

图3-96

单击"转到出点"⏭按钮，可以使播放指示器快速跳转到素材片段的出点位置，如图3-97所示。

图3-97

后退/前进一帧

单击"后退一帧"◀按钮，可以使播放指示器向左移动一帧，如图3-98所示。

图3-98

单击"前进一帧"▶按钮，可以使播放指示器向右移动一帧，如图3-99所示。

图3-99

播放-停止切换

单击"播放-停止切换"▶按钮，开始播放"源"面板

中的素材，播放过程中图标状态为■。再次单击"播放-停止切换"■按钮，图标状态变为▶，停止播放素材，如图3-100所示。

图3-100

插入

单击"插入"🎬按钮，可以将"源"面板中的整段素材或者确定了出入点的片段插入"时间轴"面板中，以当前播放指示器的位置作为插入素材的起始位置。若"时间轴"面板中已有素材，并且播放指示器处于素材范围内，插入的素材会将原素材分成两段，如图3-101所示。

图3-101

覆盖

单击"覆盖"🎬按钮，可以用"源"面板中的整段素材或者确定出入点的片段覆盖"时间轴"面板中的素材，以当前播放指示器的位置作为覆盖素材的起始位置。若

"时间轴"面板中原本没有素材，覆盖后的结果与插入一致；若"时间轴"面板中已有素材，并且播放指示器处于素材范围内，新素材会以自身的长度将原有素材的相应部分替换掉，如图3-102所示。

图3-102

导出帧

单击"导出帧" 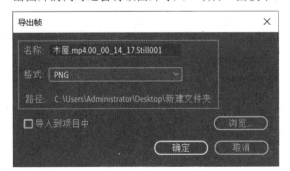 按钮，可以将"源"面板中播放指示器所在位置的素材画面导出成图片。单击"导出帧" 按钮后会弹出"导出帧"对话框，可以设置导出的名称、格式和路径，设置好以后单击"确定" 按钮即可，如图3-103所示。勾选"导入到项目中"复选框后，在导出图片的同时还会将该图片导入"项目"面板中。

图3-103

按钮编辑器

"按钮编辑器"用于控制"源"面板中按钮的显示或者隐藏，其中包含"源"面板的所有按钮。单击"按钮编辑器" 按钮弹出"按钮编辑器"对话框，如果要在面板中添加某个按钮，需要将对话框内的该按钮拖到"源"面板底部，然后单击"确定" 按钮，如图3-104所示。如果要从面板中删除某个按钮，需要将"源"面板底部的该工具拖至"按钮编辑器"对话框，然后单击"确定" 按钮，如图3-105所示。

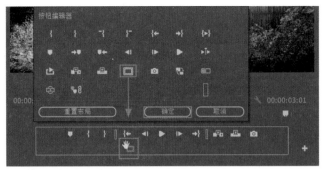

图3-104

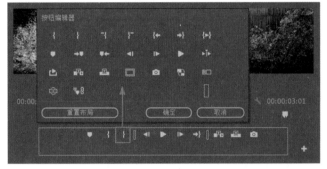

图3-105

在图3-106中，用红框标注的是默认状态下不显示的工具按钮。

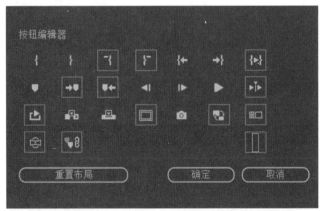

图3-106

● 清除入点 ：："清除入点"用于将对应素材上的入点删除。

● 清除入点 ：："清除出点"用于将对应素材上的出点删除。

● 从入点到出点播放视频 ：：使用"从入点到出点播放视频"按钮，可将素材的播放范围限制在入点和出点之间。

● 转到下一标记 ：：使用"转到下一标记"按钮，可以将播放指示器直接跳转到下一个标记的位置。

● 转到上一标记 ：：使用"转到上一标记"按钮，可以将播放指示器直接跳转到上一个标记的位置。

- 播放邻近区域 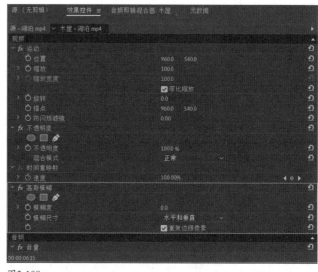 ：使用"播放邻近区域"按钮，可以播放当前画面前后邻近范围的素材内容。

- 循环播放 ：激活"循环播放"按钮后，播放音视频时可以让素材内容循环播放。

- 安全边距 ：激活"安全边距"按钮后，会在视频预览区域显示安全边框，以便构图参考。

- 切换代理 ：该按钮需要和Adobe Media Encoder软件配合使用，用于在代理剪辑时切换画面质量。

- 切换多机位视图 ："切换多机位视图"按钮在多机位剪辑时使用，用于分屏显示多个机位的画面内容。

- 切换VR视频显示 ：激活"切换VR视频显示"按钮后，可以在"源"面板中拖动画面到不同的位置来查看VR视频素材。

- 绑定源与节目 ：激活"绑定源与节目"按钮后，"源"面板和"节目"面板的播放指示器将锁定在一起进行同步移动，可用于颜色校正、多机位剪辑等需要对比的工作流程。

- 空格 ：在编辑按钮时，可以在两个工具按钮之间添加间隔。

> **提示**
> 如果不小心将工具栏调乱了，可以在"按钮编辑器"中单击"重置布局" 重置布局 按钮，然后再单击"确定" 确定 按钮将其恢复到系统默认的状态。

3.5.2
"效果控件"面板

"效果控件"面板显示所选素材的所有剪辑效果，每段素材都有固定的效果，在面板中分为"视频"效果和"音频"效果两部分，"视频"效果包含运动、不透明度、时间重映射，"音频"效果包含音量、通道音量和声像器，如图3-107所示。在"时间轴"面板中选中任意素材，然后打开"效果控件"面板即可查看上述效果。

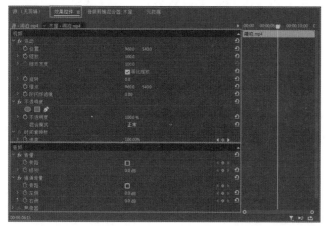

图3-107

除了固定的效果，通过"效果"面板添加的其他效果

也会在"效果控件"面板内显示。例如，给视频素材添加"高斯模糊"效果，添加以后会在"效果控件"面板显示"高斯模糊"的参数，如图3-108所示。如要删除添加的效果，只需选中效果名称，按Backspace键即可。

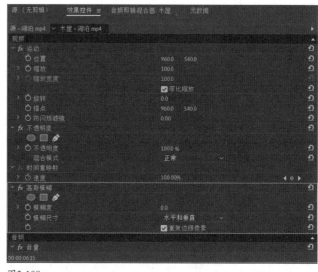

图3-108

- 切换效果开关 fx ："切换效果开关"按钮用于控制当前效果的显示和隐藏，单击"切换效果开关" fx 按钮可以切换工具状态。默认为显示状态，图标为 fx ，单击后为隐藏状态，图标为 。

- 切换动画 ：
  使用"切换动画"按钮可通过记录不同时间的效果参数做出相应的动画效果。单击该按钮，会在当前播放指示器位置添加关键帧，添加关键帧后的图标状态为 。

- 添加/移除关键帧 ：单击"添加/移除关键帧" 按钮可以在当前播放指示器位置添加关键帧，单击后图标状态为 ，在 状态下再次单击该按钮可以将该位置的关键帧删除。

- 转到上一关键帧 ：当有多个关键帧时单击该按钮，可使播放指示器快速跳转到上一个关键帧的位置。

- 转到下一关键帧 ：当有多个关键帧时单击该按钮，可使播放指示器快速跳转到下一个关键帧的位置。

- 重置参数 ：使用"重置参数"按钮可以将已经调整过的效果参数恢复为默认设置。

- 创建椭圆形蒙版 ：使用"创建椭圆形蒙版"按钮，可以在"节目"面板内给所选视频绘制椭圆形蒙版。

- 创建4点多边形蒙版 ：使用"创建4点多边形蒙版"按钮，可以在"节目"面板内给所选视频绘制矩形蒙版。

- 自由绘制贝塞尔曲线 ：使用"自由绘制贝塞尔曲线"按钮，可以在"节目"面板内给所选视频绘制任意形状的蒙版。

- 过滤属性 ：使用"过滤属性"按钮，可以筛去不需要的属性，只显示需要的属性。

- 仅播放该剪辑的音频 ：单击"仅播放该剪辑的音频"按钮，可以只播放素材的音频内容，让视频画面处于暂停状态。

● 切换音频循环回放 ： 单击"切换音频循环回放" 按钮，图标状态变为 ，在此状态下单击"仅播放该剪辑的音频" 按钮，可以循环播放音频。

实战进阶：视频画中画排版

重点指数：★★★★★
素材位置：素材文件\第3章\视频画中画排版
教学视频：视频画中画排版.mp4
学习要点："效果控件"面板内属性的应用

01 双击桌面上的Premiere Pro 2024快捷图标 ，启动Premiere Pro 2024。新建项目后，执行"新建项"→"序列"命令，打开"新建序列"对话框，打开"设置"选项卡，将"编辑模式"设置为"自定义"，"时基"设置为25帧/秒，"帧大小"设置为1920像素×1080像素，"像素长宽比"设置为"方形像素（1.0）"，"场"设置为"无场（逐行扫描）"，其他参数保持默认，最后单击"确定" 按钮，如图3-109所示。

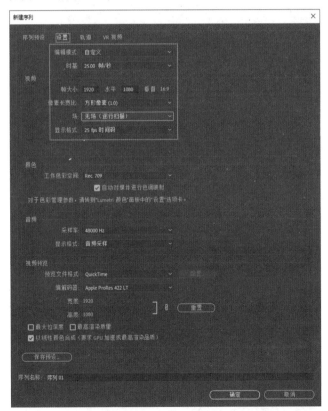

图3-109

02 执行"文件"→"导入"命令，弹出"导入"对话框，选中"大桥""湖泊"素材，单击"打开" 按钮，然后将"湖泊"素材拖至V1轨道，"大桥"素材拖至V2轨道，如图3-110所示。

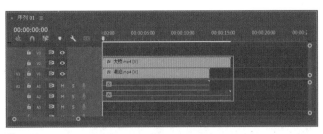

图3-110

03 选中"大桥"素材，打开"效果控件"面板，将"缩放"数值调整为40，如图3-111所示。

图3-111

04 将"位置"数值调整为1536、863，如图3-112所示。

图3-112

05 画中画排版完成，效果如图3-113所示。

图3-113

3.5.3

"音频剪辑混合器"面板

利用"音频剪辑混合器"面板可以调整音频的音量、声道等参数，面板内音频计量表的数量与"时间轴"面板中的音频轨道数量一致。当音频播放时，与音频轨道对应的音频计量表会显示彩色波动条。例如，当"时间轴"面板的A1、A2、A3轨道有音频播放时，与之对应的A1、A2、A3的音频计量表就会显示彩色波动条，如图3-114所示。

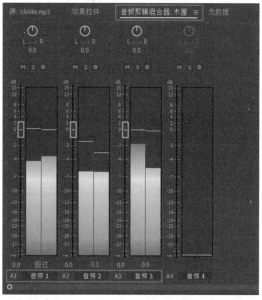

图3-114

在"音频剪辑混合器"面板中，"静音轨道"■按钮、"独奏轨道"■按钮的用法与"时间轴"面板中的相同，"写关键帧"◎按钮与"添加/移除关键帧"◎按钮的用法相同，如图3-115所示。

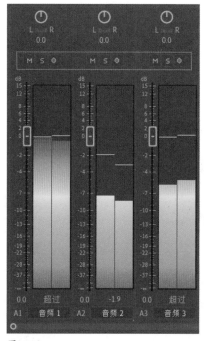

图3-115

将鼠标指针放在声道数值上时会变成■状态，按住鼠标左键可以左右拖动以调整声道数值，当该数值为负数时"L"（左声道）音量较大，当该数值为正数时"R"（右声道）音量较大，如图3-116所示。

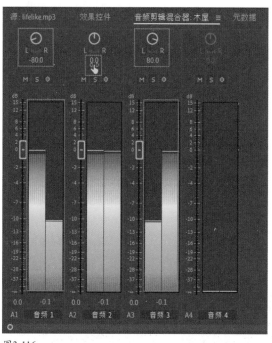

图3-116

使用音频计量表左侧的音量滑块可以调整音频的音量，向上拖动音量增大，向下拖动音量减小，当音频计量表下方有"超过"字样提示时，表示该音频音量过大，可以适当降低，如图3-117所示。

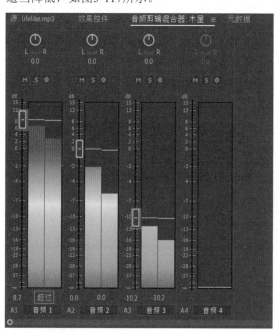

图3-117

3.5.4

"元数据"面板

"元数据"面板显示所选素材的实例元数据和XMP文件元数据，"剪辑"标题下的内容是素材实例元数据，也就是"项目"面板或者序列中素材的有关信息。XMP文件属性用于将元数据记录到源文件中，从而可以让Premiere Pro以外的应用程序通过XMP字段访问基于剪辑素材的元数据，如图3-118所示。

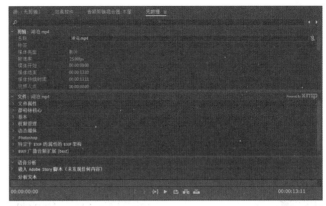

图3-118

3.6 "节目"面板

"节目"面板是剪辑工作中的核心面板，剪辑中的操作结果最终都会体现在"节目"面板内，所以在"节目"面板中看到的画面就是最终的视频内容，如图3-119所示。

图3-119

"节目"面板与"源"面板非常相似，在两个面板中相同的工具用法也相同。与"源"面板相比，"节目"面板没有将素材内容添加到"时间轴"的工具，如"仅拖动视频"按钮、"仅拖动音频"按钮、"插入"按钮和"覆盖"按钮，增加了"提升"按钮、"提取"按钮和"比较视图"按钮等，如图3-120所示。

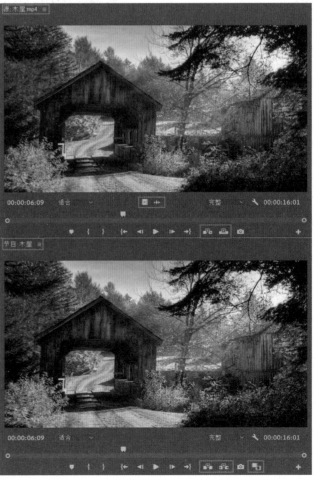

图3-120

💎 3.6.1

提升/提取

"提升"按钮用于删除序列上入点和出点之间的素材内容。首先使用"入点"按钮和"出点"按钮选取需要删除的部分，然后单击"提升"▣按钮，将"时间轴"面板中入点和出点之间所有轨道上的素材删除，其间的空隙会被保留，入点和出点也随之消失，如图3-121所示。

图3-121

> **提示**
>
> 使用"提升"按钮时，如果轨道前面的"以此轨道为目标切换轨道" ☑按钮未被激活，那么该轨道的素材将不会被删除。

"提取"按钮和"提升"按钮都可用于删除序列上入点和出点之间的素材内容，区别在于使用"提取"按钮删除后产生的空隙不会保留。使用"入点"按钮和"出点"按钮选取需要删除的部分，单击"提取"▣按钮，将"时间轴"面板中入点和出点之间所有轨道上的素材删除，前后素材将合拢，入点和出点也随之消失，如图3-122所示。

图3-122

💎 3.6.2

比较视图

"比较视图"按钮用于查看画面添加效果的前后对比，在颜色调整时使用"比较视图"按钮对统一视频色调很有帮助。单击"比较视图"▣按钮后，"节目"面板会显示"参考"和"当前"两个视图，"参考"视图的查看范围是整个序列上的素材画面，在"参考"视图下方可以拖动进度条滑块预览序列上的画面内容。"当前"视图显示的是播放指示器所在位置的画面，画面内容会随着播放指示器的移动而改变，如图3-123所示。

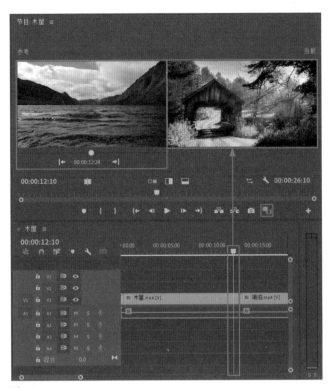

图3-123

单击"参考"视图下方的"转到上一个编辑点"按钮或"转到下一个编辑点"按钮，可以跳转到素材的上一个或下一个剪切点，如图3-124所示。

图3-124

单击"镜头或帧比较"按钮后，"参考"视图下方的进度条消失，"参考"和"当前"视图变为"之前"和"之后"视图，可以对比添加视觉效果前后的区别，如图3-125所示。

图3-125

单击"换边"按钮，可以交换"参考"和"当前"两个视图的位置，如图3-126所示。

图3-126

"并排"、"垂直拆分"和"水平拆分"用于调整"参考"和"当前"视图的布局设置。单击"并排"按钮，"参考"和"当前"视图并排显示；单击"垂直拆分"按钮，"参考"和"当前"视图左右排列，各显示一半画面；

单击"水平拆分"■按钮，"参考"和"当前"视图上下排列，各显示一半画面，如图3-127所示。

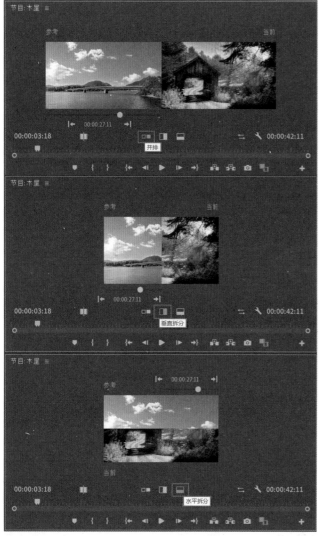

图3-127

💎 3.6.3

面板设置

单击"节目"面板右下方的设置■按钮，打开关于该面板设置的菜单，带✓图标代表该选项被激活。如果要激活或者关闭某个选项，直接单击该选项即可，如图3-128所示。

图3-128

💎 3.6.4

按钮编辑器

"按钮编辑器"用于控制"节目"面板中按钮的显示或者隐藏，其中包含"节目"面板的所有按钮，与"源"面板相同的按钮用法和功能相同，在"按钮编辑器"中添加和删除工具按钮的方法也一样。用红框标注的是"源"面板中未介绍到的按钮，如图3-129所示。

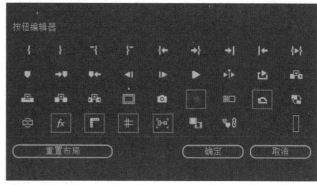

图3-129

- 多机位录制开/关 ■："多机位录制开/关"是多机位剪辑时画面的录制开关按钮。

- 还原裁剪会话 ■："还原裁剪会话"用于在使用"修剪编辑"功能编辑素材后还原素材。

- 全局FX静音 fx：使用"全局FX静音"可以将序列素材中添加的效果暂时隐藏，提升预览流畅度。

- 显示标尺 ■：单击"显示标尺"按钮后，在"节目"面板的上方和左侧会显示标尺。

- 显示参考线 ■：使用"显示标尺"后，可以从上方或者左侧的标尺上拖出参考线，"显示参考线"■按钮用于控制参考线的隐藏和显示，如需删除某条参考线，将其拖出"节目"面板即可。

- 在节目监视器中对齐 ■：当"节目"面板中有多个图形、字幕、图标等元素时，使用"在节目监视器中对齐"后，任意拖动其中一个元素，会出现与其他元素对齐的吸附线。

Premiere Pro 2024 菜单命令

第4章

"文件"菜单

"文件"菜单中的命令包括新建、保存、导入和导出等，如图4-1所示，命令及说明见表4-1。

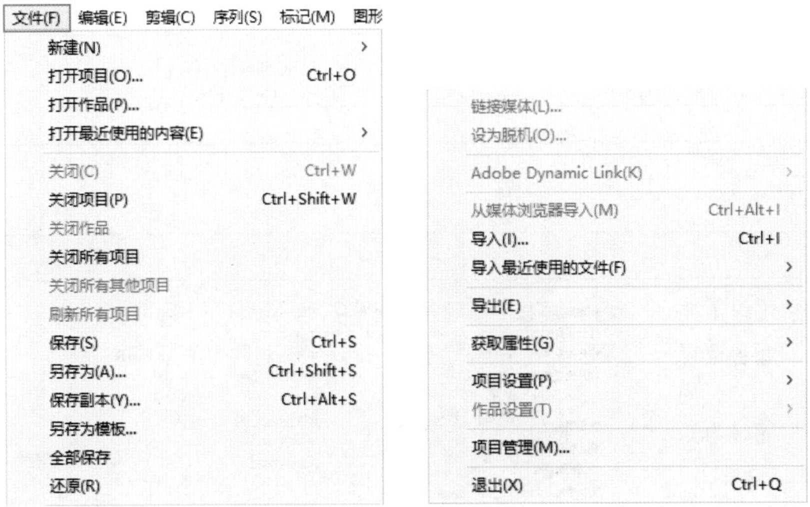

【本章简介】

在 Premiere Pro 中，大多数编辑操作都是在各个功能面板中完成的，菜单命令主要用于调整操作对象以外的工作内容，如新建项目、导出媒体、首选项设置、视图显示等。Premiere Pro 2024 中共包含9个菜单，分别是："文件"菜单、"编辑"菜单、"剪辑"菜单、"序列"菜单、"标记"菜单、"图形和标题"菜单、"视图"菜单、"窗口"菜单和"帮助"菜单，本章将对以上菜单中的每个命令进行详细讲解。

【达成目标】

了解9个菜单的作用，熟悉并且掌握每个菜单中的命令的用法。

文件(F)	编辑(E)	剪辑(C)	序列(S)	标记(M)	图形

新建(N)	▶
打开项目(O)...	Ctrl+O
打开作品(P)...	
打开最近使用的内容(E)	▶
关闭(C)	Ctrl+W
关闭项目(P)	Ctrl+Shift+W
关闭作品	
关闭所有项目	
关闭所有其他项目	
刷新所有项目	
保存(S)	Ctrl+S
另存为(A)...	Ctrl+Shift+S
保存副本(Y)...	Ctrl+Alt+S
另存为模板...	
全部保存	
还原(R)	

链接媒体(L)...	
设为脱机(O)...	
Adobe Dynamic Link(K)	▶
从媒体浏览器导入(M)	Ctrl+Alt+I
导入(I)...	Ctrl+I
导入最近使用的文件(F)	▶
导出(E)	▶
获取属性(G)	▶
项目设置(P)	▶
作品设置(T)	▶
项目管理(M)...	
退出(X)	Ctrl+Q

图4-1

表4-1 "文件"菜单中的命令

命令	说明
新建	可以新建相应的项目文件和内置素材文件
打开项目	打开Premiere Pro项目文件
打开作品	打开作品文件
打开最近使用的内容	打开最近使用过的Premiere Pro项目，继续之前的编辑
关闭	关闭当前所选中的面板，与2.2.3小节中所讲"关闭面板"方法一致
关闭项目	关闭当前操作的工作项目，如未保存项目文件，则会弹出对话框询问是否保存

命令	说明
关闭作品	关闭当前操作的作品
关闭所有项目	关闭所有打开的项目
关闭所有其他项目	关闭除了当前操作的工作项目之外的项目
刷新所有项目	刷新所有打开的项目
保存	保存项目文件的工作记录
另存为	可以为当前的工作项目重命名或更改保存位置，并保存
保存副本	保存一份项目文件的副本
另存为模板	将序列内容保存为模板
全部保存	在编辑多个项目时，同时保存所有项目
还原	取消对当前项目的操作，并且还原到最近一次的保存状态
链接媒体	如果素材内容脱机，可用于查找脱机文件并重新链接
设为脱机	将素材内容设置为脱机状态
Adobe Dynamic Link	可使Premiere Pro和After Effects更快速、高效地共享媒体资源
从媒体浏览器导入	可将在"媒体浏览器"面板中选中的素材导入文件
导入	导入音频素材、图片素材或视频素材
导入最近使用的文件	记录最近导入过的素材，方便再次快速选择并导入
导出	将编辑完成的项目输出为指定的文件内容
获取属性	可以查看指定文件或者所选文件的详细信息
项目设置	可在编辑过程中设置项目的常规、暂存盘、收录设置参数
作品设置	设置作品的相关参数
项目管理	可将所选序列用到的素材文件和项目内容都打包到一个文件夹中
退出	退出Premiere Pro

4.1.1

新建

　　"文件"→"新建"子菜单中的命令用于新建不同类型的项目文件和素材，如项目、序列、彩条和颜色遮罩等，如图4-2所示，该子菜单中的命令及说明见表4-2。为了方便操作，部分常用的功能放置在了"项目"面板内的"新建项"中。

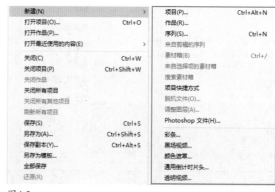

图4-2

表4-2 "文件"→"新建"子菜单中的命令

命令	说明
项目	新建一个项目文件
作品	新建一个作品
序列	新建一个序列
来自剪辑的序列	在"项目"面板中选择一个素材，使用该命令，将会创建一个与该素材属性相同的序列，同时该素材会自动置于时间轴上

命令	说明
素材箱	在"项目"面板中新建一个素材箱,可用于分类整理素材
来自选择项的素材箱	新建一个素材箱,并将"项目"面板中所选的素材放在素材箱中
搜索素材箱	根据文件信息搜索素材,并将其放在素材箱中
项目快捷方式	新建一个当前项目的快捷方式
脱机文件	在"项目"面板中新建一个脱机文件素材
调整图层	在"项目"面板中新建一个调整图层素材
Photoshop文件	在"项目"面板中新建一个PSD格式的文件,且自动打开Photoshop并创建空白文件,在Photoshop中所编辑的图像会同步至该PSD文件
彩条	在"项目"面板中新建一个彩条素材
黑场视频	在"项目"面板中新建一个黑场视频素材
颜色遮罩	在"项目"面板中新建一个颜色遮罩素材
通用倒计时片头	在"项目"面板中新建一个通用倒计时片头素材
透明视频	在"项目"面板中新建一个透明的视频素材

基础练习:新建通用倒计时片头

重点指数:★ ★ ★ ★ ☆
素材位置:无
教学视频:新建通用倒计时片头 .mp4
学习要点:学会调整倒计时片头的参数

熟悉不同素材的创建,然后通过"文件"→"新建"命令创建通用倒计时片头,创建效果如图4-3所示。

图4-3

01 双击桌面上的Premiere Pro 2024快捷方式图标 ,启动Premiere Pro 2024。新建项目后,执行"新建项"→"序列"命令,打开"新建序列"对话框,打开"设置"选项卡,将"编辑模式"设置为"自定义","时基"设置为25帧/秒,"帧大小"设置为1920像素×1080像素,"像素长宽比"设置为"方形像素(1.0)","场"设置为"无场(逐行扫描)",其他参数保持默认,最后单击"确定" 按钮,如图4-4所示。

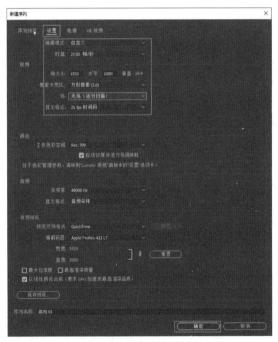

图4-4

02 执行"文件"→"新建"→"通用倒计时片头"命令,如图4-5所示。

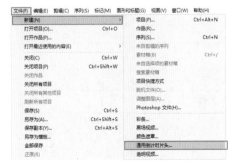

图4-5

03 在弹出的"新建通用倒计时片头"对话框中，参数保持默认，单击"确定" 确定 按钮，如图4-6所示。

04 在弹出的"通用倒计时设置"对话框中，将"擦除颜色"调整为橙色，"背景色"调整为蓝色，其他参数保持默认，单击"确定" 确定 按钮，如图4-7所示。

06 播放素材，效果如图4-9所示。

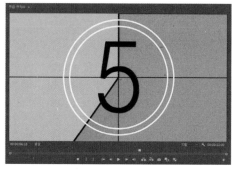

图4-9

图4-6

图4-7

05 将"通用倒计时片头"素材拖至"时间轴"面板，如图4-8所示。

图4-8

💎 4.1.2
打开最近使用的内容

"文件"→"打开最近使用的内容"子菜单记录了最近打开过的项目文件，选择需要操作的项目名称即可将其打开。此功能用于快速找到近期的剪辑项目，如图4-10所示。

图4-10

💎 4.1.3
Adobe Dynamic Link

在计算机中装有相同版本的Premiere Pro和After Effects时，可以使用"文件"→"Adobe Dynamic Link"子菜单中的命令创建动态链接，使内容创作更加高效、快捷，如图4-11所示，命令及说明见表4-3。

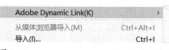

图4-11

表4-3 "文件"→"Adobe Dynamic Link"子菜单中的命令

命令	说明
替换为After Effects合成图像	将选中的素材替换成After Effects合成图像，在After Effects中对此素材的调整结果会同步显示在Premiere Pro中
新建After Effects合成图像	新建一个空白的After Effects合成图像，此合成可添加在时间轴上，在After Effects中对此合成的调整结果会同步显示在Premiere Pro中
导入After Effects合成图像	导入After Effects合成图像

💎 4.1.4
导入最近使用的文件

"文件"→"导入最近使用的文件"子菜单中会显示最近几次导入的素材名称，方便用户查找并再次导入，选择名称即可导入对应素材，如图4-12所示。

图4-12

4.1.5

导出

当项目编辑完成后，执行"文件"→"导出"子菜单中的命令，可将编辑完成的项目输出为指定的文件格式，如图4-13所示，命令及说明见表4-4。

图4-13

表4-4 "文件"→"导出"子菜单中的命令

命令	说明
媒体	Premiere Pro会切换到"导出"设置界面，可以对导出格式、名称、位置等参数进行设置
发送至Adobe Media Encoder	可将需导出内容在Adobe Media Encoder中进行导出
动态图形模板	导出MOGRT格式的动态图形模板，也可以将计算机中的动态图形模板（.moget文件）安装到Premiere Pro中，安装后在"基本图形"面板使用
字幕	将项目内的字幕单独导出为SRT格式的字幕文件
EDL	将项目导出为 CMX3600 格式的编辑决策列表（EDL，Edit Decision List）
OMF	将序列中的音轨导出为OMF格式文件
标记	将标记信息以文件的形式导出，文件格式有（.html）、（.txt）和（.csv）
将选择项导出为Premiere项目	将选择项导出为Premiere项目格式
AAF	导出为AAF（Advanced Authoring Format，高级制作格式）文件，AAF比EDL包含更多的编辑数据
Avid Log Exchange	导出为ALE格式的文件
Final Cut Pro XML	导出为Final Cut Pro（苹果系统视频编辑软件）可读取的XML格式文件

4.1.6

获取属性

"文件"→"获取属性"子菜单中的命令用于查看所选对象原始文件的属性，如文件名、图像大小、帧速率、源音频格式等，如图4-14所示，命令及说明见表4-5。

图4-14

表4-5 "文件"→"获取属性"子菜单中的命令

命令	说明
文件	获取计算机中指定文件的详细信息
选择	获取"项目"面板或者"时间轴"面板中所选素材的文件信息

4.1.7

项目设置

"文件"→"项目设置"子菜单中的命令用于在编辑过程中根据需要设置项目的常规、颜色、暂存盘、收录设置参数，如图4-15所示，命令及说明见表4-6。

图4-15

表4-6 "文件"→"项目设置"子菜单中的命令

命令	说明
常规	设置项目的渲染程序、音视频的显示格式等内容
颜色	设置项目的色彩空间
暂存盘	设置项目中不同类型素材的暂存位置
收录设置	设置项目的收录选项

4.2 "编辑"菜单

"编辑"菜单中的命令主要用于执行剪切、复制、粘贴、设置首选项等操作，如图4-16所示，命令及说明见表4-7。

图4-16

表4-7 "编辑"菜单中的命令

命令	说明
撤销	撤销上一步的操作，返回到上一步的编辑状态
重做	恢复上一步的操作，取消执行的撤销操作
剪切	将选定的内容放置到剪贴板中，并删除该内容
复制	将选定的内容复制到剪贴板中
粘贴	将剪贴板中的内容粘贴到目标位置，如粘贴位置有其他内容，原内容会被覆盖
粘贴插入	将剪贴板中的内容粘贴到目标位置，如粘贴位置有其他内容，不会覆盖原内容
粘贴属性	可将素材的运动参数、不透明度参数、效果参数等复制给另一个素材
删除属性	删除为素材添加的属性，可根据需要选择删除的部分
清除	在"项目"或者"时间轴"面板中删除所选内容
波纹删除	删除"时间轴"面板中同一轨道上两段素材之间的空白区域
重复	在"项目"面板中复制所选内容
全选	将"项目"或者"时间轴"面板中的所有内容全部选中

命令	说明
选择所有匹配项	在"时间轴"面板中有一段素材被重复使用时,可将全部的重复内容选中
取消全选	在"项目"或者"时间轴"面板中取消全部选择的内容
查找	在"项目"或者"时间轴"面板中依据相关信息查找素材
查找下一个	按照文件名或者字符串进行快速查找
拼写	检查文本的拼写错误
标签	设置素材的标签颜色
移除未使用资源	将"项目"面板中没有在"时间轴"面板使用的素材删除
合并重复项	将"项目"面板中多个重复的素材合并为一个素材
生成媒体的源剪辑	生成一个剪辑素材并保存在"项目"面板
重新关联源剪辑	重新关联到原始剪辑素材
编辑原始	启动原始应用程序,对"项目"或者"时间轴"面板中的素材进行浏览或编辑
在Adobe Audition中编辑	将音频内容放在Adobe Audition中编辑
在Adobe Photoshop中编辑	将图片素材放在Adobe Photoshop中编辑
快捷键	打开Premiere Pro快捷键的对话框,可预览或设置快捷键
首选项	对软件的各项属性进行设置

4.2.1

拼写

"编辑"→"拼写"子菜单中的命令用于设置"拼写检查"和"拼写检查设置"选项,使用"拼写检查"功能可以查找并更正文本拼写错误,如图4-17所示,命令及说明见表4-8。

图4-17

表4-8 "编辑"→"拼写"子菜单中的命令

命令	说明
拼写检查	开启或者关闭"拼写检查"功能,勾选状态表示开启,未勾选状态表示关闭
拼写检查设置	设置拼写检查的"语言"和"词典"选项

4.2.2

标签

"编辑"→"标签"子菜单中的命令用于更改"项目"面板或者"时间轴"面板中素材标签的显示颜色,使用不同的标签颜色可以更方便地查找和管理素材,如图4-18所示,命令及说明见表4-9。

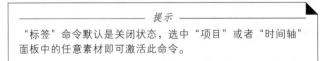

提示

"标签"命令默认是关闭状态,选中"项目"或者"时间轴"面板中的任意素材即可激活此命令。

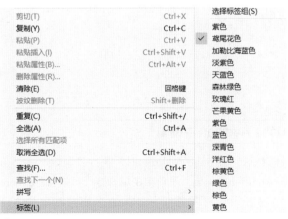

图4-18

表4-9 "编辑" → "标签" 子菜单中的命令

命令	说明
选择标签组	选择一个素材后，使用此功能可以选中与其相同标签颜色的所有素材
紫色	将所选素材的标签颜色改为紫色
鸢尾花色	将所选素材的标签颜色改为鸢尾花色
加勒比海蓝色	将所选素材的标签颜色改为加勒比海蓝色
淡紫色	将所选素材的标签颜色改为淡紫色
天蓝色	将所选素材的标签颜色改为天蓝色
森林绿色	将所选素材的标签颜色改为森林绿色
玫瑰红	将所选素材的标签颜色改为玫瑰红
芒果黄色	将所选素材的标签颜色改为芒果黄色
紫色	将所选素材的标签颜色改为紫色
蓝色	将所选素材的标签颜色改为蓝色
深青色	将所选素材的标签颜色改为深青色
洋红色	将所选素材的标签颜色改为洋红色
棕黄色	将所选素材的标签颜色改为棕黄色
绿色	将所选素材的标签颜色改为绿色
棕色	将所选素材的标签颜色改为棕色
黄色	将所选素材的标签颜色改为黄色

知识拓展 自定义标签颜色和名称

初始的标签颜色是系统的默认颜色，若要为不同类型的素材创建各自的颜色标签，可以通过 "编辑" → "首选项" → "标签" 命令更改标签的颜色和名称，如图4-19所示。

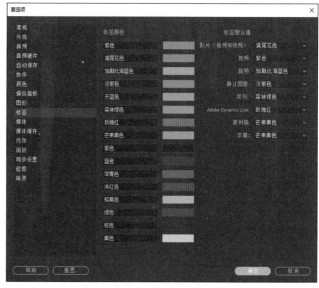

图4-19

4.2.3

在 Adobe Audition 中编辑

计算机装有Adobe Audition时，执行 "编辑" → "在Adobe Audition中编辑" 子菜单中的命令，可以将Premiere项目中的音频素材或者带有音频的序列同时在Adobe Audition中打开，进行更专业的音频处理，如图4-20所示，命令及说明见表4-10。处理完成后在Adobe Audition中保存操作，操作内容会同步至Premiere Pro中。

在 Adobe Audition 中编辑	▶	剪辑(C)
在 Adobe Photoshop 中编辑(H)		序列(S)...

图4-20

表4-10 "编辑"→"在Adobe Audition中编辑"子菜单中的命令

命令	说明
剪辑	将所选音频素材同步至Adobe Audition中编辑
序列	将所选序列中的音频同步至Adobe Audition中编辑

知识拓展 Adobe Audition 是什么软件?

Adobe Audition是一款专业的数字音频编辑软件,包含创建、混合、编辑和复原音频内容的多轨、波形和光谱显示功能,可以和Premiere Pro无缝衔接,提高音频修整的工作效率。

4.2.4
首选项

"编辑"→"首选项"子菜单中的命令用于对Premiere Pro中的各项属性进行设置,使软件工作环境更符合用户习惯,如图4-21所示,命令及说明见表4-11。

图4-21

表4-11 "编辑"→"首选项"子菜单中的命令

命令	说明
常规	设置项目的常规内容,如是否显示启动画面、工具提示等
外观	设置界面整体亮度,以及交互控件和焦点指示器的亮度和颜色
音频	设置音频操作和轨道显示的相关内容
音频硬件	设置音频设备的输入、输出、时钟等选项
自动保存	设置项目的自动保存间隔、项目版本数等内容
协作	设置团队项目共享提醒等内容
颜色	设置项目的色彩管理
操纵面板	设置硬件控制设备的编辑、添加和移除
图形	设置文本样式和缺少字体替换等选项
标签	设置标签颜色和标签默认值选项
媒体	设置媒体时基、时间码、导入设置等选项
媒体缓存	设置媒体的缓存文件、缓存数据库和缓存管理选项
内存	设置保留用于其他应用程序和 Premiere的内存量
回放	设置回放时预卷、过卷和前进/后退多帧等选项

续表

命令	说明
时间轴	设置素材的默认持续时间以及"时间轴"面板的操作选项
修剪	调整大修剪偏移的时间单位和修剪设置等内容
转录	设置自动转录和转录语言选项

基础练习：设置音频硬件

重点指数：★★★★☆
素材位置：无
教学视频：设置音频硬件 .mp4
学习要点：处理音频输入和输出问题

在剪辑时经常会遇到一段音频在播放器中播放有声音，但是在Premiere Pro中播放却听不到声音的情况，或者在使用麦克风录制音频的时候，麦克风是正常的但是声音却录制不上的问题。可以通过调整音频硬件中的选项来解决以上问题。

01 双击桌面上的Premiere Pro 2024快捷方式图标 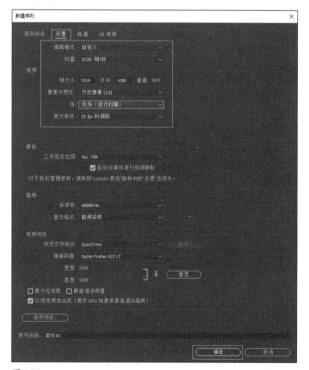，启动Premiere Pro 2024。新建项目后，执行"新建项"→"序列"命令，打开"新建序列"对话框，打开"设置"选项卡，将"编辑模式"设置为"自定义"，"时基"设置为25帧/秒，"帧大小"设置为1920像素×1080像素，"像素长宽比"设置为"方形像素（1.0）"，"场"设置为"无场（逐行扫描）"，其他参数保持默认，最后单击"确定" 确定 按钮，如图4-22所示。

图4-22

02 执行"编辑"→"首选项"→"音频硬件"命令，如图4-23所示，打开"首选项"对话框。

图4-23

03 在"首选项"对话框中单击"默认输入"下拉按钮，可以显示该计算机连接的音频设备，在麦克风没有声音时可以在这里更换设备选项。选择后单击"确定" 确定 按钮即可生效，如图4-24所示。

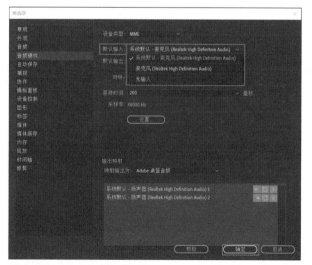

图4-24

04 在Premiere Pro中播放音频，音频设备没有声音时，可以单击"默认输出"下拉按钮，选择正确的播放设备。选择后单击"确定" 确定 按钮即可生效，如图4-25所示。

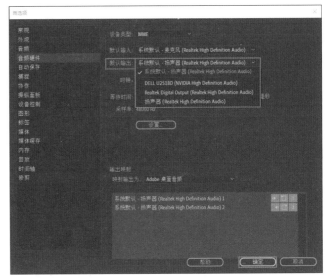

知识链接

使用Premiere Pro录制画外音可以参考*3.3.4*小节中讲到的操作方法。

图4-25

4.3 "剪辑"菜单

"剪辑"菜单中的命令主要用于对剪辑素材进行常用的编辑操作，如重命名、场景编辑检测、重新混合、多机位等，如图4-26所示，命令及说明见表4-12。

图4-26

表4-12 "剪辑" 菜单中的命令

命令	说明
重命名	对 "项目" 或者 "时间轴" 面板中的素材进行重新命名
制作子剪辑	在 "源" 面板中通过对素材添加入点和出点制作子剪辑
编辑子剪辑	修改子剪辑素材的开始时间、结束时间,以及将子剪辑转换到主剪辑
编辑脱机	对脱机素材进行描述、注释等操作,以及调整时间码选项
源设置	打开外部工程文件(如PSD文件)的导入选项设置窗口,对源素材的应用属性进行调整
修改	对源素材的音频声道、颜色、解释素材、时间码和VR属性选项进行设置
视频选项	对所选视频素材进行选项设置
音频选项	对所选音频素材进行选项设置
速度/持续时间	调整素材的播放速度、持续时间等选项
场景编辑检测	自动检测素材中的原始剪切点,可在剪切点处进行剪切、标记等操作
重新混合	重新合成纯音乐
插入	将 "项目" 面板中选择的素材或者 "源" 面板中的素材插入 "时间轴" 面板中播放指示器所在的位置,如果播放指示器当前位置有剪辑素材,则该素材会被分割开,内容总时长会增加
覆盖	将 "项目" 面板中选择的素材或者 "源" 面板中的素材插入 "时间轴" 面板中播放指示器所在的位置,如果播放指示器当前位置有剪辑素材,则该素材会被覆盖
替换素材	"项目" 面板中用新素材替换当前所选素材,原有素材会被删除,替换后 "时间轴" 面板中的内容也随之更改
替换为剪辑	将 "时间轴" 面板中所选素材替换为其他素材
渲染和替换	在处理大型序列时使用此命令可以降低系统资源的占用
恢复未渲染的内容	撤销 "渲染和替换" 命令,恢复为原始剪辑
从源剪辑恢复字幕	从源剪辑中恢复字幕
更新元数据	更新 "项目" 面板中的素材
生成音频波形	生成音频的波形
自动标记音频类型	可以自动识别音频类型,如对话、音乐、SFX和环境
自动匹配序列	在 "项目" 面板中选择需要剪辑的素材,使用此命令可以将所选素材按照相应顺序和选项设置自动放入 "时间轴" 面板的对应位置
启用	切换 "时间轴" 面板中所选素材的激活状态,启用状态的素材可以正常渲染,未启用状态的素材将不会显示
取消链接	可以分开选择一段素材的音频和视频
编组	在 "时间轴" 面板中将两个或者两个以上的素材编成一组,方便统一调整
取消编组	撤销 "编组" 命令,将已经编组的素材恢复为单独的状态
同步	在 "时间轴" 面板中选择不同轨道的素材,使用此命令可根据同步点对齐素材
合并剪辑	可在 "项目" 面板或者 "时间轴" 面板将需要同步的音频和视频素材根据对齐方式合成为一个素材文件
嵌套	在 "时间轴" 面板中将一个或者多个素材合并为一个嵌套序列,生成的嵌套序列会作为一个剪辑对象添加在 "项目" 面板中
创建多机位源序列	在 "项目" 面板中选中多机位素材,创建一个多机位源序列
多机位	可以启用多机位操作或将多机位源序列转换成一般素材剪辑,以及切换显示机位

◈ 4.3.1

修改

"剪辑" → "修改" 子菜单中的命令用于对源素材的
音频声道、颜色、解释素材、时间码和VR属性选项进行
设置,如图4-27所示,命令及说明见表4-13。

图4-27

表4-13 "剪辑" → "修改" 子菜单中的命令

命令	说明
音频声道	设置 "项目" 面板或 "时间轴" 面板中音频素材的声道选项
颜色	设置 "项目" 面板中视频素材的色彩空间
解释素材	设置 "项目" 面板中视频素材的帧速率、像素长宽比、场序等选项
时间码	设置 "项目" 面板中素材的时间码和时间显示格式选项
VR属性	设置 "项目" 面板中VR素材的投影、布局等参数

4.3.2

视频选项

"剪辑" → "视频选项" 子菜单中的命令主要用于对视频素材中的帧进行设置，如图4-28所示，命令及说明见表4-14。

图4-28

表4-14 "剪辑" → "视频选项" 子菜单中的命令

命令	说明
帧定格选项	设置帧定格的位置以及添加的视频效果是否同步定格
添加帧定格	使用该命令后播放指示器位置之后的画面会被定格
插入帧定格分段	在播放指示器位置之后插入一段定格画面，定格画面之后的内容正常播放
场选项	设置素材的交换场和处理选项，设置后会替换视频素材中原本的场序
时间插值	为更改过速度和持续时间的视频素材设置 "帧" 之间的运算方式
缩放为帧大小	对原始素材进行重新采样，通过改变原始素材的分辨率匹配序列的帧大小
设为帧大小	通过放大或缩小素材匹配序列的帧大小，不改变原始素材的分辨率

知识拓展 如何理解帧采样、光流法、帧混合？

帧采样：在调整视频播放速度以后，多出来的帧或空缺的帧会按照现有的帧进行复制，例如1、2、3帧，播放速度改变后会变成1、1、2、2、3、3帧，这种计算方式会使视频画面看起来不太流畅。

光流法：Premiere Pro根据前后帧来计算出像素移动的轨迹，自动生成新的空缺帧，由于要重新计算新的帧，所以渲染时间会相对较长。

帧混合：帧混合是上述两种方法的折中，它是根据前后两帧混合生成一个新的帧以填补空缺帧。

渲染速度：帧采样 > 帧混合 > 光流法。

实战进阶：光流法的应用

重点指数：★★★★☆

素材位置：素材文件\第4章\光流法的应用

教学视频：光流法的应用.mp4

学习要点：光流法、速度/持续时间

在剪辑时经常会遇到视频素材慢放后画面卡顿的问题。例如，将一段25帧/秒的视频素材速度调整为原来的50%后，每秒仅有约12.5帧的画面，因此播放时就像快放的幻灯片一样不流畅。这种情况就可以通过 "时间插值" 中的选项做一定程度的优化。

01 双击桌面上的Premiere Pro 2024快捷方式图标 ，启动Premiere Pro 2024软件。新建项目后，执行 "新建项" → "序列" 命令，打开 "新建序列" 对话框，打开 "设置" 选项卡，将 "编辑模式" 设置为 "自定义"，"时基" 设置为25帧/秒，"帧大小" 设置为1920像素×1080像素，

"像素长宽比"设置为"方形像素（1.0）"，"场"设置为"无场（逐行扫描）"，其他参数保持默认，最后单击"确定" 确定 按钮，如图4-29所示。

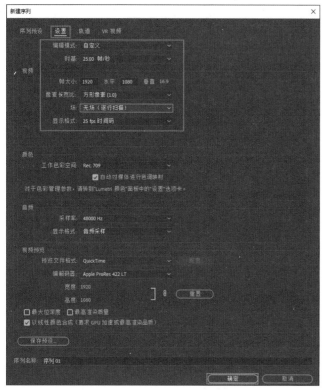

图4-29

02 执行"文件"→"导入"命令，弹出"导入"对话框，选中"秋千"素材，单击"打开" 打开(O) 按钮，然后将"秋千"素材拖至V1轨道，如图4-30所示。

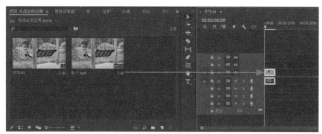

图4-30

03 先将视频素材变为原来速度的50%。在"时间轴"面板中选中"秋千"素材，执行"剪辑"→"速度/持续时间"命令，弹出"剪辑速度/持续时间"对话框，将"速度"调整为50%，设置完成后单击"确定" 确定 按钮，如图4-31所示。

图4-31

04 此时视频播放时会有明显的卡顿，在"时间轴"面板中选中"秋千"素材，执行"剪辑"→"视频选项"→"时间插值"→"光流法"命令，如图4-32所示。

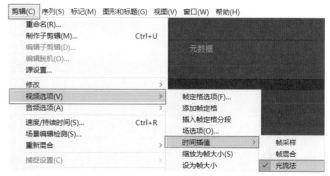

图4-32

05 使用"光流法"以后由于计算机运算量增加，视频在播放时仍可能会有卡顿的情况，这时需要提前渲染后再进行预览。执行"序列"→"渲染入点到出点"命令，等待渲染完成，如图4-33所示。

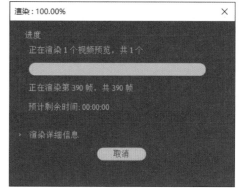

图4-33

06 渲染完成后播放流畅度会有很大程度的提升，如图4-34所示。

图4-34

4.3.3

音频选项

"剪辑"→"音频选项"子菜单中的命令用于设置音频素材的增益、声道拆分以及提取视频素材中的音频文件，如图4-35所示，命令及说明见表4-15。

音频选项(A)	>	音频增益(A)...	G
速度/持续时间(S)...	Ctrl+R	拆分为单声道(B)	
场景编辑检测(S)...		提取音频(X)	

图4-35

表4-15 "剪辑"→"音频选项"子菜单中的命令

命令	说明
音频增益	调整音频素材的音量大小
拆分为单声道	拆分立体声音频素材，生成两个单声道音频素材
提取音频	提取"项目"面板中视频素材的音频部分，提取后的音频素材将独立存在于"项目"面板中

 4.3.4

重新混合

"剪辑"→"重新混合"子菜单中的命令用于改变音乐的时间长度，Premiere Pro会对音频中每个节拍的特质进行分析，并将它们与其他所有节拍进行比较，最后根据目标时长重新合成这段音频，新合成的音频节奏是连贯的，如图4-36所示，命令及说明见表4-16。

> **提示**
> "重新混合"无法处理带有人声的音频。

重新混合	>	启用重新混合
插入(I)		重新混合属性
覆盖(O)		恢复重新混合

图4-36

表4-16 "剪辑"→"重新混合"子菜单中的命令

命令	说明
启用重新混合	使用此命令后Premiere Pro开始自动分析所选音频的重新混合持续时间
重新混合属性	打开重新混合的属性面板
恢复重新混合	将调整过目标持续时间的音频恢复至原始状态

基础练习：延长背景音乐

重点指数：★★★★☆
素材位置：素材文件\第4章\延长背景音乐
教学视频：延长背景音乐.mp4
学习要点：重新混合功能的使用

在剪辑时经常会遇到音乐时长不够或者超出的情况，这时可使用重新混合功能对音频时长进行自定义调整。

01 双击桌面上的Premiere Pro 2024快捷方式图标，启动Premiere Pro 2024软件。新建项目后，执行"新建项"→"序列"命令，打开"新建序列"对话框，打开"设置"选项卡，将"编辑模式"设置为"自定义"，"时基"设置为25帧/秒，"帧大小"设置为1920像素×1080像素，"像素长宽比"设置为"方形像素（1.0）"，"场"设置为"无场（逐行扫描）"，其他参数保持默认，最后单击"确定"按钮，如图4-37所示。

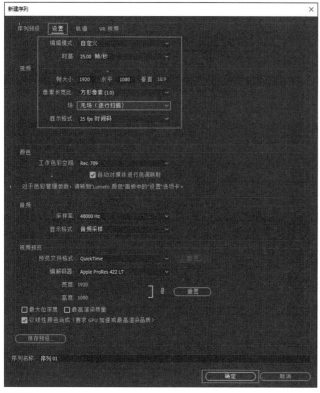

图4-37

02 执行"文件"→"导入"命令，弹出"导入"对话框，选中"恬静"素材，单击"打开" 打开(O) 按钮，然后将"恬静"素材拖至A1轨道，如图4-38所示。

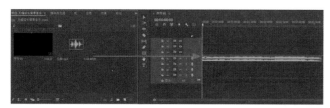

图4-38

03 在"时间轴"面板中选中"恬静"素材，执行"剪辑"→"重新混合"→"启用重新混合"命令，Premiere Pro会自动进行剪辑分析，如图4-39所示。

图4-39

04 在"基本声音"面板中将"目标持续时间"设置为4分钟，如图4-40所示，这时Premiere Pro会自动对音频素材进行重新混合。

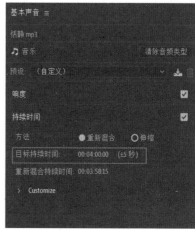

图4-40

音频时长调整完成，如图4-41所示。

图4-41

💎 4.3.5

替换为剪辑

"剪辑"→"替换为剪辑"子菜单中的命令可将"时间轴"面板中的所选素材替换成"源"面板或者素材箱中的指定素材，如图4-42所示，命令及说明见表4-17。

图4-42

表4-17 "剪辑"→"替换为剪辑"子菜单中的命令

命令	说明
从源监视器	将"时间轴"面板中所选素材片段替换为"源"面板中的等长素材
从源监视器，匹配帧	将"时间轴"面板中所选素材片段替换为"源"面板中入点和出点之间的等长素材
从素材箱	将"时间轴"面板中所选素材片段替换成在素材箱中选定的等长素材

4.3.6

多机位

在"时间轴"面板中选中嵌套序列或者多机位源序列后可开启多机位剪辑模式，也可以将多机位源序列文件转换成一般剪辑素材，并只显示当前的机位角度，"剪辑"→"多机位"子菜单如图4-43所示，命令及说明见表4-18。

图4-43

表4-18 "剪辑"→"多机位"子菜单中的命令

命令	说明
启用	在"时间轴"面板中选中嵌套序列或者多机位源序列后，使用此命令可以开启多机位剪辑模式
拼合	将多机位序列转换成当前编辑的机位内容，并取消序列形式
相机1	将"节目"面板的显示内容切换为机位1的内容
相机2	将"节目"面板的显示内容切换为机位2的内容

基础练习：场景编辑检测

重点指数：★★★★☆
素材位置：素材文件\第4章\场景编辑检测
教学视频：场景编辑检测.mp4
学习要点：场景编辑检测功能的使用

场景编辑检测可以在一段视频中每个镜头衔接的位置将素材剪切，此功能在剪辑剧情片进行作品的二次创作时非常实用。

01 双击桌面上的Premiere Pro 2024快捷方式图标**Pr**，启动Premiere Pro 2024软件。新建项目后，执行"新建项"→"序列"命令，打开"新建序列"对话框，打开"设置"选项卡，将"编辑模式"设置为"自定义"，"时基"设置为25帧/秒，

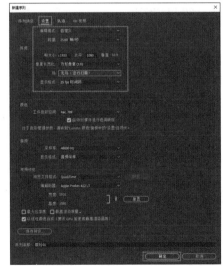

图4-44

"帧大小"设置为1920像素×1080像素，"像素长宽比"设置为"方形像素（1.0）"，"场"设置为"无场（逐行扫描）"，其他参数保持默认，最后单击"确定" **确定** 按钮，如

图4-44所示。

02 执行"文件"→"导入"命令，弹出"导入"对话框，选中"捕猎"素材，单击"打开" **打开(O)** 按钮，然后将"捕猎"素材拖至V1轨道，如图4-45所示。

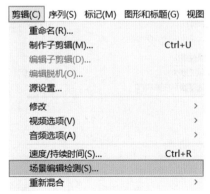

图4-45

03 在"项目"面板中选中"捕猎"素材，执行"剪辑"→"场景编辑检测"命令，如图4-46所示。

剪辑(C) 序列(S) 标记(M) 图形和标题(G) 视图	
重命名(R)...	
制作子剪辑(M)...	Ctrl+U
编辑子剪辑(D)...	
编辑脱机(O)...	
源设置...	
修改	>
视频选项(V)	>
音频选项(A)	>
速度/持续时间(S)...	Ctrl+R
场景编辑检测(S)...	
重新混合	>

图4-46

04 在弹出的"场景编辑检测"对话框中勾选"在每个检测到的剪切点应用剪切"复选框，然后单击"分析" **分析** 按钮，如图4-47所示。

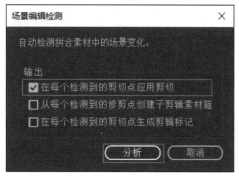

图4-47

05 分析完成后，每个镜头衔接的位置会被自动剪切，形成独立的素材片段，如图4-48所示。

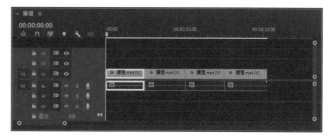

图4-48

"序列"菜单

"序列"菜单中的命令主要用于对项目中的序列进行设置、渲染片段、增减轨道、修改序列内容等操作，如图4-49所示，命令及说明见表4-19。

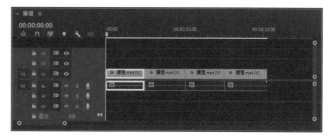

图4-49

表4-19 "序列"菜单中的命令

命令	说明
序列设置	设置序列的时基、帧大小、像素长宽比等参数
渲染入点到出点的效果	渲染"时间轴"面板中入点到出点范围内添加的视频效果和视频过渡，其中每个应用效果都被当成一个渲染文件
渲染入点到出点	渲染"时间轴"面板中入点到出点范围内所有的视频、图片、效果等内容

命令	说明
渲染选择项	只渲染"时间轴"面板中的所选内容
渲染音频	渲染序列中的音频内容,包括单独的音频素材和视频中包含的音频内容
删除渲染文件	删除与当前项目关联的渲染文件
删除入点到出点的渲染文件	删除从入点到出点的渲染文件
匹配帧	选择"时间轴"面板中的素材,使用此命令可在"源"面板查看该素材的原始状态
反转匹配帧	确定"源"面板中的素材在"时间轴"面板中的位置
添加编辑	在当前播放指示器位置将素材进行分割,相当于"剃刀工具"
添加编辑到所有轨道	在当前播放指示器位置将所有轨道的素材进行分割
修剪编辑	播放指示器会自动跳转到最近的素材端点位置,素材端点变成可编辑状态,此时可以调整素材的持续时间
将所选编辑点扩展到播放指示器	在使用修剪编辑时,此命令用于将"节目"面板切换为修剪监视状态,可以精准显示调整时间以及修剪编辑点前后素材的变化
应用视频过渡	在视频素材的端点位置或衔接位置添加默认的视频过渡效果
应用音频过渡	在音频素材的端点位置或衔接位置添加默认的音频过渡效果
应用默认过渡到选择项	为所选素材添加默认的视频过渡或者音频过渡效果
提升	删除序列上入点和出点之间的素材内容,删除后的间隙会保留
提取	删除序列上入点和出点之间的素材内容,删除后的间隙会被后面的素材自动填补
放大	放大"时间轴"面板的时间刻度,方便对素材进行细微调整
缩小	缩小"时间轴"面板的时间刻度,方便对素材进行整体调整
封闭间隙	可以移动"时间轴"面板中的素材,使其之间的空隙自动消失
转到间隔	在"时间轴"面板中有多个空隙时,使用此命令可以快速跳转到上/下一段空隙的位置
在时间轴中对齐	此命令激活的状态下,在"时间轴"面板中移动或修剪素材时,被移动或修剪的素材会自动吸附到目标素材
链接选择项	此命令激活的状态下,单击"时间轴"面板中已链接的素材会自动选中所关联的轨道素材,例如:选中一段素材的视频部分,会自动选中其音频部分
选择跟随播放指示器	此命令激活的状态下,移动播放指示器时,其所在位置的素材会被自动选中
显示连接的编辑点	此命令激活的状态下,可显示将素材连接在一起的剪切点
标准化混合轨道	统一调整音轨的音量
制作子序列	制作子序列
自动重构序列	自动改变序列的长宽比,对序列重新构图,并智能识别画面中的动作
自动转录序列	重新转录序列中的音频内容
简化序列	生成一个简化的序列副本,移除不需要的内容
添加轨道	在"时间轴"面板中添加新的视频或音频轨道
删除轨道	删除"时间轴"面板中的视频或音频轨道
字幕	在"时间轴"面板中设置和管理字幕轨道

◆ 4.4.1

转到间隔

在序列中有多个素材和多个间隙的情况下,使用
"序列"→"转到间隔"子菜单中的命令可以快速将播
放指示器跳转到对应位置,如图4-50所示,命令和说明见
表4-20。

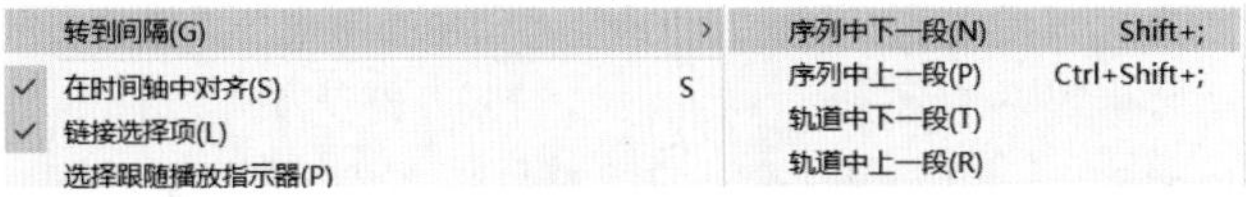

转到间隔(G)	>	序列中下一段(N)	Shift+;
✓ 在时间轴中对齐(S)	S	序列中上一段(P)	Ctrl+Shift+;
✓ 链接选择项(L)		轨道中下一段(T)	
选择跟随播放指示器(P)		轨道中上一段(R)	

图4-50

表4-20 "序列"→"转到间隔"子菜单中的命令

命令	说明
序列中下一段	以播放指示器所停靠素材群的前端和末端作为参考，转到下一段间隙的开始位置
序列中上一段	以播放指示器所停靠素材群的前端和末端作为参考，转到上一段间隙的开始位置
轨道中下一段	以所选轨道中单个素材的入点和出点作为参考，转到轨道中下一段间隙的开始位置
轨道中上一段	以所选轨道中单个素材的入点和出点作为参考，转到轨道中上一段间隙的开始位置

◈ 4.4.2

字幕

使用"序列"→"字幕"子菜单中的命令可以执行添加新字幕轨道、隐藏或显示字幕轨道、字幕区段的跳转等操作，如图4-51所示，命令及说明见表4-21。

图4-51

表4-21 "序列"→"字幕"子菜单中的命令

命令	说明
添加新字幕轨道	在"时间轴"面板中视频轨道的上方添加新的字幕轨道
在播放指示器处添加字幕	在播放指示器所在位置添加字幕
隐藏所有字幕轨道	隐藏"时间轴"面板中的字幕轨道
显示所有字幕轨道	显示"时间轴"面板中的字幕轨道
仅显示活动字幕轨道	只显示"时间轴"面板中的活动字幕轨道
转到下一个字幕区段	跳转到下一个字幕区段
转到上一个字幕区段	跳转到上一个字幕区段

实战进阶：自动重构序列

重点指数：★★★★☆
素材位置：素材文件\第4章\自动重构序列
教学视频：自动重构序列 .mp4
学习要点：自动重构序列功能的使用

自动重构序列用于识别画面中主体部分的运动趋势并进行跟踪，同时会改变画面的长宽比达到重构序列效果，在剪辑时常用此功能将横屏视频变为竖屏视频。

01 双击桌面上的Premiere Pro 2024快捷方式图标 Pr，启动Premiere Pro 2024软件。新建项目后，执行"新建项"→"序列"命令，打开"新建序列"对话框，打开"设置"选项卡，将"编辑模式"设置为"自定义"，"时基"设置为25帧/秒，"帧大小"设置为1920像素×1080像素，"像素长宽比"设置为"方形像素（1.0）"，"场"设置为"无场（逐行扫描）"，其他参数保持默认，最后单击"确定"按钮，如图4-52所示。

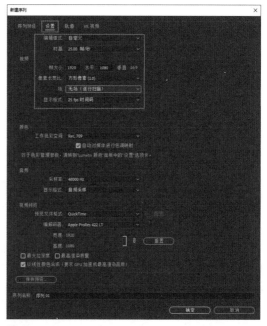

图4-52

02 执行"文件"→"导入"命令，弹出"导入"对话框，选中"海边散步"素材，单击"打开" 打开(O) 按钮，然后将"海边散步"素材拖至V1轨道，如图4-53所示。

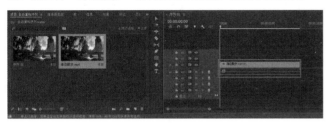

图4-53

03 在"时间轴"面板中选中"海边散步"素材，执行"序列"→"自动重构序列"命令，如图4-54所示。

04 在"自动重构序列"对话框中，将"目标长宽比"选项设置为"垂直9：16"，其他参数保持默认，然后单击"创建" 创建 按钮，如图4-55所示。

横屏转竖屏效果完成，如图4-56所示。

图4-54

图4-55

图4-56

4.5 "标记"菜单

"标记"菜单中的命令主要用于在"时间轴"面板中设置入点、出点，执行添加标记和编辑标记等操作，如图4-57所示，命令及说明见表4-22。

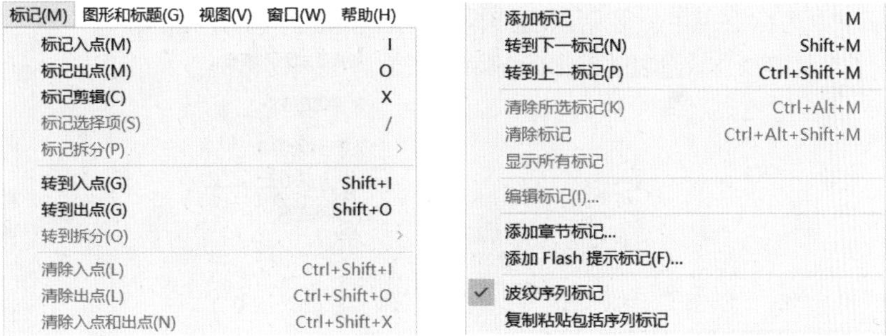

图4-57

表4-22 "标记"菜单中的命令

命令	说明
标记入点	在播放指示器位置设置入点
标记出点	在播放指示器位置设置出点
标记剪辑	在处于选中状态的视频轨道中，为播放指示器所在素材的开始和结束位置设置入点和出点
标记选择项	在"时间轴"面板中以所选素材的长度设置标记范围
标记拆分	标记分割的部分
转到入点	使播放指示器跳转到入点位置
转到出点	使播放指示器跳转到出点位置
转到拆分	使播放指示器跳转到拆分位置
清除入点	清除设置的入点
清除出点	清除设置的出点
清除入点和出点	同时清除设置的入点和出点
添加标记	在播放指示器位置添加标记
转到下一标记	使播放指示器跳转到下一个标记的位置
转到上一标记	使播放指示器跳转到上一个标记的位置
清除所选标记	清除当前所选标记
清除标记	清除素材或"时间轴"面板上的所有标记
显示所有标记	使所有标记都显示
编辑标记	设置标记的名称、持续时间和注释等
添加章节标记	在播放指示器位置添加章节标记
添加Flash提示标记	在播放指示器位置添加Flash提示标记
波纹序列标记	在"时间轴"面板中进行裁切或修剪时，可让标记随着剪辑一起移动
复制粘贴包括序列标记	此命令激活的状态下，复制素材时可以同时复制素材上的标记

知识拓展 添加标记小技巧

在"时间轴"面板添加标记时，如果选中某一素材那么标记就添加在所选素材上，双击此素材后可在"源"面板对标记进行编辑。如果未选中任何素材，标记则添加在时间标尺上。添加标记的快捷键是M键。

4.6 "图形和标题"菜单

"图形和标题"菜单中的命令用于安装动态图形模板、新建图层、分布图层对象等操作，如图4-58所示，命令及说明见表4-23。

图4-58

表4-23 "图形和标题"菜单中的命令

命令	说明
安装动态图形模板	导入MOGRT格式的模板
新建图层	新建文本图层、形状图层等
对齐到视频帧	将图层内容以所需的对齐方式对齐
作为组对齐到视频帧	将多个图层内容作为一个整体以所需的对齐方式对齐
对齐到选区	将多个图层在图层选区范围内以所需的对齐方式对齐
分布	将多个图层内容以不同的方式进行分布
排列	调整图层的上下层顺序
选择	选择图形或者图层
升级为源图	将"时间轴"面板中的动态图形作为独立的视频素材保存在"项目"面板中
将字幕升级为图形	将字幕素材修改为图形素材
重置所有参数	将所有参数重置为默认参数
重置持续时间	将持续时间重置为默认长度
导出为动态图形模板	将编辑的图形内容导出为动态图形模板
替换项目中的字体	替换项目中的字体

◈ 4.6.1
新建图层

使用"图形和标题"→"新建图层"子菜单中的命令可在序列中创建文本、创建图形和导入外部图形素材，如图4-59所示，命令及说明见表4-24。

图4-59

表4-24 "图形和标题"→"新建图层"子菜单中的命令

命令	说明
文本	新建横排文字图层
直排文本	新建竖排文字图层
矩形	新建矩形图层
椭圆	新建椭圆图层
多边形	新建多边形图层
来自文件	从文件中导入图形素材

◈ 4.6.2
对齐到视频帧

使用"图形和标题"→"对齐到视频帧"子菜单中的命令，可以"节目"面板作为调整范围，使图层内容以不同的对齐方式进行对齐，如图4-60所示，命令及说明见表4-25。

图4-60

表4-25 "图形和标题"→"对齐到视频帧"子菜单中的命令

命令	说明
左侧	使图层内容在"节目"面板靠左侧对齐
水平居中	使图层内容在"节目"面板水平居中对齐
右侧	使图层内容在"节目"面板靠右侧对齐
顶部	使图层内容在"节目"面板靠顶部对齐
垂直居中	使图层内容在"节目"面板垂直居中对齐
底部	使图层内容在"节目"面板靠底部对齐

4.6.3

作为组对齐到视频帧

使用"图形和标题"→"作为组对齐到视频帧"子菜单中的命令，可以"节目"面板作为调整范围，将两个或两个以上的图层内容作为一个整体进行对齐方式的调整，如图4-61所示，命令及说明见表4-26。

图4-61

表4-26 "图形和标题"→"作为组对齐到视频帧"子菜单中的命令

命令	说明
左侧	使两个或两个以上的图层内容作为一个组在"节目"面板靠左侧对齐
水平居中	使两个或两个以上的图层内容作为一个组在"节目"面板水平居中对齐
右侧	使两个或两个以上的图层内容作为一个组在"节目"面板靠右侧对齐
顶部	使两个或两个以上的图层内容作为一个组在"节目"面板靠顶部对齐
垂直居中	使两个或两个以上的图层内容作为一个组在"节目"面板垂直居中对齐
底部	使两个或两个以上的图层内容作为一个组在"节目"面板靠底部对齐

4.6.4

对齐到选区

使用"图形和标题"→"对齐到选区"子菜单中的命令，以两个或两个以上的图层内容所选区域作为对齐的范围，将图层内容以不同的对齐方式进行调整，如图4-62所示，命令及说明见表4-27。

图4-62

表4-27 "图形和标题"→"对齐到选区"子菜单中的命令

命令	说明
左侧	以两个或两个以上的所选图层区域作为对齐区域，使图层内容靠左侧对齐
水平居中	以两个或两个以上的所选图层区域作为对齐区域，使图层内容水平居中对齐
右侧	以两个或两个以上的所选图层区域作为对齐区域，使图层内容靠右侧对齐
顶部	以两个或两个以上的所选图层区域作为对齐区域，使图层内容靠顶部对齐
垂直居中	以两个或两个以上的所选图层区域作为对齐区域，使图层内容垂直居中对齐
底部	以两个或两个以上的所选图层区域作为对齐区域，使图层内容靠底部对齐

🔷 4.6.5

分布

使用"图形和标题"→"分布"子菜单中的命令，可在垂直和水平两个方向上，对3个或3个以上的图层内容做间距分布操作，如图4-63所示，命令及说明见表4-28。

图4-63

表4-28 "图形和标题"→"分布"子菜单中的命令

命令	说明
垂直均匀分布	在垂直方向上，使3个或3个以上的图层内容的中心点位置距离相等
垂直分布空间	在垂直方向上，使3个或3个以上的图层内容的相邻边缘距离相等
水平均匀分布	在水平方向上，使3个或3个以上的图层内容的中心点位置距离相等
水平分布空间	在水平方向上，使3个或3个以上的图层内容的相邻边缘距离相等

🔷 4.6.6

排列

在图层中有多个文本或图形时，使用"图形和标题"→"排列"子菜单中的命令可以调整所选对象的层级排序，如图4-64所示，命令及说明见表4-29。

图4-64

表4-29 "图形和标题"→"排列"子菜单中的命令

命令	说明
移到最前	将所选对象移到最上层
前移	将所选对象向上移动一层
后移	将所选对象向下移动一层
移到最后	将所选对象移到最下层

🔷 4.6.7

选择

当有多个图层或单个图层中有多个执行对象时，使用"图形和标题"→"选择"子菜单中的命令可以向上或向下切换所选对象，如图4-65所示，命令及说明见表4-30。

图4-65

表4-30 "图形和标题"→"选择"子菜单中的命令

命令	说明
选择下一个图形	切换选择下一个图形
选择上一个图形	切换选择上一个图形
选择下一个图层	切换选择下一个图层
选择上一个图层	切换选择上一个图层

4.7 "视图"菜单

"视图"菜单中的命令用于设置预览时画面的分辨率、显示模式和放大率，以及辅助调校工具标尺和参考线等内容，如图4-66所示，命令及说明见表4-31，。使用其命令时需要选中"节目"或"源"面板。

图4-66

表4-31 "视图"菜单中的命令

命令	说明
回放分辨率	设置视频画面在播放过程中的分辨率
暂停分辨率	设置视频画面暂停后的分辨率
高品质回放	将视频画面在播放过程中的分辨率设置为最高品质
显示模式	设置"源"面板和"节目"面板中画面的显示模式
放大率	将"源"面板或"节目"面板中的画面内容放大或缩小
显示标尺	在"节目"面板中的上方和左侧显示标尺
显示参考线	在"节目"面板中显示参考线
锁定参考线	将参考线锁定，使其成为不可编辑状态
添加参考线	在"节目"面板中添加参考线
清除参考线	清除"节目"面板中的所有参考线
在节目监视器中对齐	当"节目"面板中有多个文本或图形时，移动其中一个，会出现与其他文本或图形对齐的参考线
参考线模板	显示安全边距和设置参考线模板

4.7.1

回放分辨率

"视图"→"回放分辨率"子菜单中的命令用于设置预览视频时画面在播放过程中的分辨率，如图4-67所示，命令及说明见表4-32。

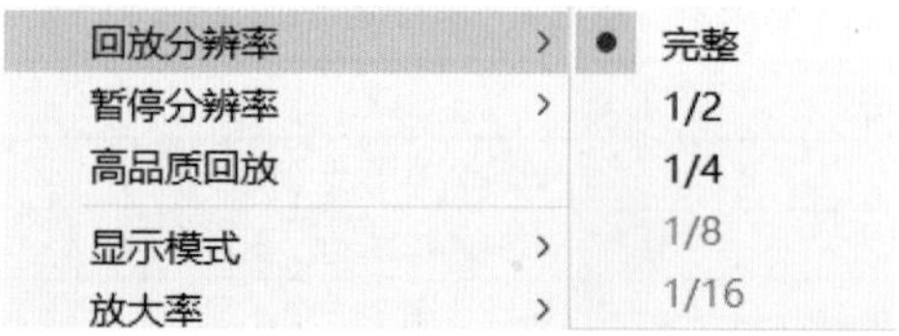

图4-67

表4-32 "视图"→"回放分辨率"子菜单中的命令

命令	说明
完整	将回放时的画面分辨率设置为最高分辨率
1/2	将回放时的画面分辨率设置为原分辨率的1/2
1/4	将回放时的画面分辨率设置为原分辨率的1/4
1/8	将回放时的画面分辨率设置为原分辨率的1/8
1/16	将回放时的画面分辨率设置为原分辨率的1/16

4.7.2

暂停分辨率

"视图"→"暂停分辨率"子菜单中的命令用于设置视频暂停状态下的画面分辨率，如图4-68所示，命令及说明见表4-33。

图4-68

表4-33 "视图"→"暂停分辨率"子菜单中的命令

命令	说明
完整	将暂停时的画面分辨率设置为最高分辨率
1/2	将暂停时的画面分辨率设置为原分辨率的1/2
1/4	将暂停时的画面分辨率设置为原分辨率的1/4
1/8	将暂停时的画面分辨率设置为原分辨率的1/8
1/16	将暂停时的画面分辨率设置为原分辨率的1/16

4.7.3

显示模式

"视图"→"显示模式"子菜单中的命令用于设置"源"面板或"节目"面板中画面的显示模式，如图4-69所示，命令及说明见表4-34。

图4-69

表4-34 "视图"→"显示模式"子菜单中的命令

命令	说明
合成视频	将"源"面板或"节目"面板的显示模式设置为合成视频
Alpha	将"源"面板或"节目"面板的显示模式设置为Alpha视图
多机位	将"节目"面板的显示模式设置为多机位视图
音频波形	将"源"面板的显示模式设置为音频波形视图
比较视图	将"节目"面板的显示模式设置为比较视图

💎 4.7.4
放大率

"视图"→"放大率"子菜单中的命令用于调整"节目"面板和"源"面板中画面的放大比例，以查看细节或者预览整体，如图4-70所示，命令及说明见表4-35。

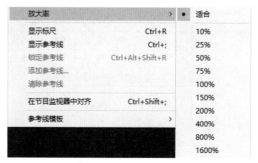

图4-70

表4-35 "视图"→"放大率"子菜单中的命令

命令	说明
适合	将"源"或"节目"面板中的预览画面大小与其面板大小相匹配
10%	将"源"或"节目"面板中的预览画面大小设置为10%
25%	将"源"或"节目"面板中的预览画面大小设置为25%
50%	将"源"或"节目"面板中的预览画面大小设置为50%
75%	将"源"或"节目"面板中的预览画面大小设置为75%
100%	将"源"或"节目"面板中的预览画面大小设置为100%
150%	将"源"或"节目"面板中的预览画面大小设置为150%
200%	将"源"或"节目"面板中的预览画面大小设置为200%
400%	将"源"或"节目"面板中的预览画面大小设置为400%
800%	将"源"或"节目"面板中的预览画面大小设置为800%
1600%	将"源"或"节目"面板中的预览画面大小设置为1600%

💎 4.7.5
参考线模式

使用"视图"→"参考线模式"子菜单中的命令可以在"源"面板直接添加预设的安全边距参考线、自定义设置参考线模板和管理参考线，如图4-71所示，命令及说明见表4-36。

图4-71

表4-36 "视图"→"参考线模式"子菜单中的命令

命令	说明
安全边距	以参考线的形式添加安全边距
将参考线保存为模板	将调整好的参考线保存成模板，以后可以快速添加
管理参考线	管理已保存的参考线模板，可以删除、导入和导出

◀◆ 知识链接 ◆▶

这里的"安全边距"和3.5.1小节中讲到的"安全边距" ▣ 按钮显示的位置一样、作用一样，只是表现形式不同。

"窗口"菜单

"窗口"菜单中的命令主要用于Premiere Pro工作区的切换和工作区中各面板的关闭与打开，如图4-72所示，命令及说明见表4-37。

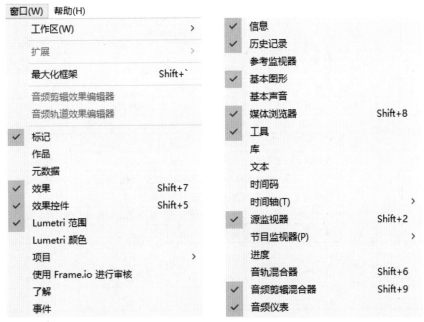

图4-72

表4-37 "窗口"菜单中的命令

命令	说明
工作区	切换不同模式的工作区，以及编辑管理工作区
扩展	显示Premiere Pro中安装的外置插件
最大化框架	将所选面板最大化
音频剪辑效果编辑器	监控剪辑音量与声像
音频轨道效果编辑器	对序列中的音轨进行混合和调整
标记	显示"标记"面板，用于管理在素材和时间标尺上添加的标记
作品	显示"作品"面板，用于显示作品文件
元数据	显示"元数据"面板，用于显示素材文件的详细信息
效果	显示"效果"面板，此面板包含音频效果、音频过渡、视频效果、视频过渡和预设效果，用于剪辑过程中添加效果
效果控件	显示"效果控件"面板，此面板用于调整视频素材的运动、不透明度等参数，调整音频素材的音量选项，以及添加效果的参数
Lumetri范围	显示"Lumetri范围"面板，用于显示颜色的分量图、波形图等
Lumetri颜色	显示"Lumetri颜色"面板，包含视频调色工具

命令	说明
项目	对打开的多个项目进行切换
使用Frame.io进行审核	共享创作项目，可进行审阅和多人协作，有添加注释、添加协作者、共享编辑项目等功能
了解	弹出"Learn"窗口，包含Premiere Pro自带的基础教程
事件	显示"事件"面板，用于记录问题警告、错误消息、识别提示等信息
信息	显示"信息"面板，显示素材文件的基本信息
历史记录	显示"历史记录"面板，用于记录操作过程中的每一步动作
参考监视器	显示"参考监视器"面板，用于颜色校正、多机位编辑或比较编辑等工作流程
基本图形	显示"基本图形"面板，用于图文模板添加和图层内容编辑
基本声音	显示"基本声音"面板，包含对话、音乐、SFX等音频调整选项
媒体浏览器	显示"媒体浏览器"面板，用于浏览或导入计算机中的内容
工具	显示"工具"面板，包含编辑过程中常用的工具
库	显示"库"面板，登录Creative Cloud账户后可以使用Creative Cloud Libraries中视频剪辑所需的资源
文本	显示"文本"面板，包含转录文本、字幕和图形选项
时间码	弹出"时间码"面板，显示播放指示器当前时间、内容持续时间、入点到出点时长
时间轴	显示"时间轴"面板，此面板是编辑项目内容的主要面板
源监视器	显示"源"面板，用于剪辑时预览素材内容和简单编辑
节目监视器	显示"节目"面板，此面板显示的内容就是最终成片的内容
进度	显示"进度"面板，在使用Adobe Media Encoder发送代理创建作业时，可在此面板监测进度情况
音轨混合器	显示"音轨混合器"面板，用于调整多轨道音频混合设置，控制音频轨道
音频剪辑混合器	显示"音频剪辑混合器"面板，用于调整剪辑音量、声道音量和剪辑平移，控制每个轨道中的单个音频剪辑
音频仪表	显示"音频仪表"面板，用于对音频素材的音量大小进行可视化显示

◇ 4.8.1

工作区

"窗口"→"工作区"子菜单中的命令用于切换工作区模式、重置工作区布局、编辑工作区等，如图4-73所示，命令及说明见表4-38。

图4-73

表4-38 "窗口"→"工作区"子菜单中的命令

命令	说明
编辑	将工作区切换到"编辑"模式状态下
所有面板	在界面中显示所有的面板
作品	将工作区切换到"作品"模式状态下
Captions	将工作区切换到"Captions"模式状态下
元数据记录	将工作区切换到"元数据记录"模式状态下
学习	将工作区切换到"学习"模式状态下
效果	将工作区切换到"效果"模式状态下
字幕和图形	将工作区切换到"字幕和图形"模式状态下
垂直	将工作区切换到"垂直"模式状态下
基于文本的编辑	将工作区切换到"基于文本的编辑"模式状态下
审阅	将工作区切换到"审阅"模式状态下
库	将工作区切换到"库"模式状态下
必要项	将工作区切换到"必要项"模式状态下
组件	将工作区切换到"组件"模式状态下
视频效果	将工作区切换到"视频效果"模式状态下
音频	将工作区切换到"音频"模式状态下
颜色	将工作区切换到"颜色"模式状态下
重置为保存的布局	切换到当前工作区模式下的已保存布局，如果未保存则切换到系统默认布局
保存对此工作区所做的更改	保存对工作区布局所做的修改
另存为新工作区	将调整好的工作区保存为新的工作区，用于自定义工作区布局
编辑工作区	在模式栏中调整工作区名称的顺序、隐藏或显示工作区名称，以及删除自定义保存的工作区
导入项目中的工作区	导入项目中所包含的工作区布局

4.8.2

扩展

安装外置插件后，部分插件会在"扩展"子菜单中显示，在使用插件时直接在"扩展"子菜单中单击其名称即可。

4.8.3

项目

打开项目时，"项目"子菜单中会显示打开项目的名称，在此单击项目名称即可在"项目"面板切换至相应项目内容，如图4-74所示。

图4-74

4.8.4

时间轴

当在"时间轴"面板打开多个序列时，"时间轴"子菜单中就会显示每个序列的名称，单击序列名称即可将"时间轴"面板和"节目"面板中的内容切换至相应序列内容，如图4-75所示。

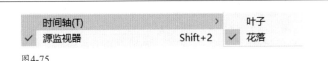

图4-75

4.8.5
源监视器

当在"源"面板打开多个素材时，在"源监视器"子菜单中会罗列出已打开的素材名称，单击素材名称就可以在"源"面板显示相应素材的内容，如图4-76所示。

图4-76

4.8.6
节目监视器

当在"时间轴"面板打开多个序列时，在"节目监视器"子菜单中就会显示每个序列的名称，单击序列名称即可将"节目"面板和"时间轴"面板中的内容切换至相应的序列内容，如图4-77所示。

图4-77

4.9 "帮助"菜单

"帮助"菜单包含Premiere Pro使用时的在线教程、系统兼容性报告、登录账户、管理账户，以及产品相关介绍等，如图4-78，命令及说明见表4-39。

图4-78

表4-39 "帮助"菜单中的命令

命令	说明
Premiere Pro帮助	打开Premiere Pro学习和支持网页
Premiere Pro应用内教程	打开"Learn"面板，其中包含 Premiere Pro学习教程
Premiere Pro在线教程	打开Premiere Pro教程网页
显示日志文件	打开计算机中日志文件的储存位置
提供反馈	打开Adobe支持社区网页
系统兼容性报告	弹出"系统兼容性报告"窗口，显示冲突和兼容性提示
键盘	打开Premiere Pro中的键盘快捷键网页
管理我的账户	打开Adobe账户管理窗口
登录	打开Adobe账户登录窗口
更新	打开软件更新窗口
关于Premiere Pro	打开关于Premiere Pro的详细介绍窗口

素材管理和剪辑

第5章

查看管理素材

5.1

将素材导入Premiere Pro以后，如何使用"项目"面板提供的素材管理功能？本节主要围绕查看素材信息、分类整理素材、重命名和查找素材、脱机文件和链接进行讲解。

5.1.1 查看素材信息

将素材导入"项目"面板以后，可以通过"属性"命令、"列表视图"和"信息"面板查看素材的格式、分辨率、帧率等重要信息。

方法1

在"项目"面板中选择需要查看的素材，单击鼠标右键，在弹出的菜单中选择"属性"命令，如图5-1所示，即可弹出该素材的属性对话框。在该对话框中可以查看文件路径、类型、文件大小、图像大小等，如图5-2所示。使用该方法可以全面、详细地查看素材属性。

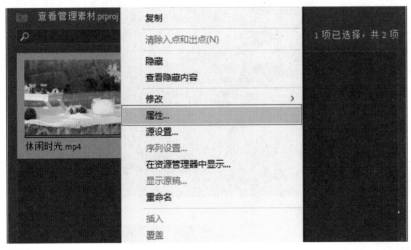

图5-1

【本章简介】

通过前面的学习，我们对软件基础已经有了初步的认识和了解。本章将正式进入剪辑阶段，从实际应用的角度学习如何快速高效地完成剪辑工作，其中包括：查看管理素材，让我们在剪辑时能快速找到所需素材；剪辑项目梳理，学习在拿到素材后以什么角度进行剪辑；常用剪辑工具，熟练使用剪辑工具以提升工作效率；辅助剪辑技巧，包含剪辑时必要的操作技巧。

【达成目标】

学习本章内容后，读者能够了解完整作品的制作流程，清楚每个环节需要做的具体操作，在剪辑时有大概的表达方向，最后能够独立完成常规视频的剪辑工作。

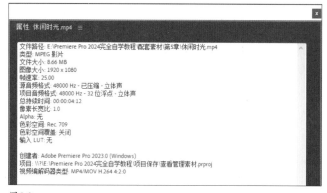

图5-2

方法2

在"项目"面板中将查看视图切换成"列表视图"，拖动面板下方的滑块可以查看更多素材信息，如帧速率、媒体持续时间、分辨率等，如图5-3所示。该视图的优点是节省空间，当素材量较大时可以快速预览素材的关键信息。

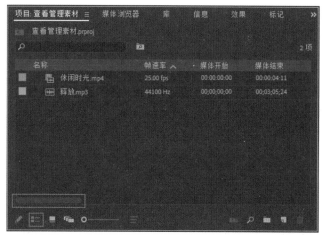

图5-3

方法3

在"项目"面板中选中需要查看属性的素材，然后打开"信息"面板即可查看该素材的类型、分辨率、帧率、音频等，如图5-4所示。

图5-4

5.1.2

分类整理素材

当剪辑项目的素材量比较大时，规范整理素材可以大幅度提升剪辑效率。通常可以根据拍摄素材的设备、日期、素材类型等进行分类，分类使用的工具是"项目"面板的素材箱。

当使用设备分类时，素材箱的名称可以根据拍摄设备的品牌名称而定，如索尼、佳能、松下、大疆等，如图5-5所示。

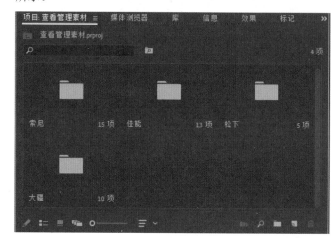

图5-5

当使用素材类型名称时，素材箱的名称可以是视频、音频、图片、字幕、特效等，如图5-6所示。

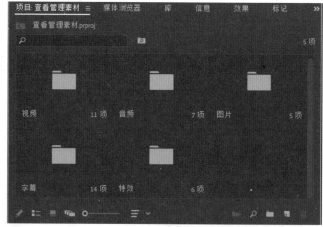

图5-6

知识链接

关于新建素材箱的操作方法可查看3.1.1小节中讲到的知识点。

素材箱的层级关系和计算机中文件夹的层级关系类似。素材箱打开以后会占用一个单独的面板显示素材，且上一级素材箱面板不会关闭，可以在"项目"面板的顶部进行素材箱的切换。例如，"A"素材箱中包含"a"素材箱，当打开"a"素材箱时，"A"素材箱会保持打开状态，如图5-7所示。

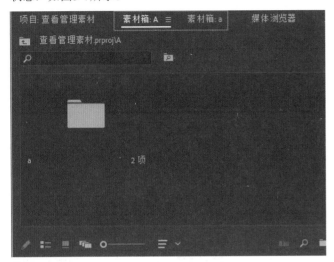

图5-7

5.1.3
重命名和查找素材

在初步整理或预览素材时，可以对素材重命名，方便后续直接搜索查找素材。还可以用"搜索素材箱"根据相同的命名规则对素材进行分类管理。

双击素材名称就可以对其进行编辑，通常对素材重命名时尽量做到不修改原素材的名称，只在原素材名称的后面添加关键词，以保留原有的信息内容，如图5-8所示。

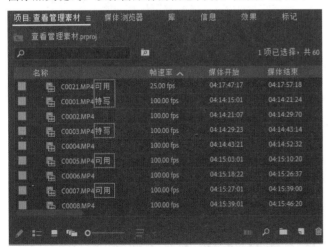

图5-8

提示

将鼠标指针放在名称的位置上双击才可以对素材重命名。如果双击名称前面的图标，则会在"源"面板中预览素材。

在对素材重命名后，就可以在"项目"面板上方的搜索框中输入关键词以查找素材，如输入"特写"，名称中包含"特写"关键词的素材都会被检索出来，如图5-9所示。

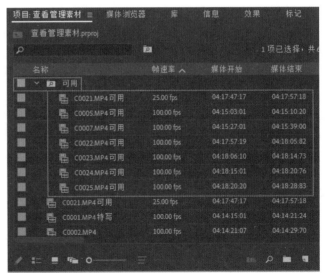

图5-9

当带有同样关键词的素材量比较大时，可以创建"搜索素材箱"将相同命名规则的素材统一管理。在"项目"面板的搜索框中输入"可用"，然后单击"从查询创建新的搜索素材箱" 按钮，即可将所有带"可用"关键词的素材统一归纳到"搜索素材箱"中，如图5-10所示。

图5-10

知识拓展 深入了解"搜索素材箱"

新建"搜索素材箱"之后，再对其他素材进行有着同样关键词的命名，则该素材也会被整理到当前"搜索素材箱"。创建"搜索素材箱"不会影响素材在原文件夹的位置，当删除"搜索素材箱"时，其中的素材不会被删除，依然存放在原文件夹中。

💎 5.1.4
脱机文件和链接

在打开项目后有时会遇到"脱机媒体文件"的提示，如图5-11所示，这时该素材的状态就是脱机状态，也就是所谓的"脱机文件"，是Premiere Pro中丢失源素材而产生的一种文件状态。

图5-11

脱机状态一般有被动脱机和主动脱机两种情况。被动脱机的情况包含源素材被重新命名、源素材更改保存位置和源素材被删除3种情况。需主动脱机时，在"项目"面板中选中需要脱机的素材然后单击鼠标右键，在弹出的菜单中选择"设为脱机"命令，如图5-12所示，在弹出的"设为脱机"对话框中选择"在磁盘上保留媒体文件"单选项，然后单击"确定"按钮，这样该素材就成了脱机文件，如图5-13所示。

图5-12

图5-13

> **提示**
>
> 在"设为脱机"对话框中如果选择"媒体文件已删除"单选项，该素材的源文件会被删除，需要谨慎操作。

素材的脱机状态有两种用途。

第一种

当剪辑素材缺少或者需要补拍时，可以新建一个脱机文件，放入"时间轴"面板中用来占位置，等素材补充完整再使用链接媒体将素材找回。在"项目"面板中执行"新建项"→"脱机文件"命令，选择默认的分辨率后，在弹出的"脱机文件"对话框中单击"确定" 确定 按钮，即可新建一个脱机文件，如图5-14所示。

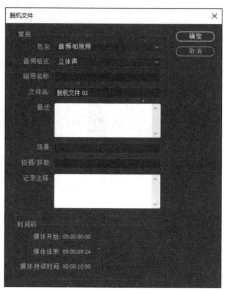

图5-14

第二种

在剪辑大型项目时，可以将剪辑完成的部分暂时设为脱机状态以减轻渲染压力，等项目全部编辑完成再将脱机内容重新链接回来。

使用"链接媒体"功能可以将脱机的媒体文件重新链接回来。在"项目"面板中选中脱机的素材，单击鼠标右键，选择"链接媒体"命令，在弹出的"链接媒体"对话框中单击"查找" 查找 按钮，如图5-15所示。

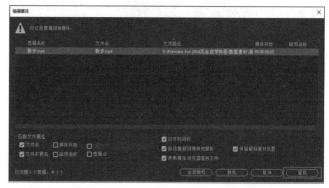

图5-15

在弹出的"查找文件"对话框中打开素材所在的文件夹，选择需要链接的源素材，单击"确定" 按钮即可，如图5-16所示。

图5-16

剪辑项目梳理

5.2

在剪辑素材准备好以后，就进入了整个项目的构思和编辑阶段。在编辑之前我们要对剪辑内容进行具体分析，根据不同的视频类型，预想出对应的剪辑思路。本节将对素材修剪、结构划分、A-roll与B-roll的概念和剪辑逻辑等内容进行讲解。

5.2.1
修剪素材

在源素材被使用之前一般会对其进行修剪，只保留可用部分。常用的修剪方式有两种：在"源"面板中修剪和在"时间轴"面板修剪。

第一种

在"源"面板中修剪素材，先在"项目"面板中双击需要修剪的素材，之后被双击的视频素材内容会在"源"面板中显示，在"源"面板中可以用"标记入点" 按钮和"标记出点" 按钮将所需的部分标记出来，如图5-17所示。

图5-17

在标记入点和出点的大致位置后，可以通过键盘上的←和→键对播放指示器进行逐帧调整，使所选范围更精确。当出入点位置确定后就完成了素材的初步修剪，随后就可以将素材拖至"时间轴"面板进行下一步操作，如

图5-18所示。

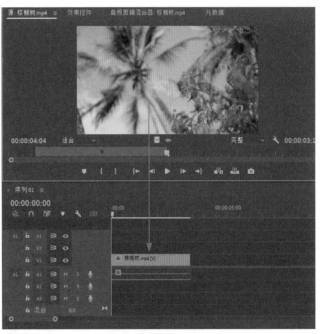

图5-18

知识链接

关于入点、出点标记和素材拖动的具体操作方法可以查看*3.5.1*小节中讲到的知识点。

第二种

将"项目"面板中的源素材直接拖到"时间轴"面板中，将鼠标指针放在素材的前端和末端，然后向素材的中间方向拖动即可修剪素材，如图5-19所示。

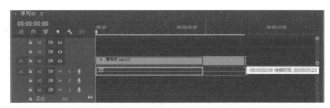

图5-19

💎 5.2.2

规划时间轴

在剪辑项目比较复杂时，"时间轴"面板上的素材容易出现杂乱无章的情况，学会合理规划时间轴可以提升工作效率和质量。当剪辑项目属于结构分段式的内容时，如多人采访，整体内容分前、中、后的剧情，在时间上分第一天、第二天等，就可以根据人物、剧情阶段、时间节点等作为划分依据，在"时间轴"面板上做横向标记。在"时间轴"面板中选中相同结构的素材，单击鼠标右键，选择"标签"命令，然后选择自定义的颜色就可以在横向上对素材内容进行划分，如图5-20所示。

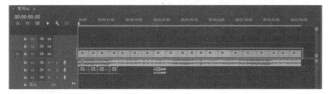

图5-20

💎 5.2.3

背景音乐分段标记

以背景音乐为主线剪辑视频时，可以根据音乐的开始、发展、高潮和结尾对音频进行分段标记。如标记"开始"部分，在"源"面板中双击"添加标记" ■ 按钮会弹出"标记"对话框，在"名称"文本框中输入"开始"，将"持续时间"设置为40，"标记颜色"选择红色，设置完成后单击"确定" 【 确定 】 按钮，如图5-21所示，标记完成后如图5-22所示。

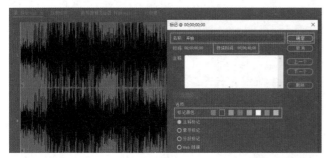

图5-21

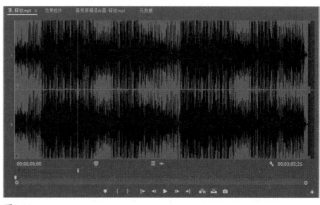

图5-22

根据上述方法，继续标记"发展"、"高潮"和"结尾"部分，如图5-23所示。

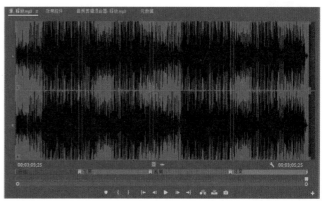

图5-23

通过这种分段标记，在剪辑时就可以有针对性、有目的性地去编辑相应素材，对整个项目有清晰的剪辑逻辑，提升工作效率和质量。

💎 5.2.4

A-roll 和 B-roll 的概念

在视频创作中经常会听到两个名词"A-roll"和"B-roll"。A-roll和B-roll是以素材内容区分的两种镜头称呼，A-roll是指视频中的主镜头，包含整个视频内容的主要信息，是剪辑中不可缺少的素材部分；B-roll是指视频中的辅助镜头，像空镜头、特写就可称为B-roll，辅助镜头的作用是让视频呈现的内容更加丰富。

镜头包含影片叙事的主要内容，用来表达所需、推动情节，我们常见的"对着镜头讲故事"类的画面就是视频的A-roll。除了视频素材，在剪辑MV时用某段音乐控制整个视频的节奏，这段音乐也可以称为A-roll。影视作品中演员说话、做动作、做表情等的镜头同样也是A-roll，如图5-24所示。

图5-24

影片中除A-roll外，其他辅助叙事的镜头均称为B-roll，如一段旅拍视频中，沿途的自然环境、地形地貌都属于B-roll。在影视作品中演员所处的环境、相关物品的特写就属于B-roll，如图5-25所示。

图5-25

◈ 5.2.5
剪辑逻辑

由于视频类型的多样化和行业要求的提高，在剪辑时经常出现拿到素材后完全没有思路，不知道从哪里入手的情况。其实，无论什么类型的视频，其底层的剪辑逻辑基本是一样的。下面用"减法剪辑"和"加法剪辑"来分析视频的剪辑逻辑。常见的剪辑内容有剧情片、宣传片、产品介绍片、口播视频等，它们的镜头类型都可以大致分为A-roll和B-roll两种。剪辑的第一步是先根据主题要表达的内容，将A-roll素材都铺在时间轴上，然后将无效片段删除，此时剩下的素材就可以体现整体视频的大概框架，再根据视频的脚本、音乐、节奏等因素对素材进一步做精细调整，这就是对A-roll素材做"减法剪辑"的流程，如图5-26所示。

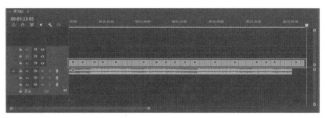

图5-26

接着在"减法剪辑"的基础上对B-roll素材做"加法剪辑"。由于B-roll素材通常是空镜头、特写等无法推动叙事的辅助镜头，所以B-roll素材的添加是将整个叙事线完成以后要做的工作。做法是根据A-roll镜头所表现的内容添加与其相关的辅助画面，通常是在"源"面板预览素材，然后用入点和出点选取所需范围，最后放在轨道上的合适位置，如图5-27所示。

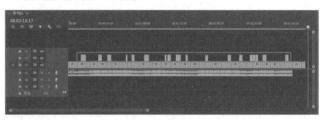

图5-27

◈ 5.2.6
序列备份

在实际做项目时通常一个视频会修改很多次，有时修改完以后客户会感觉修改前的一版更合适，因此每修改一次就保存一次修改之前的版本就尤为重要。例如，第一版剪辑完成以后，需要在第一版的基础上进行修改，这时选中第一版序列，按快捷键Ctrl+C复制，然后再按快捷键Ctrl+V粘贴，将第一版的内容复制一份，如图5-28所示。

图5-28

接着将复制得到的序列重命名为"第二版"，如图5-29所示，这样在修改第二版序列时第一版不会受到影响，可以随意在两个版本之间切换。使用这种方法还可以对粗剪、精剪、调色、包装等环节做阶段性的备份。

提示

剪辑时如果误将"时间轴"面板内的序列删除，只需找到上一版本的文件并双击即可。

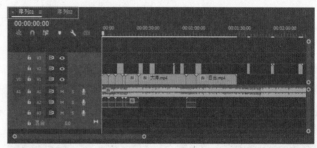

图5-29

· 知识讲堂 ·

"时间轴"面板和序列的关系

"时间轴"面板是序列的载体，序列放在"时间轴"面板中进行操作，如果一个项目中没有序列，那么"时间轴"面板内就不会有内容，如图5-30所示。

图5-30

序列又作为剪辑内容的载体，剪辑过程中产生的操作都会被记录在序列中。一个时间轴内可以同时存在多个序列，序列之间可以自由切换，如图5-31所示。

图5-31

5.3

常用剪辑工具

在学习过项目梳理的相关内容后，本节开始进入剪辑的实操部分，通过对各种工具的使用提升剪辑时的工作效率，其中包含：插入和覆盖、剃刀工具、波纹修剪工具、移动素材位置和向前选择轨道工具。

💎 5.3.1
插入和覆盖

插入素材是将素材内容从"项目"面板放入"时间轴"面板的过程。当在V1轨道铺主线素材时，在"项目"面板中选中所需素材直接拖至"时间轴"面板，如图5-32所示，或者选中素材后直接按,键完成此操作。

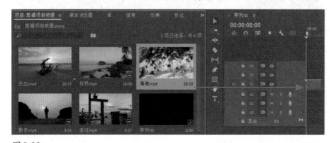

图5-32

当主线素材的大体框架调整完成后，就可以使用覆盖功能添加辅助镜头了。先在"源"面板中预览素材，然后使用出入点标记选取范围，将"对插入和覆盖进行源修补"按钮切换到V2轨道，然后单击"覆盖"按钮或者按.键，

图5-33

就可以将添加的辅助镜头放在V2轨道上，如图5-33所示。

剃刀工具

除了使用入点和出点选取素材范围，使用剃刀工具修剪也是常用的素材剪辑方法。先将播放指示器放在需要剪断的位置，然后选择"剃刀工具" ✦，在播放指示器位置单击，如图5-34所示。结合播放指示器操作是为了在精准的位置将素材剪断，剪断后的效果如图5-35所示。

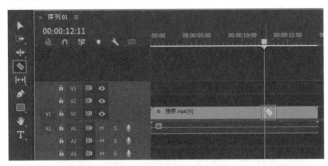

图5-34

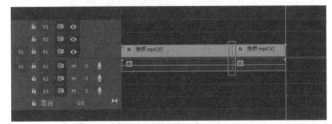

图5-35

> **提示**
> 在调整播放指示器位置时，可以使用←和→方向键进行逐帧调整，以便精准确定播放指示器所在位置。

波纹修剪工具

使用波纹修剪工具可以快速地对素材"掐头去尾"，并且删除素材后留下的空隙也会自动消失。波纹修剪工具分为"波纹修剪上一个编辑点到播放指示器"和"波纹修剪下一个编辑点到播放指示器"，对应的快捷键分别是Q和W，即使用快捷键Q可以删除播放指示器之前的素材内容，使用快捷键W可以删除播放指示器之后的素材内容。

当删除一段素材开始部分的内容时，以开始端点位置作为删除部分的起始点，以播放指示器所在位置作为删除部分的结束点，然后按快捷键Q，如图5-36所示。删除后的效果如图5-37所示。

图5-36

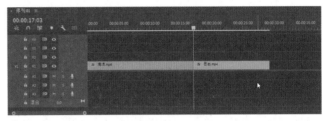

图5-37

当删除一段素材末尾部分的内容时，以播放指示器所在位置作为删除部分的起始点，以尾部端点位置作为删除部分的结束点，然后按快捷键W，如图5-38所示。删除后的效果如图5-39所示。

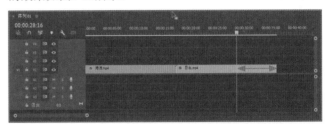

图5-38

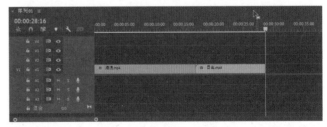

图5-39

移动素材位置

素材之间互换位置是剪辑时常见的操作，常规的操作方法是先将靠前的素材后移，然后将原本靠后的素材前移，移至原本靠前的素材的初始位置，最后去掉空隙。例如，想把"派对"素材放在"栈桥"素材的后面，需要先将"散步"素材向后移，然后把"派对"素材放在"散步"素材原本的位置，最后将"散步"素材与"派对"素材之间的空隙去掉，如图5-40所示。

图5-40

除了上述方法，还可以使用快捷键快速完成这个操作。选中"派对"素材，按住Ctrl键，然后将"派对"素材拖至"栈桥"素材的后面，这样就可以快速完成移动素材的操作，如图5-41所示。

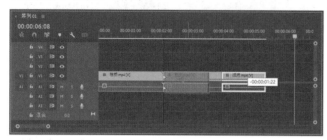

图5-41

◆ 5.3.5
向前选择轨道工具

当"时间轴"面板上的内容比较复杂时，如果想在靠前的位置插入素材或者调整素材，就可以使用"向前选择轨道工具"▶选中该位置之后的全部素材进行调整操作，如图5-42所示。

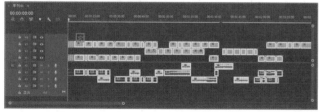

图5-42

反之，如果想在靠后的位置插入素材或者调整素材，就可以使用"向后选择轨道工具"◀将该位置之前的素材全选并进行调整操作，如图5-43所示。

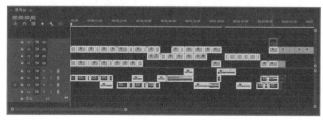

图5-43

实战进阶：多机位剪辑

重点指数：★★★★★
素材位置：素材文件\第5章\多机位剪辑
教学视频：多机位剪辑.mp4
学习要点：同步剪辑点、熟悉多机位剪辑的操作流程

01 双击桌面上的Premiere Pro 2024快捷方式图标 **Pr**，启动Premiere Pro 2024软件。新建项目后，执行"新建项"→"序列"命令，打开"新建序列"对话框，打开"设置"选项卡，将"编辑模式"设置为"自定义"，"时基"设置为25帧/秒，"帧大小"设置为1920像素×1080像素，"像素长宽比"设置为"方形像素（1.0）"，"场"设置为"无场（逐行扫描）"，其他参数保持默认，最后单击"确定" **确定** 按钮，如图5-44所示。

图5-44

02 执行"文件"→"导入"命令，弹出"导入"对话框，选中"近景（男）""近景（女）""全景"素材，单击"打开" **打开(O)** 按钮，将素材导入"项目"面板，如图5-45所示。

图5-45

03 将3段素材分别放在V1、V2、V3轨道，素材放置时不分先后顺序，如图5-46所示。

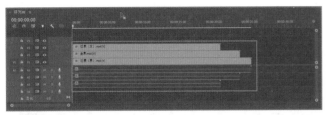

图5-46

04 在"时间轴"面板中选中所有素材，然后单击鼠标右键，选择"同步"命令，在弹出的"同步剪辑"对话框中选中"剪辑开始"单选项，然后单击"确定" 确定 按钮，如图5-47所示。

图5-47

05 在"时间轴"面板中选中所有素材，然后单击鼠标右键，选择"嵌套"命令，在弹出的"嵌套序列名称"对话框中单击"确定" 确定 按钮，结果如图5-48所示。

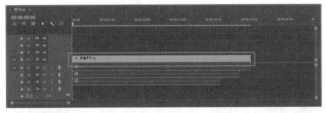

图5-48

06 在"时间轴"面板中选中"嵌套序列 01"素材，然后单击鼠标右键，选择"多机位"→"启用"命令，如图5-49所示。

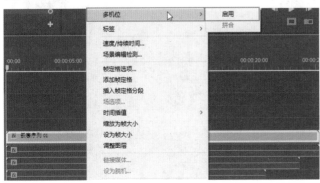

图5-49

07 在"节目"面板中，单击"切换多机位视图" ▣ 按钮，将画面切换到多机位视图，如图5-50所示。

图5-50

知识链接

如果"节目"面板中没有"切换多机位视图" ▣ 按钮，可以根据3.5.1小节中讲到的"按钮编辑器"进行设置。

08 开启多机位视图模式后，左边的3个小视图是机位选择区域，单击即可录制所选机位，右边的视图是选取机位后呈现的画面。按空格键播放画面内容，在播放过程中单击小视图，即可进行机位切换，如图5-51所示。

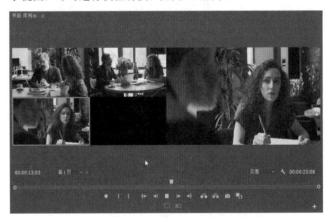

图5-51

09 多机位剪辑完成后，"嵌套序列 01"素材会根据所选视图的时间点自动分段，如图5-52所示。

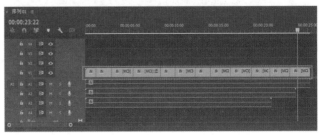

图5-52

·知识讲堂·

场记板与多机位剪辑

在现场拍摄时，场记板是特别常见的一种工具，它除了可以用于记录镜头的拍摄信息，方便查找素材，还可以通过"啪"的声音，让音频中包含明显的声音信息，方便后期剪辑时声画同步。如果录制内容是多机位拍摄的访谈节目，通过"打板"或者"拍手"等操作，就可以在多机位剪辑时将音频作为同步点以对齐素材。根据声音对齐素材的方法一般分为以下两种：

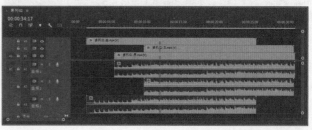

图5-53

手动对齐

在每条音频轨道中声音有明显变化的位置添加标记，然后利用标记吸附将3个音频轨道上的标记对齐，即完成手动对齐机位的操作，如图5-53所示。

自动对齐

在"时间轴"面板中选中所有素材后，在"同步剪辑"对话框中选中"音频"单选项，Premiere Pro可以自动识别音频特征，自动同步机位，如图5-54所示。

图5-54

5.4

辅助剪辑技巧

除了常规的剪切、移动、删除等操作，还有很多辅助剪辑技巧在剪辑中是必不可少的，比如，怎样统一画面大小？音频和视频如何断开链接？怎样将项目打包？本节将对这些内容做详细讲解。

5.4.1
统一画面大小

"剪辑不匹配警告"是剪辑过程中特别常见的提示，出现这个情况的原因是视频素材和序列的分辨率、帧速率不匹配，如图5-55所示。针对这个问题Premiere Pro给出了两种解决方法：设为帧大小和缩放为帧大小。

图5-55

当把一段4K分辨率的视频素材放在高清的序列内时，在弹出的"剪辑不匹配警告"对话框中单击"保持现有设置"按钮，由于素材比序列的分辨率要高，画面内容出现显示不完整的情况，如图5-56所示。

图5-56

选中"沙滩-4K"素材，单击鼠标右键，选择"设为帧大小"命令，此时画面完整显示，"效果控件"面板中的"缩放"由100变成了50，如图5-57所示。

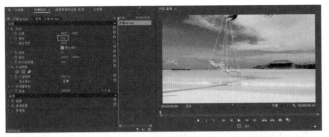

图5-57

重复上述操作，把一段4K分辨率的视频素材放在高清的序列内，在弹出的"剪辑不匹配警告"对话框中还是单击"保持现有设置"按钮，然后选中"沙滩-4K"素材，单击鼠标右键，选择"缩放为帧大小"命令，此时画面同样可以完整显示，但是"效果控件"面板中的"缩放"参数没有发生变化，如图5-58所示。

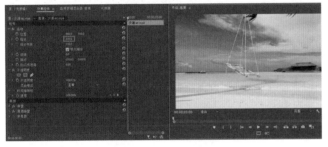

图5-58

根据使用上述两种方法所得结果可知，"设为帧大小"是通过缩小或者放大的形式将原画面与序列相匹配，原素材的分辨率不发生改变；"缩放为帧大小"是对原素材进行重新采样，以当前序列分辨率重新排列，原素材的分辨率会改变，拿上述例子来说，原本的4K分辨率就变成了1080p的分辨率。因此若要保证画面质量，当素材和序列不匹配的时候，优先选择"设为帧大小"的方法匹配画面。

知识拓展 序列和素材分辨率的匹配方法

序列确定最终视频的分辨率、帧速率等参数，所以出现序列和素材不匹配的情况，最好改变素材的参数来匹配序列。比如，当序列的分辨率是1080p时，如果素材的分辨率是720p，那么就需要放大素材铺满画面，如果素材的分辨率是4K，那么就需要缩小素材让画面内容完整显示。

◈ 5.4.2
嵌套

嵌套是指将多个轨道的素材合并到一起形成一个新的

素材，常用于统一调整素材、精减轨道数量、多机位剪辑等。选中需要嵌套的素材，单击鼠标右键，选择"嵌套"命令，在弹出的"嵌套序列名称"对话框中单击"确定"按钮，即可完成嵌套，如图5-59所示。

图5-59

被嵌套的素材可以单独修改，修改后会影响整体的嵌套内容。反之，如果对整体进行修改则不会影响被嵌套的单个素材。如需单独修改被嵌套的素材，双击嵌套图层就可以显示被嵌套的各素材，如图5-60所示。

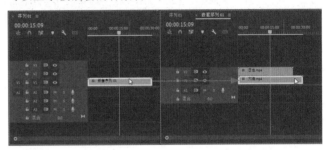

图5-60

如果想取消嵌套状态，需要单击"将序列作为嵌套或个别剪辑插入并覆盖"▦按钮，将此状态关闭，然后在"项目"面板中找到嵌套序列文件，将其重新拖至"时间轴"面板，如图5-61所示。

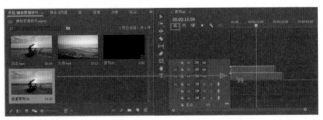

图5-61

> ── 提示 ──
> 在对素材做变速操作后，是不能直接对素材添加"变形稳定器"效果的，这时就可以先对素材进行嵌套，再添加"变形稳定器"效果。

◈ 5.4.3
操作撤销和历史记录

在剪辑的过程中难免会出现操作失误的情况，这时就可以使用撤销功能将剪辑还原到失误之前的状态，可以执行

"编辑"→"撤销"命令或者按快捷键Ctrl+Z，如图5-62所示。

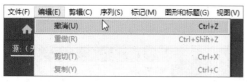

图5-62

如果需要撤销的步骤太多，使用上述操作就会比较麻烦，容易出现步骤混乱的情况，这时可以在"历史记录"面板中查看最近所有的操作步骤，如果想返回到之前的某一操作，直接单击该操作名称即可，如图5-63所示。

图5-63

知识链接

如果界面没有显示"历史记录"面板，可以根据*2.2节*的相关知识点进行设置。

◆ 5.4.4
删除素材间隙

在剪辑过程中删除某一段素材是特别常见的操作，但是素材删除后就会留下与删除部分等长的间隙，如果不将其删除，导出的成品影片就会出现黑屏的情况。如果要删除较为明显的单个间隙，可以在间隙处单击鼠标右键，选择"波纹删除"命令，如图5-64所示。

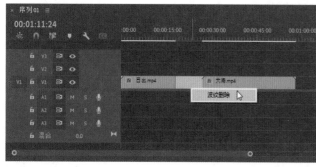

图5-64

如果序列中存在多个间隙，并且有些间隙比较小，如图5-65所示，可以全选序列上的素材，执行"序列"→"封闭间隙"命令，删除后的状态如图5-66所示。

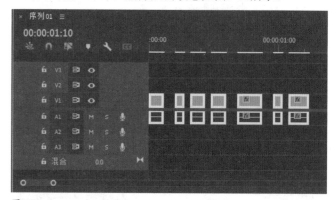

图5-65

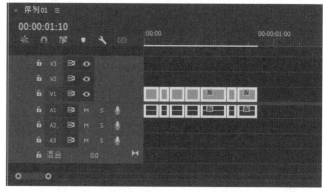

图5-66

◆ 5.4.5
取消音频和视频链接

把素材从"项目"面板拖至"时间轴"面板后，默认状态下音频和视频是链接在一起的，当进行移动、删除等操作时视频和音频会同时受到影响，然而在某些情况下需要单独调整音频或者视频，这时就需要将音频和视频的链接状态取消。选中需要取消链接的素材，单击鼠标右键，选择"取消链接"命令即可，如图5-67所示。

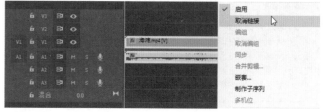

图5-67

在取消链接以后，如果需要将音频和视频链接回来，选中需要链接的视频和音频，单击鼠标右键，选择"链接"命令即可，如图5-68所示。

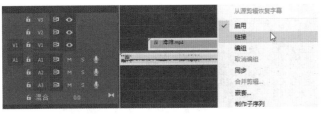

图5-68

💎 5.4.6

渲染条和预览流畅度

"时间轴"面板的上方有一条代表预览流畅度的线条，一般称之为"渲染条"。在剪辑过程中随着计算机运算量的增加，渲染条会呈现不同的颜色，代表在"节目"面板中预览画面时的流畅度。渲染条有绿色、黄色、红色，依次代表流畅、中等、卡顿，如图5-69所示。

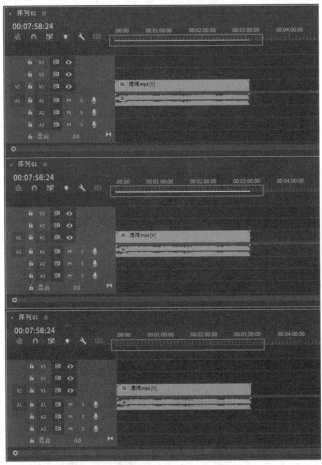

图5-69

影响预览流畅度的具体原因有：计算机硬件配置过低、源视频的质量过高、添加的效果过多等。当出现红色渲染条时，可以对需要预览的内容提前渲染，以达到流畅预览的目的。首先使用入点和出点确定需要渲染的区域，

如图5-70所示。

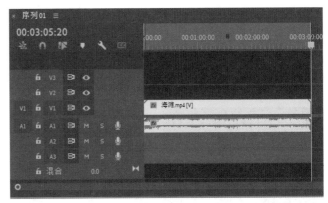

图5-70

确定渲染区域后执行"序列"→"渲染入点到出点"命令，会弹出渲染进度对话框，如图5-71所示，渲染完成即可流畅地预览画面内容。

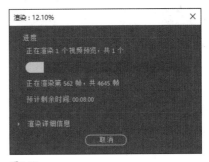

图5-71

💎 5.4.7

反向定位剪辑素材

当"时间轴"面板上的素材量比较大、内容比较复杂时，如果某个镜头的截取范围需要调整，直接在轨道上调整会非常不方便，而且容易影响到其他素材，这时就需要将素材从"时间轴"面板反向定位到"项目"面板，直接对"项目"面板中的源素材进行调整。在"时间轴"面板中选中需要定位的素材，单击鼠标右键，选择"在项目中显示"命令，如图5-72所示，即可在"项目"面板中找到此素材，做进一步操作。

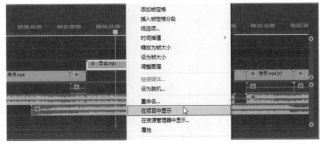

图5-72

除了从"时间轴"面板反向定位到"项目"面板，还可以在"项目"面板中反向查找源素材所在计算机文件夹的位置，常用于在剪辑时某个素材找不到或者没有导入的情况，根据拍摄或整理素材时相邻的镜头确定某个素材的大概位置。选中素材后单击鼠标右键，选择"在资源管理器中显示"命令即可，如图5-73所示。

图5-73

实战进阶：项目管理

重点指数：★★★★☆
素材位置：素材文件\第5章\项目管理
教学视频：项目管理.mp4
学习要点：项目打包流程

在剪辑某个项目时，有时需要将剪辑内容从公司带回家去做，或者需要将项目移交给其他人编辑，也就意味着需要更换计算机来完成，这就需要将剪辑所用到的素材完整打包。本案例将详细讲解打包项目的完整流程。

01 双击桌面上的Premiere Pro 2024快捷方式图标 **Pr**，启动Premiere Pro 2024软件。新建项目后，执行"新建项"→"序列"命令，打开"新建序列"对话框，打开"设置"选项卡，将"编辑模式"设置为"自定义"，"时基"设置为25帧/秒，"帧大小"设置为1920像素×1080像素，"像素长宽比"设置为"方形像素（1.0）"，"场"设置为"无场（逐行扫描）"，其他参数保持默认，最后单击"确定" **确定** 按钮，如图5-74所示。

02 执行"文件"→"导入"命令，弹出"导入"对话框，选中"栈桥""棕榈树"等素材，单击"打开" **打开(O)** 按钮，然后将素材拖至"时间轴"面板中。本案例只演示打包项目的流程，所以不需要针对性地调整素材，如图5-75所示。

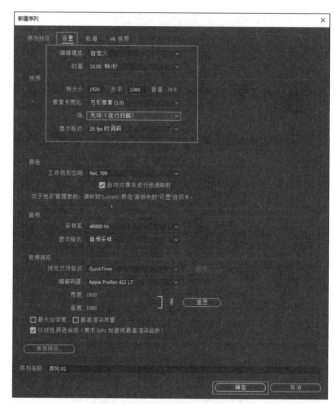

图5-74

图5-75

03 执行"文件"→"项目管理"命令，打开"项目管理器"对话框，如图5-76所示。

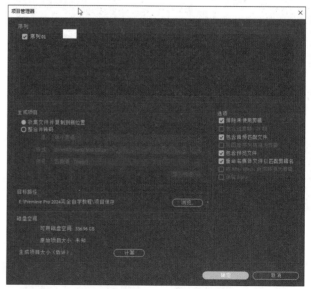

图5-76

114

04 在"项目管理器"对话框中，勾选需要打包的序列，在"生成项目"区域选中"收集文件并复制到新位置"单选项，在"目标路径"区域单击"浏览" 浏览 按钮，选择项目素材的存放位置，然后单击"选择文件夹" 选择文件夹 按钮，如图5-77所示。

图5-77

05 可以在"磁盘空间"区域单击"计算" 计算 按钮，预估生成项目大小，如图5-78所示。

图5-78

06 单击"确定" 确定 按钮，弹出"项目管理器进度"对话框，等待进度完成，如图5-79所示。

图5-79

打包完成后，在"目标路径"所选文件夹内可以看到该项目编辑用到的所有素材和工程文件，如图5-80所示。

图5-80

第6章

动态效果制作

【本章简介】

在视频中，动态元素是不可缺少的，树叶飘落、人物奔跑、火箭发射等都包含动态元素，也正是动态元素的存在才让画面更容易突出主体，让内容变得更有活力。在视频制作时，我们也会想尽办法让视频内容以不同的形式动起来，可以让画面中的某个部分动，也可以让整个画面。在Premiere Pro中我们可以改变画面的位置、大小、方向、不透明度和速度等参数使其产生运动效果，通过对这些参数的调整可以做出丰富的视频内容，如文字移动、画面逐渐放大、变速剪辑等效果。

【学习重点】

【达成目标】

学习本章内容后能够熟练使用"效果控件"面板中的选项，对素材做出相应的操作，如画面调整、关键帧的操作、蒙版的使用、变速剪辑等，通过对其知识点的掌握，可以优化视频内容的细节和质量。

初识"运动"效果

当在"时间轴"面板中选中一段视频素材后，在"效果控件"面板内就会显示对应的操作选项，其中包含运动、不透明度和时间重映射。本节内容主要讲解"运动"效果的相关内容。

6.1.1
"运动"效果解析

"运动"效果中的选项主要用于调整画面在"节目"面板中的位置、大小、旋转属性。在"时间轴"面板中选中需要调整的素材，单击"运动"前面的

图6-1

"展开" ▶ 按钮，打开"运动"栏，其中包含位置、缩放、缩放宽度、旋转和锚点等参数，如图6-1所示。

在各栏前单击"展开" ▶ 按钮，会出现数值滑块，拖动滑块即可调整其数值，如图6-2所示。直接单击数值后输入数值，或者在数值上拖动鼠标，也可以修改其参数。

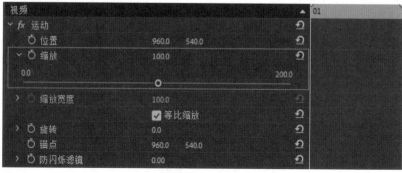

图6-2

6.1.2

"运动"效果的应用场景

"运动"效果内的各个选项在不同的场景下有不同的使用方法，可以单独使用或者组合使用达到调整画面的目的。下面以不同的情况为例讲解各选项常见的应用场景。

位置

"位置"是指素材在"节目"面板中的坐标。当素材内容需要移动时就可以调整"位置"参数。例如，需要将画面中的"山"图标从画面中心移到右下角，就可以将"位置"的*x*坐标设置为1560，将*y*坐标设置为850，如图6-3所示，这样就可以完成素材移动的操作，如图6-4所示。

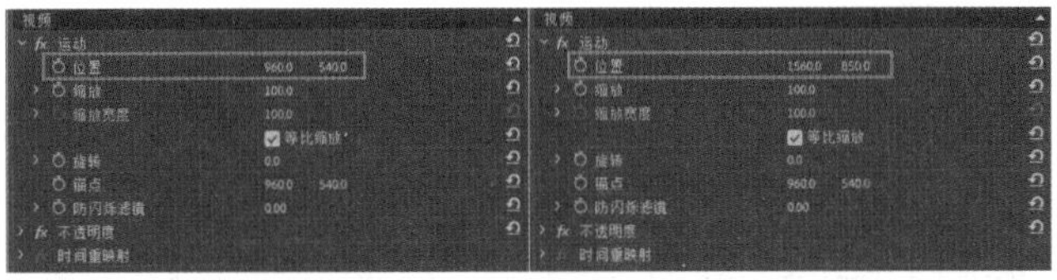

图6-3

图6-4

缩放

"缩放"是等比放大或者缩小素材的尺寸。当素材在画面中占比较大或者较小时可以通过修改"缩放"参数进行调整。例如，画面中的"大树"素材在窗口中占比较小，可以将"缩放"设置为210，如图6-5所示，调整前后的效果如图6-6所示。

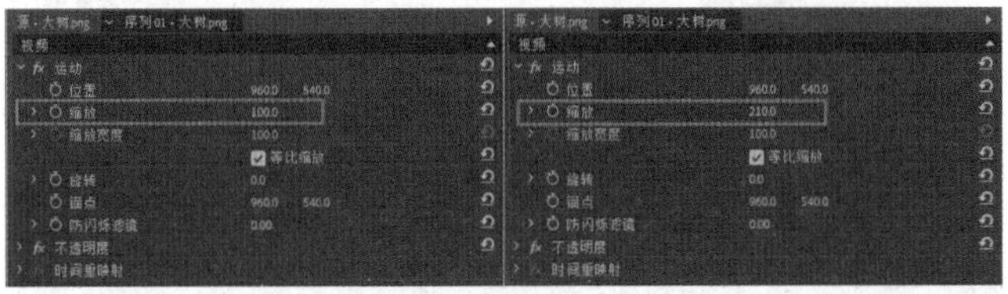

图6-5

图6-6

缩放宽度

"缩放宽度"的使用受是否勾选"等比缩放"的影响，当勾选"等比缩放"复选框时就是默认状态下的等比缩放，当取消勾选"等比缩放"复选框时就可以分别调整素材的"缩放高度"和"缩放宽度"，如图6-7所示。

图6-7

在取消勾选"等比缩放"复选框的状态下，增加"缩放高度"的数值，"缩放宽度"数值保持不变，对比效果如图6-8所示。

图6-8

在取消勾选"等比缩放"复选框的状态下，增加"缩放宽度"的数值，"缩放高度"数值保持不变，对比效果如图6-9所示。

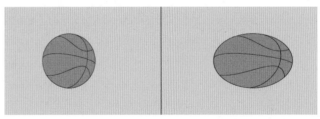

图6-9

旋转

"旋转"用于调整素材围绕锚点的旋转角度，数值为正时素材顺时针旋转，数值为负时素材逆时针旋转。例如，默认状态下"汽车"素材在窗口中有一定的倾斜角度，如果需要"汽车"素材处于水平状态就需要使其顺时针旋转一定的角度，将"旋转"设置为30°，如图6-10所示，调整前后的对比效果如图6-11所示。

图6-10

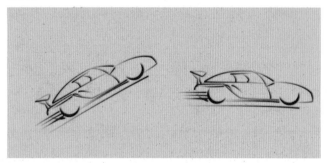

图6-11

锚点

"锚点"是控制素材运动的中心。例如，当"锚点"在"圆球"素材正中心时，改变"旋转"参数，"圆球"会围绕锚点的位置自转，当"锚点"在"圆球"素材边缘时，改变"旋转"参数，"圆球"会围绕"锚点"旋转并产生位移，旋转中心如图6-12所示。

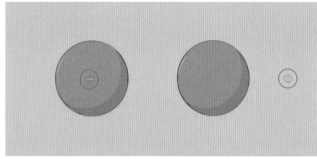

图6-12

> **提示**
>
> 选中"时间轴"面板上的素材，"效果控件"中的选项才能被激活，且播放指示器要放在被选素材上，以便实时观看调整情况。

实战进阶：动画场景搭建

重点指数：★★★★☆
素材位置：素材文件\第6章\动画场景搭建
教学视频：动画场景搭建.mp4
学习要点：位置、缩放

本案例将结合上述内容，使用"运动"效果调整各个素材以组成完整的画面，如图6-13所示。

图6-13

01 双击桌面上的Premiere Pro 2024快捷方式图标 Pr，启动Premiere Pro 2024软件。新建项目后，执行"新建项"→"序列"命令，打开"新建序列"对话框，打开"设置"选项卡，将"编辑模式"设置为"自定义"，"时基"设置为25帧/秒，"帧大小"设置为1920像素×1080像素，"像素长宽比"设置为"方形像素（1.0）"，"场"设置为"无场（逐行扫描）"，其他参数保持默认，最后单击"确定" 确定 按钮，如图6-14所示。

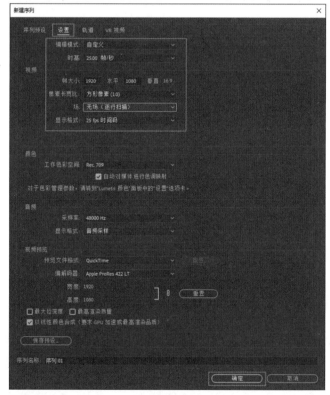

图6-14

02 执行"文件"→"导入"命令，弹出"导入"对话框，选中"木屋"、"树桩"和"植物"素材，单击"打开" 打开(O) 按钮，执行"新建项"→"颜色遮罩"命令，创建颜色遮罩，然后将颜色遮罩和3段素材分别拖至V1、V2、V3、V4轨道，如图6-15所示。

图6-15

03 单击V3和V4轨道的"切换轨道输出" 👁 按钮，选中"木屋"素材，将"缩放"设置为66，如图6-16所示。

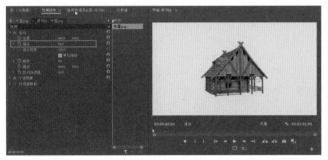

图6-16

04 单击V3轨道的"切换轨道输出" 👁 按钮，选中"树桩"素材，将"位置"设置为353,768，将"缩放"设置为19，如图6-17所示。

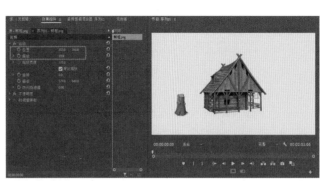

图6-17

05 单击V4轨道的"切换轨道输出" 👁 按钮，选中"植物"素材，将"位置"设置为1354,773，将"缩放"设置为32，如图6-18所示。

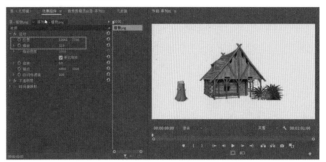

图6-18

场景搭建完成，最终效果如图6-19所示。

图6-19

动画关键帧

6.2

动画的本质就是随着时间的推移各个帧对应的效果数值发生改变，在Premiere Pro中就是使用关键帧记录不同时刻的效果数值。动画关键帧通常至少包含两个，一个对应开始时的状态，一个对应结束时的新状态，两个关键帧之间就是状态的变化过程。

6.2.1

添加关键帧

通常情况下添加关键帧有固定的操作流程，大致步骤

为：移动播放指示器至开始位置→设置开始状态的效果数值→添加开始关键帧→移动播放指示器至结束位置→设置结束状态的效果数值。下面以两点关键帧和三点关键帧为

例，演示关键帧的添加流程。

两点关键帧是基础的关键帧用法，通常用于表现从一种状态到另一种状态的改变。例如，画面中有A点和B点，蓝色小球在A点和B点中间，如图6-20所示。

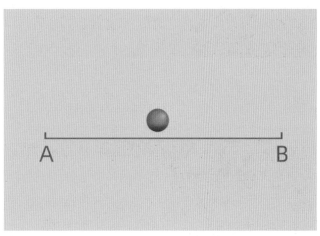

图6-20

如果想让小球从A点开始运动，历时2秒到达B点，需要先将播放指示器移动至开始位置，然后将"位置"的x坐标设置为400，使小球位于A点，如图6-21所示。

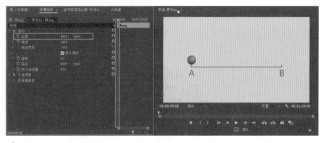

图6-21

接着单击"位置"前面的"切换动画" ⏱ 按钮，此时在开始位置就有了开始状态的关键帧，然后将播放指示器移至2秒的位置，如图6-22所示。

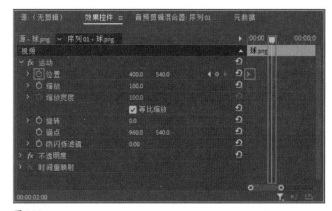

图6-22

将"位置"参数的x坐标设置为1590，使小球位于B点，在设置"位置"参数时，结束位置的关键帧会随着数值的修改自动添加，整个动画的关键帧添加完成，如图6-23所示。

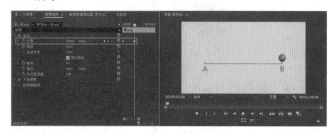

图6-23

三点关键帧或者多点关键帧都是在两点关键帧不能完成效果时的拓展操作，添加的流程和两点关键帧一样。例如，画面中有A点、B点和C点，如图6-24所示，如果需要蓝色小球从A点用2秒的时间到达B点，从B点用3秒时间到达C点，可以根据以下步骤来操作。

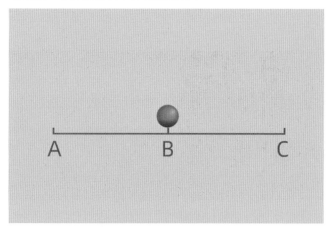

图6-24

先将播放指示器移动至开始位置，然后将"位置"的x坐标设置为400，使小球位于A点，如图6-25所示。

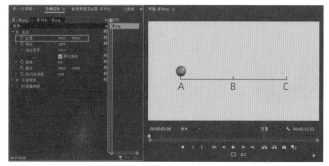

图6-25

接着单击"位置"前面的"切换动画" ⏱ 按钮，此时在开始位置就有了小球在A点的关键帧，然后将播放指示器移至2秒的位置，将"位置"的x坐标设置为990，使小球位于B点，如图6-26所示。

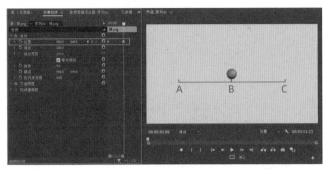

图6-26

然后将播放指示器放在5秒的位置，将"位置"的x坐标设置为1590，使小球位于C点，如图6-27所示。

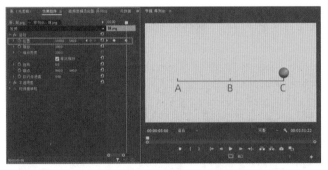

图6-27

三点关键帧添加完成，如图6-28所示。

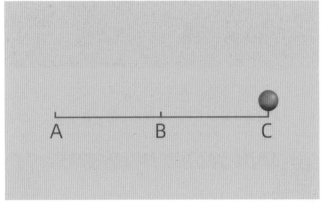

图6-28

◈ 6.2.2
定位和移动关键帧

关键帧添加完成后并非固定的，可以重新调整关键帧的数值和位置。需要注意的是，如果要修改关键帧的数值就必须将播放指示器精准地放在其关键帧的位置上，可以通过单击"转到上/下一个关键帧" ◀/▶ 按钮进行精准定位，如图6-29所示。

图6-29

除了改变关键帧的数值，还可以移动关键帧的位置来调节动画效果的速度，两个关键帧之间的距离越近，动画速度就越快，反之则越慢。

在"效果控件"面板中选中设置好参数的关键帧，左右拖动即可将其移动，可以选中并移动一个关键帧或者多个关键帧，如图6-30和图6-31所示。

图6-30

图6-31

◈ 6.2.3
复制关键帧

在实际剪辑过程中，经常会有制作循环动画或者将同样的效果用到不同素材的情况，为了提升工作效率，可以使用复制关键帧的操作，选中需要复制的关键帧，单击鼠标右键，在弹出的菜单中选择"复制"命令，如图6-32所示。接着将播放指示器移到新复制关键帧的目标位置，单击鼠标右键，在弹出的菜单中选择"粘贴"命令，如图6-33所示。

图6-32

图6-33

💎 6.2.4

删除关键帧

在剪辑时如果不要需要某个关键帧，可在"效果控件"面板中将其删除，可以删除某一个关键帧，也可以删除该属性的所有关键帧。删除单个关键帧只需选中该关键帧然后按Delete键。如需删除该属性的所有关键帧，只需单击前面的"切换动画" 🕐 按钮，此时会弹出"警告"对话框，单击"确定" 确定 按钮即可全部删除，如图6-34所示。

图6-34

💎 6.2.5

关键帧插值

关键帧插值是指在两个已知关键帧之间生成新的数值，从而精确控制动画效果的运动速度和形态。关键帧插值分为临时插值和空间插值两种，在"效果控件"面板中选中关键帧，单击鼠标右键，即可在弹出的菜单中进行选择，如图6-35所示。

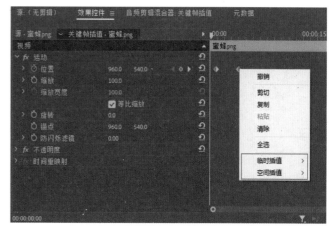

图6-35

临时插值用于更改物体的移动速度，通常在"效果控件"面板中调整关键帧和手柄来控制速度的变化，单击属性前的"展开" ▶ 按钮即可看到其数据图，如图6-36所示。

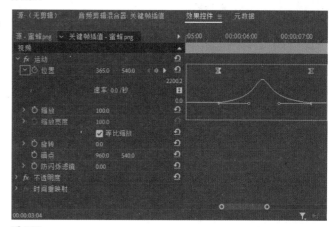

图6-36

空间插值用于控制物体运动的形态，可以使用空间插值来确定运动路径拐点的形态变化，通常在"节目"面板使用手柄调整其平滑度，如图6-37所示。

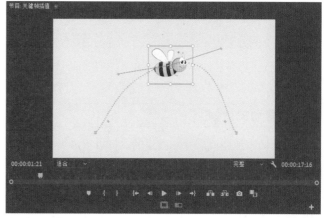

图6-37

提示

使用关键帧插值可以更改关键帧之间的效果变化速率，但无法更改关键帧之间的实际持续时间，持续时间取决于关键帧之间在时间标尺中的距离。

线性

在临时插值中，线性插值是创建关键帧时默认的插值方法，表示关键帧之间的运动是匀速变化的，调整方法是在"效果控件"面板中选中一个或者多个关键帧，单击鼠标右键，在弹出的菜单中选择"临时插值"→"线性"命令，如图6-38所示。使用空间插值中的线性插值会将关键帧位置的运动路径拐点变为尖角，如图6-39所示。

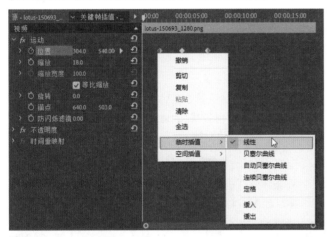

图6-38

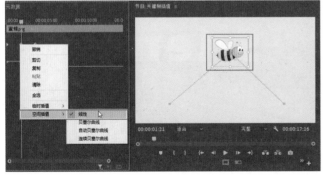

图6-39

贝塞尔曲线

在临时插值中，贝塞尔曲线插值用于根据贝塞尔曲线的形状调整运动效果的变化速率，使速度变化更加平滑，如图6-40所示。在空间插值中，贝塞尔曲线用于改变物体的运动路径，使关键帧位置的运动路径拐点变为圆角，如图6-41所示。对于以上两种类型的贝塞尔曲线插值，在使用手柄调整角度时两侧手柄互不影响，都是单独控制的。

图6-40

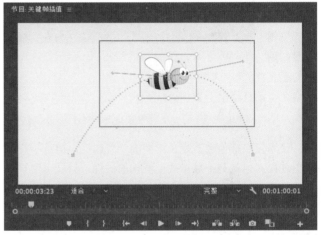

图6-41

自动贝塞尔曲线

自动贝塞尔曲线是在上述贝塞尔曲线的基础上，系统自动设定的曲线状态。自动贝塞尔曲线没有调节手柄，只有两边的端点，端点可以手动调节，如图6-42所示，一旦使用手动调节，自动贝塞尔曲线会转变成连续贝塞尔曲线。

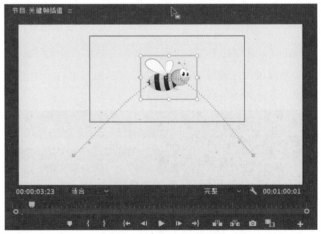

图6-42

连续贝塞尔曲线

使用连续贝塞尔曲线可以手动调整关键帧两边的方向手柄，连续贝塞尔曲线不同于贝塞尔曲线的地方在于，当

关键帧一侧的方向手柄改变形状时，关键帧另一侧的方向手柄也会做出相应变化来维持平滑过渡，两侧的手柄

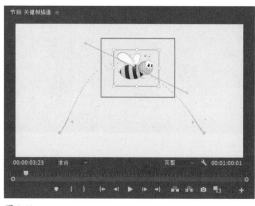

图6-43

始终在一条直线上，如图6-43所示。

定格

使用定格插值会改变关键帧的位置属性，但是不产生渐变过程，也就是不显示效果变化的过程，只显示两端的结果。例如，在使用定格插值后，小蜜蜂从A点到B点的表现形式是从A点直接跳到B点，如图6-44所示。

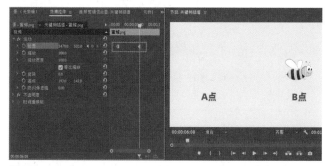

图6-44

缓入

减慢进入关键帧的效果变化，可以通过方向手柄调整曲线形态，如图6-45所示。

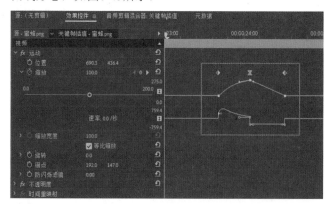

图6-45

缓出

减慢离开关键帧的效果变化，可以通过方向手柄调整曲线形态，如图6-46所示。

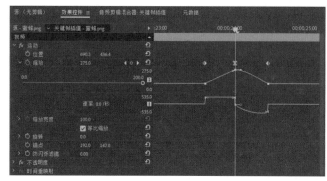

图6-46

实战进阶：文字冲屏效果

重点指数：★★★★★
素材位置：素材文件\第6章\文字冲屏效果
教学视频：文字冲屏效果.mp4
学习要点：缩放、关键帧

运用本节所学知识，结合关键帧用法和缩放参数做出文字从屏幕外冲进画面，静止一段时间后再缓慢放大的开场效果，如图6-47所示。

图6-47

01 双击桌面上的Premiere Pro 2024快捷方式图标 **Pr**，启动Premiere Pro 2024软件。新建项目后，执行"新建项"→"序列"命令，打开"新建序列"对话框，打开"设置"选项卡，将"编辑模式"设置为"自定义"，"时基"设置为25帧/秒，"帧大小"设置为1920像素×1080像素，"像素长宽比"设置为"方形像素（1.0）"，"场"设置为"无场（逐行扫描）"，其他参数保持默认，最后单击"确定" **确定** 按钮，如图6-48所示。

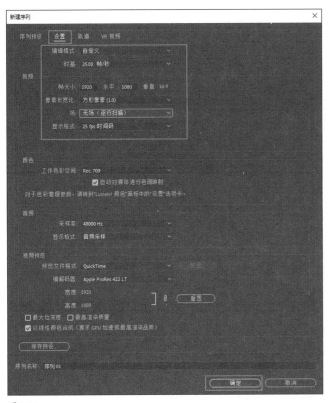

图6-48

02 执行"文件"→"导入"命令,弹出"导入"对话框,选中"大海""文字"素材,单击"打开" 打开(O) 按钮,然后将"大海"素材拖至V1轨道,"文字"素材拖至V2轨道,如图6-49所示。

图6-49

03 将播放指示器移至开始位置,选中"文字"素材,单击"切换动画" ⑤ 按钮,将"缩放"数值设置为3600,如图6-50所示。

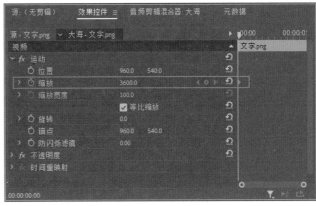

图6-50

04 将播放指示器移至10帧位置,然后将"缩放"数值设置为100,如图6-51所示。

图6-51

05 文字冲进画面以后要静止一段时间,将播放指示器移至1秒位置,单击"添加关键帧" ⑤ 按钮,保持"缩放"参数不变,如图6-52所示。

图6-52

06 接下来做文字缓慢放大的效果,将播放指示器移至5秒位置,将"缩放"数值设置为110,如图6-53所示。

图6-53

文字冲屏效果完成，如图6-54所示。

图6-54

6.3 不透明度

在视频编辑过程中，会出现多个画面合并显示的情况，通过调整不透明度可以使两个以上的画面叠加显示，形成新的画面效果，也可以通过不透明度调整某些效果的显示强度。

6.3.1
"不透明度"解析

在"时间轴"面板中选中需要调整不透明度的素材后，打开"效果控件"面板，单击"不透明度"前面的"展开"▶按钮，打开"不透明度"的调整参数，如图6-55所示。

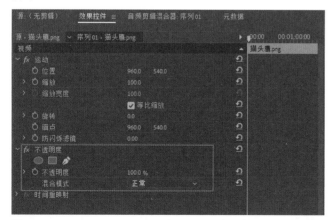

图6-55

"不透明度"的参数范围是0到100%。当数值为100%时，画面内容正常显示；当数值为50%时，画面内容是半透明状态；当数值为0时，画面内容不显示，如图6-56所示。

图6-56

6.3.2
视频的淡入和淡出

"不透明度"可以用于固定画面的显示状态，还可以结合关键帧做出动态变化，视频中常见的"淡入"和"淡出"效果就是使用"不透明度"的关键帧完成的。

淡入

"淡入"常用于视频的开头位置，展示画面从黑场到正片逐渐显示的过程，"淡入"效果可以增强观众的代入感，使开场不突兀。将播放指示器移至视频的开始位置，单击"不透明度"前面的"切换动画"◎按钮，并将"不透明度"设置为0，如图6-57所示。

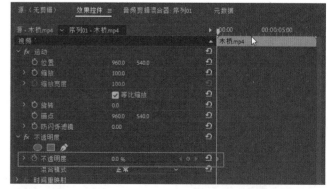

图6-57

接着将播放指示器移至2秒位置，将"不透明度"参数设置为100%，这样就完成了"淡入"效果制作，如图6-58所示。

图6-58

淡出

"淡出"和"淡入"的效果相反,"淡出"是画面逐渐消失的过程,常用于视频的结尾。将播放指示器移至视频最后,单击"不透明度"前面的"切换动画"■按钮,并将"不透明度"参数设置为0,如图6-59所示。

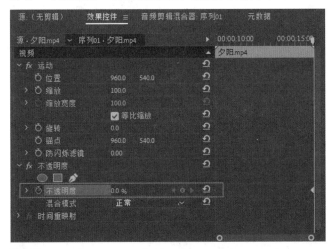

图6-59

然后将播放指示器向前移动2秒,将"不透明度"参数设置为100%,这样就完成了"淡出"效果制作,如图6-60所示。

图6-60

实战进阶:叠化转场效果

重点指数:★★★★☆
素材位置:素材文件\第6章\叠化转场效果
教学视频:叠化转场效果.mp4
学习要点:关键帧、不透明度

本案例将在"淡入"和"淡出"的基础上对不透明度的应用做进一步拓展,使用另一种调整不透明度的方法做出叠化转场的效果,如图6-61所示。

图6-61

01 双击桌面上的Premiere Pro 2024快捷方式图标 Pr ,启动Premiere Pro 2024软件。新建项目后,执行"新建项"→"序列"命令,打开"新建序列"对话框,打开"设置"选项卡,将"编辑模式"设置为"自定义","时基"设置为25帧/秒,"帧大小"设置为1920像素×1080像素,"像素长宽比"设置为"方形像素(1.0)","场"设置为"无场(逐行扫描)",其他参数保持默认,如图6-62所示。

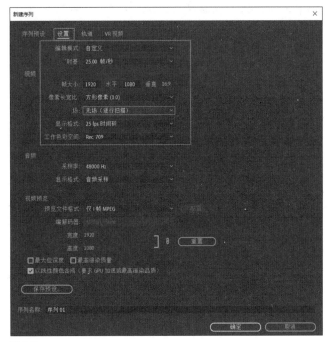

图6-62

02 执行"文件"→"导入"命令,弹出"导入"对话框,选中"冲浪"和"沙滩"素材,单击"打开" 打开(O) 按钮,然后将"沙滩"和"冲浪"素材分别拖至V1和V2轨道，两素材之间有部分内容叠加，如图6-63所示。

图6-63

03 分别双击V1和V2轨道头的空白处，此时素材中会出现缩览图和一条图形线，这条图形线在默认状态下用于控制不透明度，向下拖动是降低不透明度的数值，反之是增加不透明度的数值，如图6-64所示。

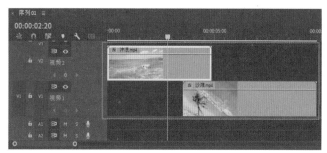

图6-64

04 按住Ctrl键，单击图形线可以添加不透明度的关键帧，其效果与在"效果控件"面板添加关键帧一致。将鼠标指针放在"沙滩"素材开始位置对应的"冲浪"素材图形线上，然后按住Ctrl键，单击图形线以添加第一个关键帧，如图6-65所示。

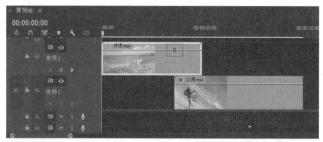

图6-65

05 将鼠标指针放在"冲浪"素材结束位置的图形线上，然后按住Ctrl键，单击图形线以添加第二个关键帧，如图6-66所示。

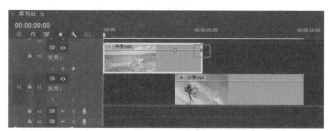

图6-66

06 根据上述添加关键帧的方法，给"沙滩"素材分别在其开始位置和"冲浪"素材结束位置添加关键帧，如图6-67所示。

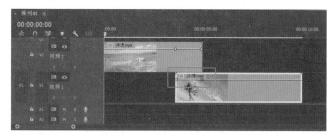

图6-67

07 按住鼠标左键，将"冲浪"素材的第二个关键帧和"沙滩"素材的第一个关键帧拖至素材底部，如图6-68所示。

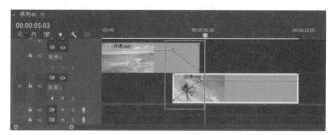

图6-68

叠化转场效果完成，如图6-69所示。

图6-69

6.4 蒙版的应用

蒙版是重要的选区工具，用于将画面中的某一部分内容单独选取出来。使用蒙版工具能够有针对性地调整画面中的特定内容，在调色、转场、特效等场景中应用广泛。

蒙版参数解析

在"时间轴"面板中选中视频素材后，在"不透明度"中有3种画蒙版的工具，分别是："创建椭圆形蒙版"、"创建4点多边形蒙版"和"自由绘制贝塞尔曲线"，如图6-70所示。"椭圆形蒙版"和"创建4点多边形蒙版"用于画规则形状的蒙版，"自由绘制贝塞尔曲线"用于画不规则形状的蒙版。

图6-70

以画椭圆形蒙版为例，单击"创建椭圆形蒙版" ◯ 按钮，在"节目"面板中的画面只显示被蒙版框选的部分，其余内容表现为黑色，实际是带有通道的透明区域，如图6-71所示。通过上述操作可知，蒙版就是选框之外的部分，像"蒙在画面上的一块板子"将不需要的内容盖住，选框的内部就是选区，也就是需要选取的部分。

图6-71

蒙版路径

蒙版路径直接反映选区的具体形状和区域，通过使用"创建椭圆形蒙版"、"创建4点多边形蒙版"和"自由

绘制贝塞尔曲线"3种方式绘制。例如，分别画一个圆形和一个长方形蒙版，蒙版路径如图6-72所示。

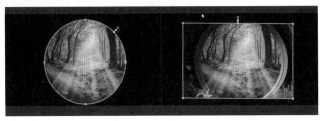

图6-72

蒙版羽化

蒙版羽化用于控制选区边缘的柔和度，增加羽化数值柔和度增强，反之则柔和度减弱，羽化数值分别为0和150时的对比效果如图6-73所示。

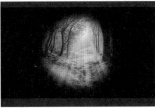

图6-73

蒙版不透明度

蒙版不透明度用于控制选区内画面的不透明度，当数值为100%时，蒙版将完全遮挡其下方图层的区域，随着不透明度降低，蒙版下方的区域逐渐清晰可见，对比效果如图6-74所示。

图6-74

蒙版扩展

蒙版扩展用于放大或者缩小现有蒙版，正值代表将选区边缘外移，负值代表将选区边缘内移，正值和负值的对比效果如图6-75所示。

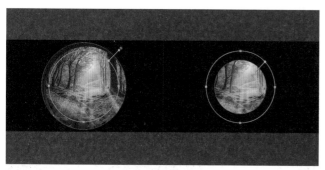

图6-75

蒙版反转

勾选"已反转"复选框，可以交换蒙版区域和蒙版之外的区域。勾选"已反转"复选框前后的对比效果如图6-76所示。可以使用此工具去除画面中不需要的部分。

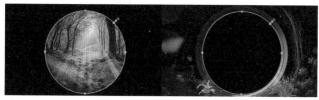

图6-76

实战进阶：模拟望远镜效果

重点指数：★★★★☆
素材位置：素材文件\第6章\模拟望远镜效果
教学视频：模拟望远镜效果.mp4
学习要点：创建椭圆形蒙版、蒙版羽化

01 双击桌面上的Premiere Pro 2024快捷方式图标 Pr ，启动Premiere Pro 2024软件。新建项目后，执行"新建项"→"序列"命令，打开"新建序列"对话框，打开"设置"选项卡，将"编辑模式"设置为"自定义"，"时基"设置为25帧/秒，"帧大小"设置为1920像素×1080像素，"像素长宽比"设置为"方形像素（1.0）"，"场"设置为"无场（逐行扫描）"，其他参数保持默认，最后单击"确定" 确定 按钮，如图6-77所示。

02 执行"文件"→"导入"命令，弹出"导入"对话框，选中"大海""准星"素材，单击"打开" 打开(O) 按钮，然后将"大海"素材拖至V1轨道，"准星"素材拖至V2轨道，如图6-78所示。

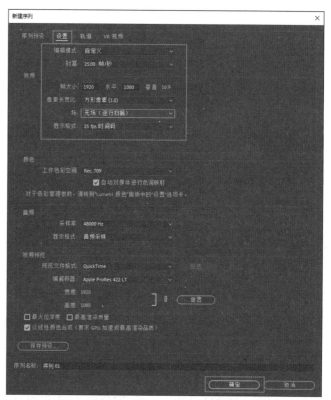

图6-77

图6-78

03 拖动"准星"素材的尾部使其与"大海"素材对齐，然后选中"大海"素材，单击"创建椭圆形蒙版" ◯ 按钮，如图6-79所示。

图6-79

04 按住Shift键的同时拖动椭圆上的任意一个顶点，使椭圆变成一个正圆，并调整大小与准星一致，如图6-80所示。

图6-80

05 将鼠标指针放在选区中间，鼠标指针会变成抓手状态 🖐，此时按住鼠标左键可以移动选区，如图6-81。使用此方法将选区与准星边框重合。

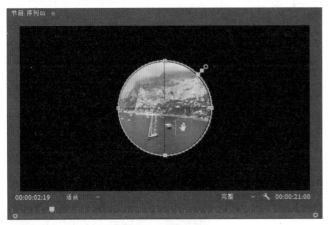

图6-81

06 调整蒙版边缘的柔和度，将"蒙版羽化"数值设置为85，如图6-82所示。

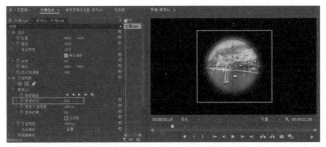

图6-82

模拟望远镜效果完成，如图6-83所示。

图6-83

时间重映射

时间重映射用于更改视频的播放速度，并且能够在单个视频中做出快动作和慢动作的效果。时间重映射可以在"效果控件"面板或者"时间轴"面板中设置。

💎 6.5.1
时间重映射的用法

如果在"效果控件"面板设置"时间重映射"，需要先在"时间轴"面板中选中需要调整的视频素材，然后依次打开"时间重映射"和"速度"前面的"展开" ▶ 按钮，显示控制速度的图形线，如图6-84所示。默认速度是100%，向上拖动速度加快，向下拖动速度减慢。

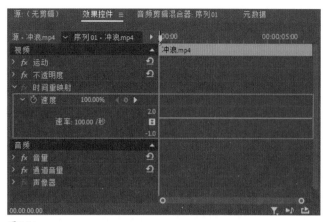

图6-84

如果要在"时间轴"面板中设置"时间重映射"，首先双击轨道头的空白处扩大轨道宽度方便操作，然后右击"FX徽章" 按钮，在弹出的菜单中选择"时间重映射"→"速度"命令，此时图形线会显示在素材中间以控制速度。默认速度是100%，向上拖动速度加快，向下拖动速度减慢，如图6-85所示。

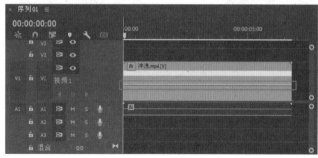

图6-85

6.5.2
设置速度关键帧

在显示速度图形线的基础上，按住Ctrl键的同时单击图形线可以添加速度关键帧。"效果控件"面板和"时间轴"面板的关键帧是同步的，可以根据使用习惯任选一个。例如，将一段素材两端位置的速度降低，中间位置的速

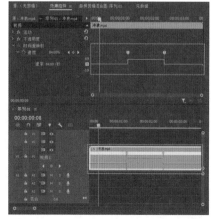

图6-86

度提高，需要添加两个关键帧，把素材分成3部分，然后将中间部分的图形线向上拖动，将两边部分的图形线向下拖动，如图6-86所示。

实战进阶：变速剪辑

重点指数：★★★★★
素材位置：素材文件\第6章\变速剪辑
教学视频：变速剪辑.mp4
学习要点：时间重映射

变速效果在视频编辑中特别常见，常用于Vlog、旅拍和运动等视频中，下面将结合上述时间重映射的知识点调整一段素材，使其呈现"快→慢→快"的速度变化，并且在过渡位置调整关键帧曲线使过渡更平滑，如图6-87所示。

图6-87

01 双击桌面上的Premiere Pro 2024快捷方式图标 ，启动Premiere Pro 2024软件。新建项目后，执行"新建项"→"序列"命令，打开"新建序列"对话框，打开"设置"选项卡，将"编辑模式"设置为"自定义"，"时基"设置为25帧/秒，"帧大小"设置为1920像素×1080

图6-88

像素，"像素长宽比"设置为"方形像素（1.0）"，"场"设置为"无场（逐行扫描）"，其他参数保持默认，最后单击"确定" 按钮，如图6-88所示。

02 执行"文件"→"导入"命令，弹出"导入"对话框，选中"赛车"素材，单击"打开" 打开(O) 按钮，然后将"赛车"素材拖至V1轨道，如图6-89所示。

图6-89

03 在"时间轴"面板中双击轨道头的空白处扩大轨道宽度，然后右击"FX徽章" ⬚ 按钮，在弹出的菜单中选择"时间重映射"→"速度"命令，如图6-90所示。

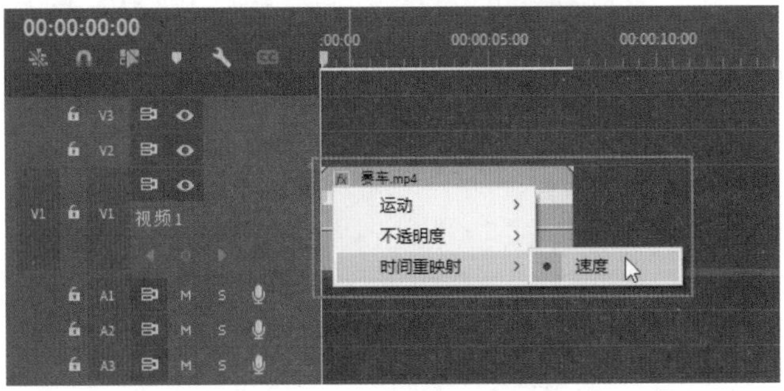

图6-90

04 按住Ctrl键的同时单击速度图形线，在3秒15帧和4秒15帧位置分别添加关键帧，如图6-91所示。

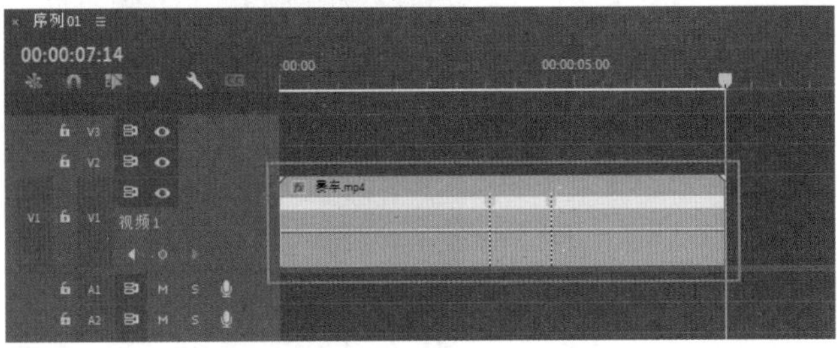

图6-91

05 将两边的速度图形线向上拖动至数值为450%，将中间的速度图形线向下拖动至数值为50%，如图6-92所示。

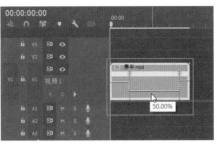

图6-92

06 速度关键帧可以分为两半，分开以后中间的部分就是速度过渡区域，通过这种方法可以使不同速度之间的过渡更加平滑。在水平方向拖动关键帧的一半使关键帧分为两部分，如图6-93所示。

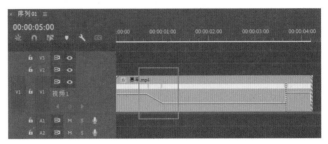

图6-93

07 使用上述方法将第二个关键帧也分成两部分，如图6-94所示。

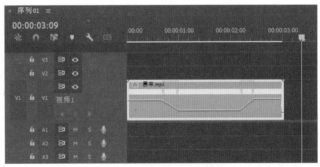

图6-94

变速剪辑效果完成，如图6-95所示。

图6-95

第7章　文字和图形

文字工具

"文字工具"是重要的文本创建工具，可用于在"节目"面板输入文字，相比于专门的字幕工具，"文字工具"更倾向于展示标题、说明、介绍等提示类型的文本内容。

7.1.1
"文字工具"的使用

为了方便"文字工具"的使用，在输入文字之前需要先将工作区切换至"字幕和图形"的状态。激活"文字工具"有两种方式。第一种方式：直接单击"工具"面板中的"文字工具" T 按钮，接着在"节目"面板的画面任意位置单击，即可直接输入文字内容，如图7-1所示。

图7-1

【知识链接】

关于工作区的切换方法，可以查看2.1节中讲到的知识点。

第二种方式：在"基本图形"面板中单击"新建图层" 按钮，在弹出的菜单中选择"文本"命令，如图7-2所示。接着在"节目"面板双击"新建文本图层"字样，鼠标指针会自动切换为"文字工具"状态，然后输入文字即可。

图7-2

通过上述两种方式创建文字，都会在"基本图形"面板生成对应的文字图层，可以上下拖动文字图层调整显示优先级，上面的图层会覆盖下面图层的内容。在操作过程中还可以选择对应的图层调整其内容，如图7-3所示。

图7-3

◈ 7.1.2
对齐并变换

创建文字以后，可以通过"对齐并变换"选项内的工具调整文字的对齐方式、位置、锚点、大小、旋转角度和不透明度，如图7-4所示。

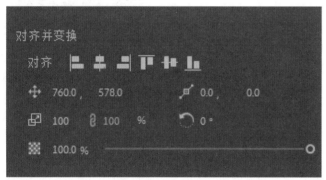

图7-4

- 左对齐■：所选对象在"节目"面板左侧对齐。

- 水平居中对齐■：所选对象移动至"节目"面板水平方向的中心位置。

- 右对齐■：所选对象在"节目"面板右侧对齐。

- 顶对齐■：所选对象在"节目"面板顶部对齐。

- 垂直居中对齐■：所选对象移动至"节目"面板垂直方向的中心位置。

- 底对齐■：所选对象在"节目"面板底部对齐。

- 切换动画的位置■：调整所选对象在"节目"面板中的位置。

- 切换动画的锚点■：调整所选对象在"节目"面板中的锚点中心。

- 切换动画的比例■：调整所选对象的大小。

- 切换动画的旋转■：调整所选对象的旋转角度。

- 切换动画的不透明度■：调整所选对象的不透明度。

◈ 7.1.3
样式

使用"样式"功能，可以在"基本图形"面板中对文本的字体、大小、颜色等信息进行保存，并可以将保存好的样式应用到其他文本内容，方便快速调整。选中需要保存样式的文字图层，选择"创建样式"选项，如图7-5所示，为新样式输入一个名称即可创建成功。

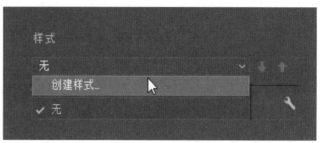

图7-5

样式创建完成后，"项目"面板将生成一个样式文件，如图7-6所示。可以直接将该文件拖到"时间轴"面板中的文字素材上激活样式，也可以在"样式"选项中选择样式进行激活。

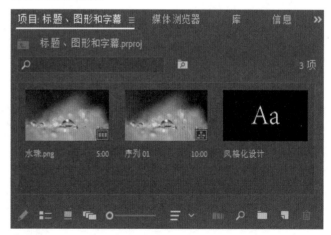

图7-6

◈ 7.1.4
文本

在"文本"选项中可以对文本内容进行风格化调整，其中包含字体、段落对齐方式、字距、仿样式等，如图7-7所示。

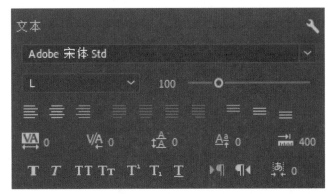

图7-7

字体栏

字体栏中包含字体、字体样式和字体大小参数，字体用于切换不同类型的字体，字体样式用于切换同一字体的粗细程度，字体大小用于调整文字的大小，如图7-8所示。

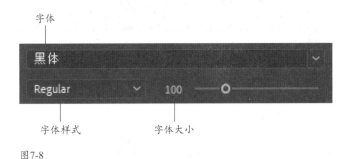

图7-8

段落对齐栏

段落对齐栏用于控制文字的对齐方式，如图7-9所示。

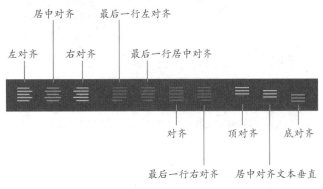

图7-9

字距栏

字距栏主要用于字间距和行间距的调整，其中包含字距调整、字偶间距、行距、极限位移和制表符宽度，如图7-10所示。

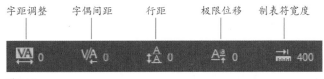

图7-10

仿样式栏

仿样式栏用于调整文本的加粗、斜体，控制字母大小写，添加上、下标和下划线等，如图7-11所示。

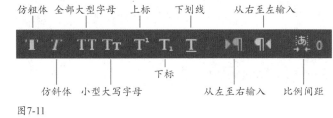

图7-11

◈ 7.1.5

外观

使用"外观"选项中的功能可以使创建的文字或者图形更具有创意，通过设置填充、描边等参数实现不同风格的外观设计，如图7-12所示。

图7-12

填充

填充用于改变文本或者图形的颜色，单击色块打开"拾色器"对话框，可以直接选择颜色，也可以使用吸管工具从画面中选择颜色，如图7-13所示，选择完成后单击"确定"按钮。

图7-13

在"拾色器"对话框顶部可以选择线性渐变或者径向渐变，使颜色变化具有多样性，如图7-14所示。

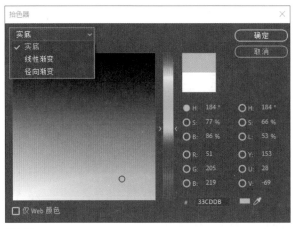

图7-14

描边

在为文本或者图形添加颜色的基础上，还可以添加描边效果来构建独特的外观。勾选"描边"复选框可以激活描边，描边颜色的选取同上述填充的方法一致。描边数值用于控制其宽度，如图7-15所示。

图7-15

描边的方式有3种，分别是：外侧、内侧和中心。外侧描边是从文本或图形的边缘开始，随着描边宽度的增加向外延伸；内侧描边是从文本或图形的边缘开始，随着描边宽度的增加向内延伸，如果内侧描边的数值过大会覆盖文本原有的填充颜色；使用中心描边时，描边会从文本或图形的边缘开始向两侧延伸。以文本为例，外侧、内侧和中心3种描边方式的对比如图7-16所示。

图7-16

背景

背景是文字下方的颜色层，勾选"背景"复选框可以激活背景，在背景选项中可以调整不透明度、大小和角半径，如图7-17所示。

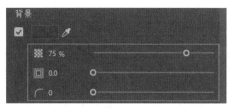

图7-17

背景的"不透明度"用于控制背景在文字下面的透明程度，其数值为30%和80%的对比如图7-18所示。

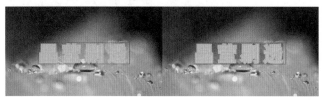

图7-18

背景的"大小"用于控制背景面积的扩展程度，其数值为0和100的对比如图7-19所示。

图7-19

背景的"角半径"用于将背景的棱角变成圆角，其数值为0和100的对比如图7-20所示。

图7-20

阴影

阴影相当于"文字或图形被光照后留下的投影"，能够增加视觉层次感。在Premiere Pro中，阴影有丰富的参数可以调整，包含不透明度、角度、距离、模糊和大小，如图7-21所示。

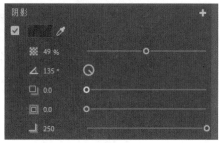

图7-21

阴影的"不透明度"用于控制阴影的透明程度，其数值为40%和100%的对比如图7-22所示。

图7-22

阴影的"角度"用于控制阴影在文字周围的位置，其数值为60和135的对比如图7-23所示。

图7-23

调整阴影的"距离"可以控制阴影距离文字的远近，其数值为30和100的对比如图7-24所示。

图7-24

阴影的"大小"用于控制阴影的扩展程度，其数值为0和30的对比如图7-25所示。

图7-25

阴影的"模糊"用于控制阴影的模糊度，其数值为0和100的对比如图7-26所示。

图7-26

基础练习：使用蒙版创建文字出现动画

重点指数：★★★★☆
素材位置：素材文件\第7章\使用蒙版创建文字出现动画
教学视频：使用蒙版创建文字出现动画.mp4
学习要点：文字工具、形状蒙版

本案例将演示文字出现动画的制作流程。具体的操作思路是，首先创建一个文本和一个矩形，文本图层在下面，矩形图层在上面，用矩形将文本覆盖，接着将矩形图层转换成蒙版图层，这时移动矩形，矩形范围内的文字会显示，范围之外的则不显示，最后再使用关键帧为矩形做位置动画。

01 双击桌面上的Premiere Pro 2024快捷方式图标 [Pr]，启动Premiere Pro 2024软件。新建项目后，执行"新建项"→"序列"命令，打开"新建序列"对话框，打开"设置"选项卡，将"编辑模式"设置为"自定义"，"时基"设置为25帧/秒，"帧大小"设置为1920像素×1080像素，"像素长宽比"设置为"方形像素（1.0）"，"场"设置为"无场（逐行扫描）"，其他参数保持默认，最后单击"确定" [确定] 按钮，如图7-27所示。

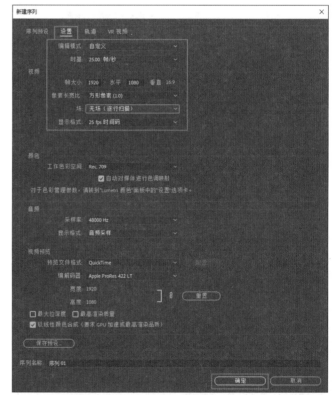

图7-27

02 执行"文件"→"导入"命令，弹出"导入"对话框，选中"百合花"素材，单击"打开" [打开(O)] 按钮，然后将"百合花"素材拖至V1轨道，如图7-28所示。

03 长按"文字工具" [T] 按钮，在出现的拓展选项中选择"垂直文字工具" [IT]，如图7-29所示。

04 在"节目"面板输入"百合花"，然后将"位置"设置为270,90，"字体"设置为"楷体"，"字体大小"设置为240，"字距"设置为200，如图7-30所示。

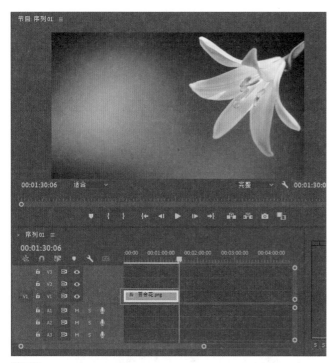

图7-28

图7-29

图7-30

单击"矩形工具" ▣ 按钮创建矩形，将文本内容覆盖，
如图7-31所示。

选择"形状01"图层，勾选"形状蒙版"复选框，如
图7-32所示。此时矩形下面的文字内容将显示，移动矩
形会发现文字只在矩形覆盖的区域显示。

图7-31

图7-32

在"效果控件"面板打开"形状01"的"变换"属性，
将播放指示器移至开始位置，单击"位置"前面的
"切换动画" ◎ 按钮，并将"位置"设置为−210,500，然后将
播放指示器移至2秒处，将"位置"设置为350,500，如图7-33
所示。

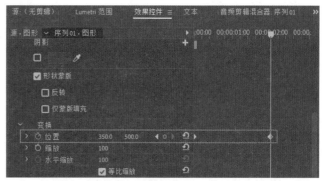

图7-33

动画制作完成，如图7-34所示。

图7-34

7.2 图形工具

使用图形工具可以在"节目"面板中创建任意的形状或者路径。其中"矩形工具"、"椭圆工具"和"多边形工具"用于创建规则的形状或者路径，长按"矩形工具"■按钮即可显示拓展工具。"钢笔工具"用于创建任意的形状或者路径，单击"钢笔工具"☒按钮即可使用，如图7-35所示。

图7-35

矩形工具

单击"矩形工具"■按钮，然后在"节目"面板按住鼠标左键拖动即可绘制图形，通过调整"对齐并变换"内的参数可以改变宽度、高度和角半径，如图7-36所示，当宽度和高度参数一致时矩形就会变成正方形。

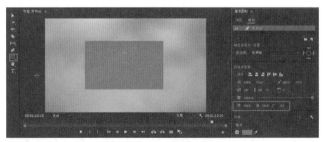

图7-36

椭圆工具

使用"椭圆工具"绘制图形后，可以在"对齐并变换"选项中调整其宽度和高度，如图7-37所示，当宽度和高度的数值一致时椭圆形就会变成正圆形。

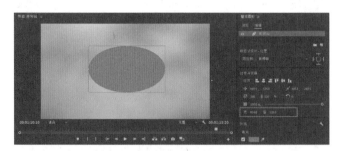

图7-37

多边形工具

使用"多边形工具"绘制图形后，可以在"对齐并变换"选项中调整其宽度、高度、角半径和边数，如图7-38所示，边数的数值越大多边形就越趋近于圆形。

图7-38

钢笔工具

使用"钢笔工具"可以根据需要绘制任意形状或者路径。使用"钢笔工具"在"节目"面板中单击会出现一个顶点，两个顶点可以创建一条线，两个以上的顶点可以创建自定义图形，如图7-39所示。

图7-39

知识链接

关于形状的位置、大小、不透明度、外观等参数的调整可以参考*7.1节*的内容，方法与文字工具相同。

文字工具和图形工具的综合应用

文字工具和图形工具除了可以单独使用，还可以结合使用，常见的新闻标题板、人名介绍条等，都可以使用"基本图形"面板内的工具来完成。

7.3.1
响应式设计 – 位置

常规的包装设计中，文字和图形是两部分，如果文本的字数发生改变，图形就需要随之调整与其匹配。使用"基本图形"面板内的"响应式设计-位置"功能可以将文字和图形以动态链接的形式绑定在一起，使图形可以自动适应文本的宽度、高度、大小等属性。

首先创建一个文本，输入"Dream"，然后将"字体"设置为"黑体"，"字体大小"设置为200，"位置"设置为1000,620，"填充"设置为黄色，如图7-40所示。

图7-40

接着创建一个矩形，将"位置"设置为1255,550，"宽"设置为568，"高"设置为210，"填充"设置为蓝色，设置完成后将形状图层放在文字图层的下面，如图7-41所示。

图7-41

接下来需要将形状图层的位置、宽、高和缩放属性绑定到文字图层。在"基本图形"面板中是以"固定到"的设置方式来绑定，就是将当前所选的图层固定到某个图

层，选择完固定图层后需要设置固定的边缘，也就是当文字发生改变后，形状图层需要在哪些方向上做出改变，共有4个方向：顶部、底部、左侧和右侧。可以单独固定，也可以单击图标中心固定所有边缘，如图7-42所示。

图7-42

由于需要将形状图层固定到文字图层上，当文字图层发生变化时，形状图层做出自适应的调整，所以需要先选中"形状01"图层，将"固定到"设置为"Dream"图层，并单击图标中心固定所有边缘，如图7-43所示。

图7-43

此时无论是调整文字图层的位置，还是增减字数，形状图层都会自动适应文字图层的变化，如图7-44所示。

图7-44

7.3.2

动态图形模板

动态图形模板是一种可以在After Effects或Premiere Pro中创建的文件类型，可以理解为把用文字和图形工具制作的包装效果保存成预设，在使用的时候更加方便、快捷。在"基本图形"面板中的"浏览"选项卡内有Premiere Pro自带的动态图形模板，如图7-45所示。

动态图形模板的使用方法是直接将所需的模板拖至"时间轴"面板，如图7-46所示。如果需要修改模板的位置和大小，可以选中模板后在"效果控件"面板内调整。

图7-45

图7-46

如需修改动态图形模板内的文本属性，需要在"时间轴"面板中选中模板素材，在"基本图形"面板的"编辑"选项卡中设置，如图7-47所示。

图7-47

除了系统自带的动态图形模板，还可以在Premiere Pro中自行设计并导出模板。设计完成后在"时间轴"面板中选中设计好的图形素材，然后执行"图形和标题"→"导出为动态图形模板"命令，在弹出的"导出为动态图形模板"对话框中，可以给模板命名和选择保存位置，如图7-48所示。

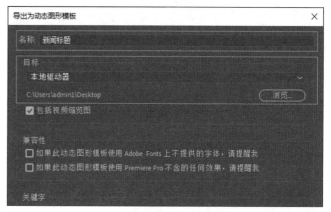

图7-48

导出后的动态图形模板需要再次导入Premiere Pro中才可以作为预设使用。在"基本图形"面板中的"浏览"选项卡内，单击"安装动态图形模板"按钮，如图7-49所示。然后选择需要导入的动态图形模板，单击"打开"按钮即可。

图7-49

实战进阶：制作滑动文字模板

重点指数：★★★★★
素材位置：素材文件\第7章\制作滑动文字模板
教学视频：制作滑动文字模板.mp4
学习要点：文字工具、图形工具、形状蒙版

本例将使用基本图形的知识点制作一个滑动文字的动画效果，制作完成后会将动画效果导出成模板，然后再导入Premiere Pro中作为动态图形模板使用。

01 双击桌面上的Premiere Pro 2024快捷方式图标 [Pr]，启动Premiere Pro 2024软件。新建项目后，执行"新建项"→"序列"命令，打开"新建序列"对话框，打开"设置"选项卡，将"编辑模式"设置为"自定义"，"时基"设置为25帧/秒，"帧大小"设置为1920像素×1080像素，"像素长宽比"设置为"方形像素（1.0）"，"场"设置为"无场（逐行扫描）"，其他参数保持默认，最后单击"确定" [确定] 按钮，如图7-50所示。

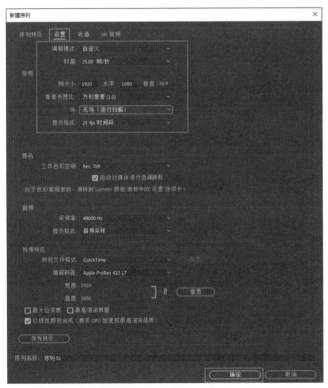

图7-50

02 创建文本，输入"Premiere Pro"，将"位置"设置为550,570，"字体"设置为"黑体"，"字体大小"设置为130，如图7-51所示。

03 创建一个矩形，将"位置"设置为1370,540，"宽"设置为24，"高"设置为220，"填充"设置为蓝色，如图7-52所示。

图7-51

图7-52

04 复制矩形图层。选中"形状01"图层，单击鼠标右键，在菜单中选择"复制"命令，如图7-53所示。

05 选中第二个"形状01"图层，勾选"形状蒙版"复选框，接着勾选"反转"复选框，如图7-54所示。

图7-53

图7-54

06 选中第二个"形状01"图层，拖动图形的左侧边框，直至完全覆盖文字内容，接着将"固定到"设置为第一个"形状01"图层，并单击图标中心以固定所有边缘，如图7-55所示。

07 给第一个"形状01"图层的"位置"参数添加关键帧。将播放指示器移至开始位置，将"位置"设置为

504,540，然后将播放指示器移至1秒处，将"位置"设置为1350,540，如图7-56所示。

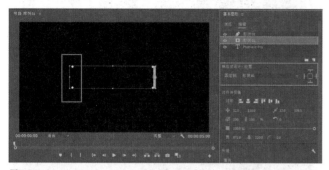

图7-55

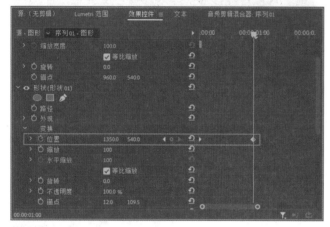

图7-56

08 滑动文字效果制作完成，将该效果导出成模板。执行"图形和标题"→"导出为动态图形模板"命令，在弹出的"导出为动态图形模板"对话框中，将"名称"设置为"滑动文字效果"，单击"浏览" 浏览 按钮选择保存路径，最后单击"确定" 确定 按钮，如图7-57所示。

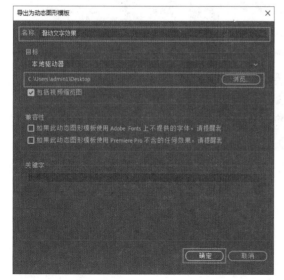

图7-57

09 将导出的动态图形模板导入Premiere Pro中。在"基本图形"面板中的"浏览"选项卡内，单击"安装动态图形模板" 按钮，然后选择"滑动文字效果"文件，单击"打开" 打开(O) 按钮，如图7-58所示。

图7-58

滑动文字效果和模板制作完成，如图7-59所示。

图7-59

7.3.3
"图形"选项卡解析

"图形"选项卡是"文本"面板中的一个选项卡，它可以将"时间轴"面板中的文本和形状图层按照顺序排列。在"图形"选项卡选中素材时在"时间轴"面板会同步选中，反之，在"时间轴"面板选中素材时在"图形"选项卡也会同步选中，两个面板的素材选中状态是一致的，如图7-60所示。

"图形"选项卡的搜索框有查找文字的功能，输入文字后即可确定其所在的位置，如果查找结果有多个，可以通过 按钮或 按钮进行选择，如图7-61所示。

单击"替换" 按钮可以将搜索到的文字替换成其他文字内容，可以选择只替换所选项的文字或者一次性替换所有匹配项的文字，如图7-62所示。

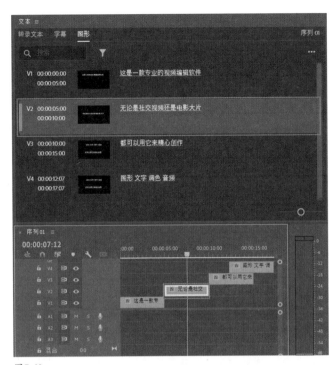

图7-60

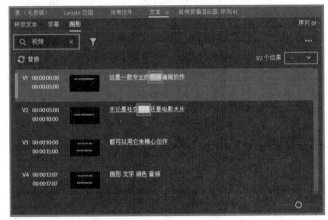

图7-61

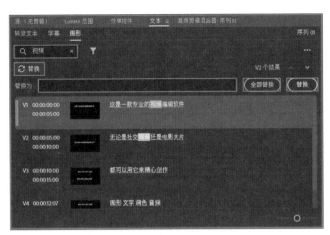

图7-62

单击"筛选轨道"■按钮可以选择只显示某一轨道的图层内容，如图7-63所示。

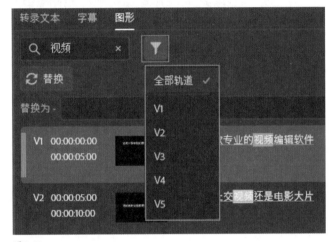

图7-63

语音转字幕

字幕是视频内容的一部分，可以增强视频的观看性，语音转字幕功能作为Premiere Pro的一项重大更新，为编辑工作中的加字幕环节提供了方便。在Premiere Pro中将语音转为字幕需用两个环节完成，首先需要将语音转成文本，然后再将文本转成字幕。

7.4.1
转录文本

转录文本是语音转字幕的第一个环节，先将音频内容

转成文本内容。在"时间轴"面板导入一段音频素材后，打开"文本"面板的"转录文本"选项卡，如图7-64所示。

图7-64

单击"转录"按钮后，Premiere Pro 2024会进入转录状态，如图7-65所示。

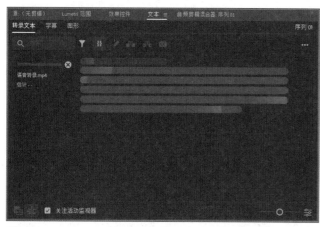

图7-65

转录完成后，在"转录文本"选项卡中会显示音频的文本内容，双击文本内容可以编辑转录错误的文字，如图7-66所示。

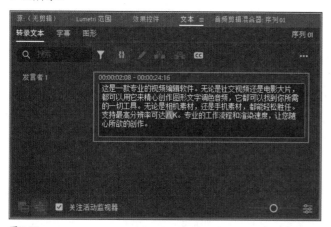

图7-66

知识链接

该选项卡中搜索和替换功能与7.3.3小节中"图形"选项卡中的用法一致。

7.4.2

生成字幕

转录文本后进入将文本变成字幕的环节。单击"转录文本"选项卡中的"创建说明性字幕" CC 按钮可以打开"创建字幕"对话框，如图7-67所示。

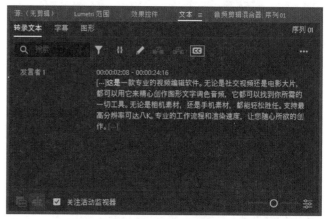

图7-67

在"创建字幕"对话框中可以设置与字幕相关的各种属性，如图7-68所示。

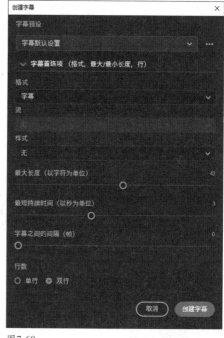

图7-68

● 字幕预设

在给定的选项中选择字幕预设，多数情况下选择"字幕默认设置"。

● 格式

选择字幕格式类型，有字幕、图文电视、EBU字幕等。

● 流

可以为某些字幕格式指定广播流（如Teletext）。

● 样式

可以从"基本图形"面板的字幕样式中进行选择。

● 最大长度

设置单条字幕中的最大字符数量。

● 最短持续时间

设置每行字幕文本的最短持续时间。

● 字幕之间的间隔

设置字幕的间隔时间,以帧为单位。

● 行数

选择字幕单行或者双行展示。

将"最大长度"设置为20,"最短持续时间"设置为2,"行数"选择"单行",然后单击"创建字幕"按钮,如图7-69所示。

创建字幕后,在"时间轴"面板会单独出现一条字幕轨道,字幕的文本内容也会显示在"节目"面板中,如图7-70所示。

图7-69

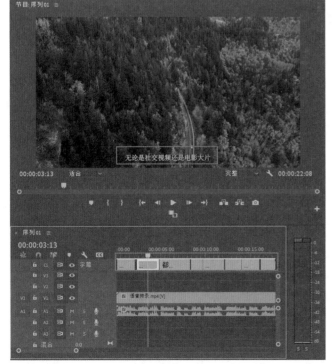

图7-70

在"时间轴"面板可以对字幕时长进行调整,在"文本"面板中双击字幕可以修改文本内容,选中一条字幕内容后,单击"拆分字幕"按钮,可以将所选字幕一分为二,原字幕持续时长也会被拆分后的两条字幕共用,如图7-71所示。

图7-71

在选中一条字幕后,按住Ctrl键可以继续选择字幕,单击"合并字幕"按钮,可以将所选字幕合并,合并后文本内容会连接在一起,合并后字幕持续时长是之前两条字幕时长的总和,如图7-72所示。

图7-72

当文本内容调整好以后，可以在"时间轴"面板全选字幕素材，然后在"基本图形"面板对所有字幕的属性做统一调整，如字体、字体大小、填充等参数，如图7-73所示。

图7-73

知识拓展 添加字幕的注意事项

1.字幕内容要与音频内容保持一致。

2.字幕一般单行显示，最多不超过20个字。

3.字幕不能有标点符号，只能出现书名号以及书名中的标点，其他均用空格代替。

4.常用字体有黑体、楷体、宋体等简体中文字体。

5.为了避免字幕颜色与画面颜色重合，通常会给白色字体添加黑色描边。

7.5 创建新字幕轨

当没有音频素材或者不需要自动识别音频时，可以在"字幕"选项卡中单击"创建新字幕轨"按钮为视频手动添加字幕内容，如图7-74所示。

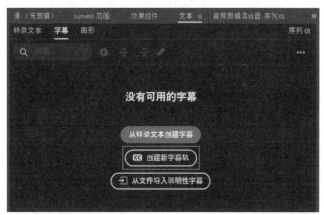

图7-74

单击"创建新字幕轨"按钮后会弹出"新字幕轨道"对话框，可以设置字幕的格式、流和样式参数，如图7-75所示。通常保持默认设置，单击"确定" [确定] 按钮即可。

图7-75

在"字幕"选项卡中单击"添加新字幕分段" ● 按钮即可输入文本内容，双击字幕可对文字内容进行编辑。字幕素材的默认的长是3秒，如图7-76所示。

图7-76

如果需要在第一段字幕的后面继续添加字幕，将鼠标指针放在第一段字幕上右击，在弹出的菜单中选择"在之后添加字幕"命令即可，如图7-77所示。

图7-77

字幕内容添加完成后可以在"时间轴"面板中调整所用时长和所在位置，使其与画面内容一致，如图7-78所示。也可以在"时间轴"面板中选中字幕素材后，在"基本图形"面板中调整字体的属性。

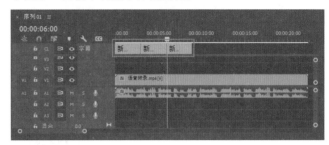

图7-78

7.6 从文件导入说明性字幕

单击"从文件导入说明性字幕"按钮，可以直接导入设置好的字幕文件，如SRT文件、 CSV 文件等，如图7-79所示。

图7-79

以常用的SRT文件为例，在导入时会弹出"新字幕轨道"对话框，其中格式、流、样式的含义都与前文介绍的一致。"起始点"选项中可以选择字幕开始的位置，分别是源时间码、播放指示器位置和时间轴起点，如图7-80所示。

图7-80

第8章 视频过渡

8.1 初识视频过渡

视频过渡是添加在两个镜头之间的过渡效果，在镜头切换的过程中形成不同样式的动画。添加视频过渡可以使素材之间的切换更加流畅、顺滑，也可以使转场具有创意。本节主要讲解如何添加视频过渡效果和调整视频过渡效果的参数。

8.1.1
添加视频过渡效果

在"效果"面板内的"视频过渡"素材箱中包含各类视频过渡效果，查找时可以从分类的素材箱内找，也可以直接在搜索框中输入视频过渡效果的名称快速查找，如图8-1所示。

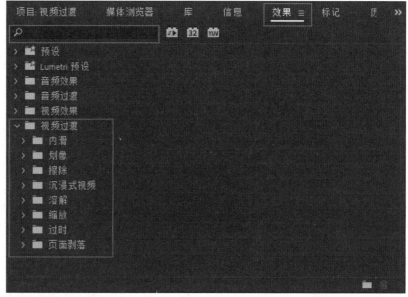

图8-1

选定视频过渡效果后开始调整视频素材，由于视频素材是有固定长度的，如果在不裁剪素材的情况下直接给素材添加视频过渡效果，将会出现"媒体不足。此过渡将包含重复的帧。"的提示，其含义就是在前面素材的尾部和后面素材的头部没有留出视频过渡效果所需的空间，系统会自动计算出重复的帧用来承载视频过渡效果，如图8-2所示。

图8-2

在"时间轴"面板中如果素材两端有斜三角标志，就代表这段素材的时长是完整的，如果没有斜三角的标志就代表素材被裁剪过，如图8-3所示。

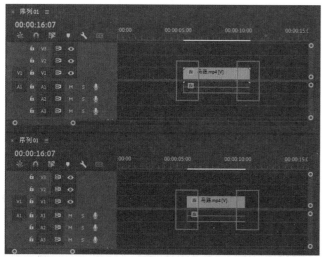

图8-3

在添加视频过渡效果时一般会将前面素材的尾部和后面素材的头部裁掉一部分，留出过渡所用的空间。选择好视频过渡效果后将其拖至两段素材衔接处，完成视频过渡效果的添加，如图8-4所示。

图8-4

> **提示**
>
> 添加视频过渡效果时，为了避免"媒体不足"的情况，会裁剪过渡位置的素材，如果是图片素材则不需要此操作，因为图片素材可以无限延长。

8.1.2

调整视频过渡效果参数

添加视频过渡效果以后，可以在"效果控件"或者"时间轴"面板中设置其参数。首先在"时间轴"面板中选中需要设置的视频过渡效果，然后打开"效果控件"面板就可以看到各项参数，如持续时间、对齐方式、显示实际源、边框宽度等，如图8-5所示。需要注意的是视频过渡效果不同，可以调整的参数也不相同。

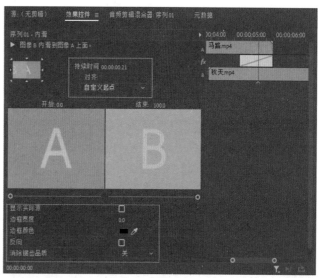

图8-5

更改持续时间

在"时间轴"面板中选中需要更改持续时间的视频过渡效果，然后打开"效果控件"面板，单击"持续时间"的数值，直接输入即可。时间单位从左向右分别是：时、分、秒、帧，如图8-6所示。

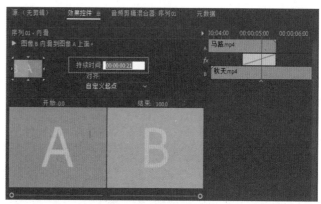

图8-6

视频过渡效果的持续时间在"时间轴"面板中也可以调整。将鼠标指针放在视频过渡效果的开始或者结束位置，然后拖动鼠标即可调整其持续时间，如图8-7所示。

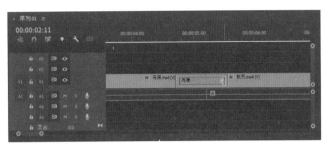

图8-7

更改对齐方式

在"效果控件"面板更改视频过渡效果的对齐方式。首先在"时间轴"面板中选中需要调整的视频过渡效果，然后在"效果控件"面板打开"对齐"选项的下拉箭头，可以选择中心切入、起点切入和终点切入，3种切入方式的对比如图8-8所示。

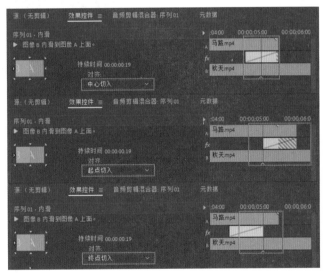

图8-8

在"时间轴"面板也可以调整视频过渡效果的所在位置。选中视频过渡效果后，向左或者向右拖动即可调整其所在位置，向左拖动将视频过渡效果与前面素材的尾部对齐，此时为终点切入；向右拖动将视频过渡效果与后面素材的头部对齐，此时为起点切入；将视频过渡效果放在两段素材中间，此时为居中对齐，如图8-9所示。当视频过渡效果不在上述3个位置时，对齐方式为自定义起点。

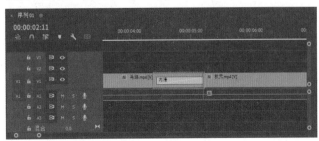

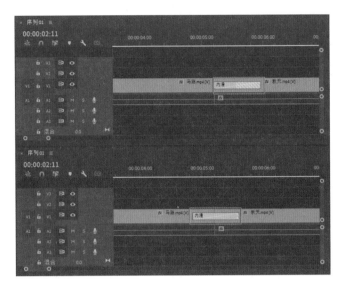

图8-9

> **提示**
> 视频过渡效果上的斜纹代表素材的过渡时间不足，系统自动计算出重复的帧用来补齐过渡时间。想要避免这种情况需要将衔接位置的素材多裁剪一些，留出足够的过渡时间。

显示实际源

取消勾选"显示实际源"复选框时，在"效果控件"面板中视频过渡效果两边的素材是用A和B代替的，勾选以后会显示实际的素材画面，拖动画面下方的滑块可以查看转场效果，如图8-10所示。

图8-10

设置默认过渡效果

将某个视频过渡效果设置为默认过渡效果后，可以在"时间轴"面板直接添加，无须再从"效果"面板拖动。在"效果"面板中选择一个视频过渡效果，单击鼠标右键，选择"将所选过渡设置为默认过渡"命令，即可将该效果设置为默认过渡效果，如图8-11所示。被设置为默认过渡效果后，该效果前面的图标会有蓝色描边。

图8-11

如果需要使用默认过渡效果，在"时间轴"面板中，将鼠标指针放在两段素材的衔接位置，单击鼠标右键，选择"应用默认过渡"命令，即可添加默认过渡效果，如图8-12所示。

图8-12

替换和删除过渡效果

当需要替换已经应用的视频过渡效果时，将选好的视频过渡效果从"效果"面板拖至"时间轴"面板中需要替换的视频过渡效果上，将其覆盖即可。覆盖以后新的视频过渡效果会继承原视频过渡效果的持续时间、对齐方式等属性。

如需删除已经应用的视频过渡效果，只需选中该效果后按Delete键即可，或者在过渡效果上单击鼠标右键，在弹出的菜单中选择"清除"命令，如图8-13所示。

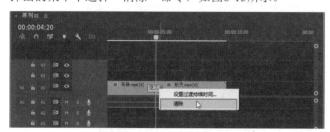

图8-13

基础练习：旅行电子相册

重点指数：★★★★☆
素材位置：素材文件\第8章\旅行电子相册
教学视频：旅行电子相册.mp4
学习要点：添加视频过渡效果

结合视频过渡效果制作一个旅行主题的电子相册视频，案例效果如图8-14所示。

图8-14

01 双击桌面上的Premiere Pro 2024快捷方式图标，启动Premiere Pro 2024软件。新建项目后，执行"新建项"→"序列"命令，打开"新建序列"对话框，打开"设置"选项卡，将"编辑模式"设置为"自定义"，"时基"设置为25帧/秒，"帧大小"设置为1920像素×1080像素，"像素长宽比"设置为"方形像素（1.0）"，"场"设置为"无场（逐行扫描）"，其他参数保持默认，最后单击"确定"按钮，如图8-15所示。

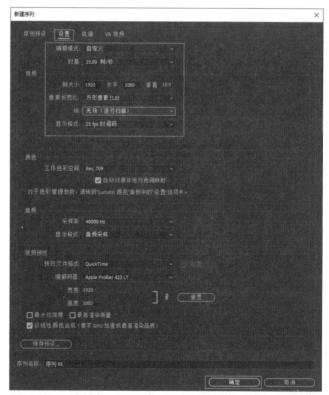

图8-15

02 执行"文件"→"导入"命令，弹出"导入"对话框，选中"旅行（1）"、"旅行（2）"、"旅行（3）"、

"旅行（4）"和"旅行音乐"素材，单击"打开" 打开(O) 按钮，然后将"旅行（1）"、"旅行（2）"、"旅行（3）"和"旅行（4）"素材依次拖至V1轨道，如图8-16所示。

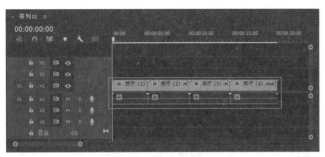

图8-16

03 将所有衔接位置的素材都裁剪一部分，留出视频过渡效果所用的位置，然后拼接在一起，如图8-17所示。

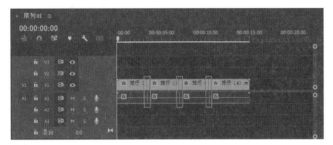

图8-17

04 在3个衔接位置分别添加"叠加溶解"、"交叉溶解"和"胶片溶解"视频过渡效果，如图8-18所示。

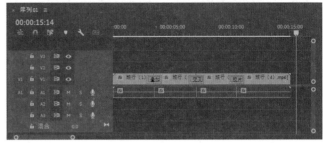

图8-18

旅行电子相册效果完成，如图8-19所示。

图8-19

8.2 Premiere Pro视频过渡效果

在Premiere Pro中有多种自带的视频过渡效果可供选择，可以根据不同的场景和需要选择使用。打开"效果"面板的"视频过渡"素材箱，共包含8种不同类型的视频过渡效果，分别是：内滑、划像、擦除、沉浸式视频、溶解、缩放、过时和页面剥落，如图8-20所示。

图8-20

8.2.1 内滑类视频过渡效果

内滑类视频过渡效果主要通过画面滑动来实现从素材A到素材B的过渡，其中包括Center Split、Split、内滑、带状内滑、急摇和推，如图8-21所示。

图8-21

常用的视频过渡效果解析如下。

Center Split

"Center Split"效果是将素材A分成相同大小的4部分，分别向4个角同时移动，直到全部移出画面，显示出素材B，如图8-22所示。

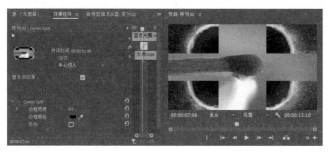

图8-22

内滑

"内滑"效果是素材B从左向右进入画面，直到完全覆盖素材A，完成素材A到素材B的过渡，如图8-23所示。

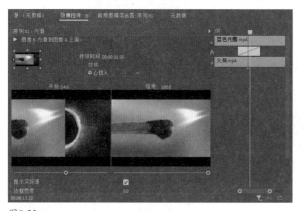

图8-23

急摇

"急摇"效果是素材B从左向右推动素材A，直至将素材A完全推出画面，推动过程带有运动模糊的感觉，如图8-24所示。

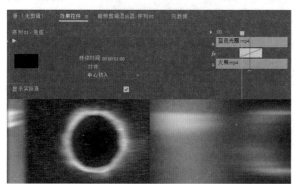

图8-24

8.2.2

划像类视频过渡效果

划像类视频过渡效果主要以几何图形的伸展为表现形式，素材B在图形逐渐变化的基础上覆盖素材A，其中包含交叉划像、圆划像、盒形划像和菱形划像，如图8-25所示。

常用的视频过渡效果解析如下。

图8-25

交叉划像

"交叉划像"效果是素材B呈十字形出现，并逐渐扩大，最终覆盖素材A，如图8-26所示。

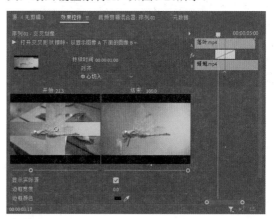

图8-26

圆划像

"圆划像"效果是素材B以圆形出现，并逐渐扩大，最终覆盖素材A，如图8-27所示。

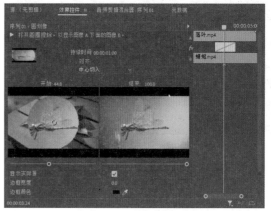

图8-27

8.2.3

擦除类视频过渡效果

擦除类视频过渡效果是指以不同的抹擦形式让素材B逐渐出现并覆盖素材A，其中包含Inset、划出、双侧平推门、带状擦除、径向擦除等16种过渡效果，如图8-28所示。

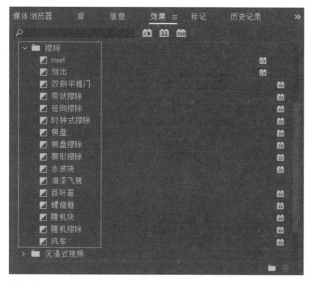

图8-28

常用的视频过渡效果解析如下。

划出

"划出"效果是指素材A的画面显示范围从左向右逐渐减少，素材B的画面显示范围从左向右逐渐增加，直到素材A完全消失，素材B全部显示，如图8-29所示。

图8-29

双侧平推门

"双侧平推门"效果是指素材A从中间向两侧移动，逐渐显示出素材B，如图8-30所示。

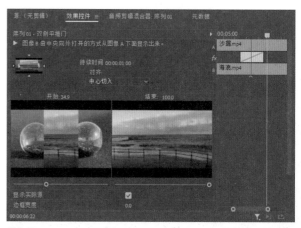

图8-30

径向擦除

"径向擦除"效果是指素材B以画面的中心为中心，以顺时针抹除的形式代替素材A，如图8-31所示。

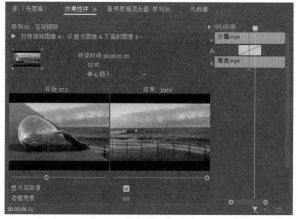

图8-31

时钟式擦除

"时钟式擦除"效果是指素材B从画面中心以顺时针的方向擦除素材A，直到素材B完全显示，如图8-32所示。

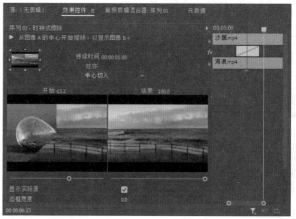

图8-32

油漆飞溅

"油漆飞溅"效果是指素材B以油漆滴溅的形式逐渐显示，直到完全代替素材A，如图8-33所示。

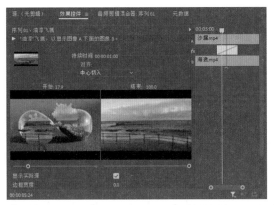

图8-33

随机擦除

"随机擦除"效果是指素材A以随机小方块的形式从上到下逐渐被素材B擦除，直到素材B全部显示，如图8-34所示。

图8-34

8.2.4 沉浸式视频类视频过渡效果

沉浸式视频类视频过渡效果用于使素材A到素材B以沉浸的方式过渡，其中包含VR光圈擦除、VR光线、VR渐变擦除、VR漏光、VR球形模糊、VR色度泄漏、VR随机块和VR默比乌斯缩放8种过渡效果，如图8-35所示。

图8-35

沉浸式视频类视频过渡效果在"效果控件"面板将不再以素材A和素材B的形式显示预览图，因此，为了对比过渡效果，以下讲解将使用素材1和素材2的画面进行演示，如图8-36所示。

素材1　　　　　　　素材2

图8-36

常用的视频过渡效果解析如下。

VR光线

"VR光线"效果是指在画面中间位置出现一束光，随后光线铺满整个画面，在此过程中完成从素材A到素材B的过渡，如图8-37所示。

图8-37

VR漏光

"VR漏光"效果以炫光作为过渡媒介，完成素材A到素材B的过渡，如图8-38所示。

图8-38

VR色度泄漏

"VR色度泄漏"效果以素材A中最亮的部分作为颜色泄漏的主要位置，在颜色改变的过程中完成过渡，如图8-39所示。

图8-39

VR默比乌斯缩放

此过渡效果是指素材B以莫比乌斯带的形式逐渐显现，如图8-40所示。

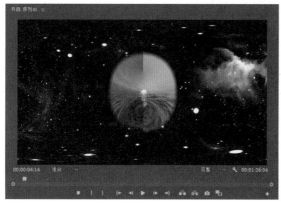

图8-40

◆ 8.2.5

溶解类视频过渡效果

溶解类视频过渡效果可以自然柔和地从素材A过渡到素材B，此类过渡效果在编辑过程中也较为常用，其中包含MorphCut、交叉溶解、叠加溶解、白场过渡等7种过渡效果，如图8-41所示。

图8-41

常用的视频过渡效果解析如下。

MorphCut

MorphCut仅应用于有演讲者头部特写和静态背景的固定镜头上，在访谈节目中经常会出现演讲者用"嗯""唔"等停顿的情况，如果删掉此部分，画面会出现不连贯的现象，此时可以使用MorphCut对素材进行处理，通过脸部跟踪和插值的组合计算，在删减处形成无缝过渡，让视频内容看起来更加自然。

交叉溶解

"交叉溶解"效果是指将素材A的结尾部分与素材B的开始部分叠加，完成从素材A到素材B的过渡，如图8-42所示。

图8-42

叠加溶解

"叠加溶解"效果是指将素材A结尾部分和素材B开始部分的颜色信息进行融合，过渡过程中画面的亮度和色彩都会发生变化，如图8-43所示。

图8-43

白场过渡

"白场过渡"效果是指素材A淡化为白色,然后再从白色变为素材B,如图8-44所示。

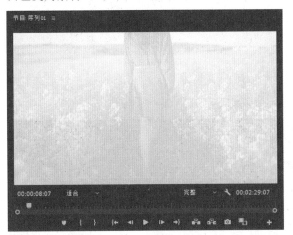

图8-44

黑场过渡

"黑场过渡"效果是指素材A逐渐变为黑色,然后再从黑色过渡到素材B,如图8-45所示。

图8-45

实战进阶:星空穿越转场

重点指数:★★★★★
素材位置: 素材文件\第8章\星空穿越转场
教学视频: 星空穿越转场.mp4
学习要点: 蒙版、关键帧

制作视频转场可以直接用系统自带的过渡效果,也可以根据画面的具体场景结合适合的工具做出具有创意的转场效果。本案例将通过蒙版制作从星空到公路画面的穿梭转场,如图8-46所示。

图8-46

01 双击桌面上的Premiere Pro 2024快捷方式图标 **Pr** ,启动Premiere Pro 2024软件。新建项目后,执行"新建项"→"序列"命令,打开"新建序列"对话框,打开"设置"选项卡,将"编辑模式"设置为"自定义","时基"设置为25帧/秒,"帧大小"设置为1920像素×1080像素,"像素长宽比"设置为"方形像素(1.0)","场"设置为"无场(逐行扫描)",其他参数保持默认,最后单击"确定" **确定** 按钮,如图8-47所示。

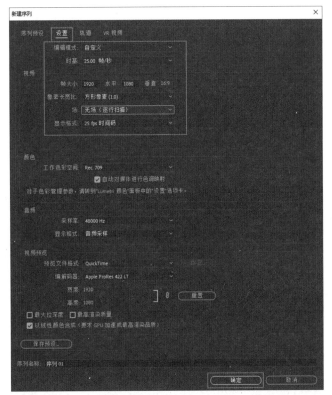

图8-47

02 执行"文件"→"导入"命令,弹出"导入"对话框,选中"星空""行驶"素材,单击"打开" **打开(O)** 按钮,然后将"星空"素材拖至V1轨道,"行驶"素材拖至V2轨道,如图8-48所示。

图8-48

03 选中"行驶"素材,将播放指示器移至开始位置,在"效果控件"面板中单击"创建4点多边形蒙版"按钮,将画面中公路的部分框选出来,然后单击"蒙版路径"前面的"切换动画" 按钮,如图8-49所示。

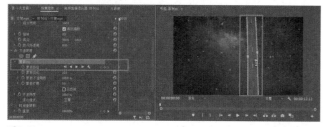

图8-49

04 将播放指示器移至1秒20帧位置,调整蒙版选区的位置,继续框选公路部分,并将"蒙版羽化"设置为70,如图8-50所示。

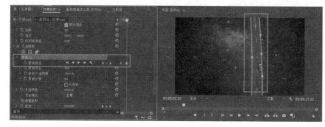

图8-50

05 保持播放指示器位置不动,单击"蒙版扩展"前面的"切换动画" 按钮,然后将播放指示器移至2秒10帧位置,将"蒙版扩展"设置为1150,如图8-51所示。

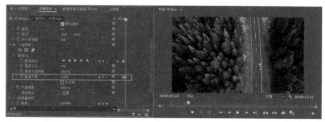

图8-51

06 将背景音乐放在A3轨道并调整至合适位置,星空穿越转场效果制作完成,如图8-52所示。

图8-52

◇ 8.2.6

缩放类视频过渡效果

缩放类视频过渡效果是指利用放大和缩小进行素材之间的过渡。在缩放类视频过渡效果中只有一个"交叉缩放"效果,如图8-53所示。

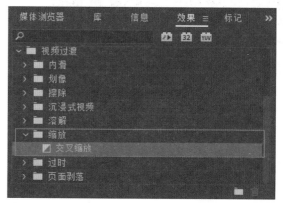

图8-53

交叉缩放

"交叉缩放"效果是指将素材A逐渐放大,将素材B逐渐缩小,在放大和缩小的过程中完成过渡,如图8-54所示。

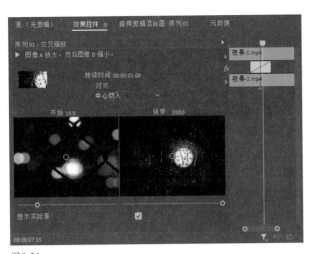

图8-54

💎 8.2.7

过时类视频过渡效果

过时类视频过渡效果不按照表现风格划分，是不常用或者老旧的效果，其中包含渐变擦除、立方体旋转和翻转，如图8-55所示。

常用的视频过渡效果解析如下。

图8-55

渐变擦除

"渐变擦除"效果是指素材A从左上角开始逐渐淡化，直到完全显示素材B，如图8-56所示。

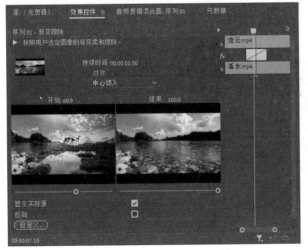

图8-56

💎 8.2.8

页面剥落类视频过渡效果

页面剥落类视频过渡效果能使转场具有三维空间感，表现形式类似翻书的动作，其中包含翻页和页面剥落，如图8-57所示。

常用的视频过渡效果解析如下。

图8-57

页面剥落

"页面剥落"效果是指模拟翻书的动作将素材A翻起，翻起时背面是不可视状态，完全翻过以后显示素材B，如图8-58所示。

图8-58

第9章　视频效果

【本章简介】

视频效果可以为画面增加视觉特性，Premiere Pro中的视频效果根据不同的功能属性分为多个类型。例如，有可以将抖动视频变稳定的稳定器效果，有可以调整色彩使视频更具质感的颜色效果，有可以添加闪电特效的生成效果等。对效果的恰当应用可以使视频更加贴合主题、更具艺术氛围。此外，视频效果还可以配合关键帧根据时间节点做出相应的动作。本章将讲解视频效果的基础应用。

【学习重点】

【达成目标】

熟悉视频效果的基础操作，如添加视频效果、设置视频效果参数、设置视频效果关键帧、删除视频效果等，并了解各类型效果的表现形式，能在以后的剪辑中加以应用。

初识视频效果

9.1

Premiere Pro中有许多视频效果，将其作用于视频画面后可以产生对应的视觉效果。本节主要讲解视频效果的基础应用以及如何保存预设。

9.1.1
添加视频效果

在"效果"面板中选择一个视频效果，将其拖至"时间轴"面板的素材上，就可以将该视频效果应用于此素材，例如，为素材添加"高斯模糊"效果，如图9-1所示。

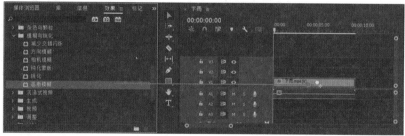

图9-1

除了上述方法，还可以在"时间轴"面板中选中需要添加效果的素材，然后在"效果"面板中双击需要添加的效果，完成添加视频效果的操作，如图9-2所示。

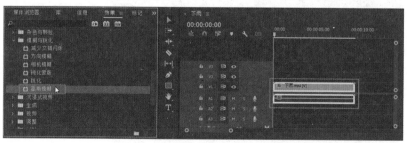

图9-2

9.1.2

设置效果参数

在添加视频效果之后，可以在"效果控件"面板中调整该效果的参数。在"时间轴"面板中选中已经添加效果的素材，然后

图9-3

在"效果控件"面板中单击视频效果前面的"展开" ⟩ 按钮即可看到其参数。例如，给素材添加"高斯模糊"效果后，在"时间轴"面板中选中该素材，就可以在"效果控件"面板中看到其参数，如图9-3所示。

如需更改参数，可以将鼠标指针放在数值上，左右拖动以增加或减小数值，也可以单击数值，直接在数值框中输入精准数值。例如，将"模糊度"设置为50，数值改变前后的对比效果如图9-4所示。

图9-4

9.1.3

设置效果关键帧

在添加视频效果之后，可以通过"切换动画" ⟳ 按钮为效果设置关键帧动画。例如，使用关键帧制作视频从清晰到模糊的过程，先在"时间轴"面板中选中已经添加"高斯模糊"效果的素材，接着将播放指示器移至开始位置，单击"模糊度"前面的"切换动画" ⟳ 按钮，然后将播放指示器向后移动一段距离，修改"模糊度"的数值，这样就完成了一段具有模糊效果的动画，如图9-5所示。

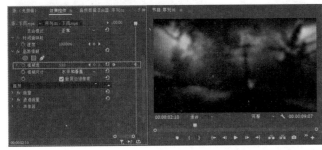

图9-5

知识链接

关于关键帧的用法可以查看6.2节中动画关键帧的操作。

9.1.4

复制效果

在视频编辑过程中通常会有多段素材使用同一个视频效果的情况，如果分别为每个效果设置参数会特别浪费时间，为了提高工作效率可以通过复制的方法为一个或者多个素材添加同样的效果。

首先在"效果控件"面板中选中需要复制的视频效果，然后按快捷键Ctrl+C复制效果，接着在"时间轴"面板中选中一段或者多段素材，按快捷键Ctrl+V粘贴效果，这样就可以完成复制操作，如图9-6所示。

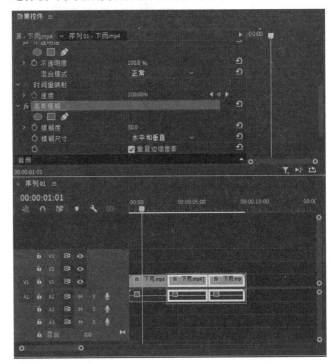

图9-6

9.1.5

禁用和启用效果

给素材添加视频效果以后，有时需要查看添加效果前后的画面对比或者暂时关闭该效果，这时可以通过禁用和启用该效果完成此操作。在"效果控件"面板中单击视频效果前面的"切换效果开关" 𝑓𝑥 按钮即可禁用该效果，如图9-7所示。再次单击"切换效果开关" 𝑓𝑥 按钮即可启用该效果。

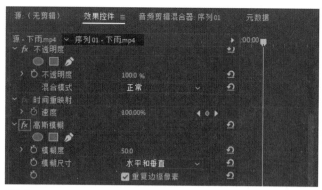

图9-7

9.1.6

删除视频效果

添加视频效果后，如需删除该效果，可以在"效果控件"面板中选中该视频效果，然后单击鼠标右键，在弹出的菜单中选择"清除"命令，将该效果删除，如图9-8所示。

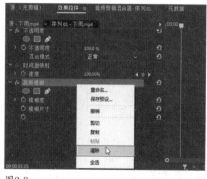

图9-8

> **提示**
> 在"效果控件"面板中选中视频效果后，按Delete键也可以将该效果删除。

如果在一段素材中添加了多个效果，可以单击"效果控件"面板右上角的■按钮，在弹出的菜单中选择"移除效果"命令，如图9-9所示。在打开的"删除属性"对话框中勾选需要删除的视频效果，单击"确定" 确定 按钮即可批量删除，如图9-10所示。

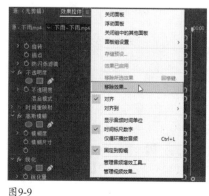

图9-9

图9-10

9.1.7

保存预设效果

在Premiere Pro中可以将平时常用的效果参数保存为预设，保存后预设会在"效果"面板中作为独立的效果存在，使用时直接将其拖至"时间轴"面板的素材上即可。

例如，在"效果控件"面板的"变换"效果中设置了很多常用参数，如需将其保存为预设，可以选中"变换"效果，然后单击鼠标右键，在弹出的菜单中选择"保存预设"命令，如图9-11所示。在弹出的"保存预设"对话框中设置名称后单击"确定" 确定 按钮，如图9-12所示。

保存后，在"效果"面板的"预设"素材箱中即可看到此预设效果，如图9-13所示。

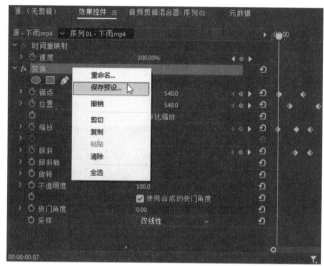

图9-11

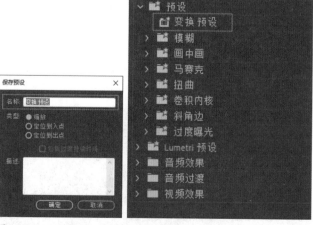

图9-12　　　　图9-13

FX徽章的识别方法

FX徽章是"时间轴"面板中素材上的一个图标，通过该图标可以判断效果的应用状态，FX徽章分为5种状态，分别是灰色、紫色、黄色、绿色和红色下划线，如图9-14所示。

图9-14

如果素材中没有显示FX徽章图标，可以单击"时间轴"面板中的"设置" 按钮打开设置菜单，然后选择"显示效果徽章"命令，如图9-15所示。

灰色：未应用任何效果的素材，FX徽章显示为灰色（默认颜色）。

紫色：应用"效果"面板中的效果，如模糊、变换等。

黄色：对"效果控件"面板的固定效果（如位置、缩放等）做出修改。

绿色：对"效果控件"面板的固定效果（如位置、缩放等）做出修改，并且添加了"效果"面板中的效果。

红色下划线：常规情况下添加"效果"是加到序列素材上，在"效果控件"面板中序列素材的旁边有一个源剪辑选项卡，如图9-16所示，如果将效果加到源剪辑上，FX徽章就会出现红色下划线。给一段素材的源剪辑添加效果以后，就算将该素材从序列中删除，添加的效果也依然存在于该素材上，只有将效果从源剪辑选项卡中删除才可以回到初始状态。

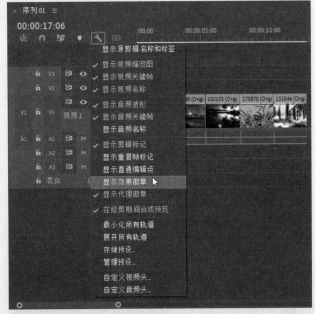

图9-15

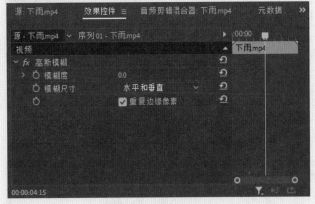

图9-16

知识拓展 **什么是源剪辑？**

源剪辑在之前的版本中也称为主剪辑，是素材片段在"项目"面板中的表现形式，可以理解为导入Premiere Pro的原始素材。源剪辑及其任何组成部分既可以在一个序列中多次使用，也可以在多个序列中同时使用。

9.2 Premiere Pro视频效果

"效果"面板的"视频效果"素材箱中包含许多视频效果，其中有变换、图像控制、实用程序、扭曲、时间、杂色与颗粒等18种不同类型的效果分组，单击各个分组前面的"展开"▶按钮可以看到该分组下的具体视频效果，如图9-17所示。

图9-17

9.2.1

变换类视频效果

应用变换类视频效果可以使画面在二维平面上发生变化，其中包含垂直翻转、水平翻转、羽化边缘、自动重构和裁剪，如图9-18所示。

常用的视频效果解析如下。

图9-18

垂直翻转

应用"垂直翻转"效果可以将画面在垂直方向上翻转，使画面内容上下颠倒，如图9-19所示。

图9-19

水平翻转

应用"水平翻转"效果可以将画面在水平方向上翻转，使画面内容左右颠倒，如图9-20所示。

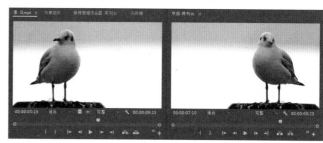

图9-20

裁剪

应用"裁剪"效果可以从上、下、左、右4个方向对画面进行修剪，如图9-21所示。

图9-21

9.2.2
图像控制类视频效果

应用图像控制类视频效果可以使素材的颜色发生改变，其中包含灰度系数校正、颜色替换、颜色过滤、黑白，如图9-22所示。

图9-22

常用的视频效果解析如下。

颜色替换

应用"颜色替换"效果可以将指定颜色替换成新的颜色，"目标颜色"是被替换的颜色，"替换颜色"是替换以后的新颜色，"相似性"用于控制被替换颜色的选取范围。例如，将画面中的紫色花朵替换成红色，如图9-23所示。

图9-23

颜色过滤

应用"颜色过滤"效果可以将指定颜色以外的画面颜色转换成灰度，通过吸管工具吸取指定颜色，"相似性"用于控制指定颜色的选取范围，如图9-24所示。

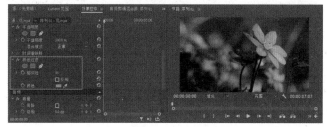

图9-24

黑白

应用"黑白"效果可以将彩色画面转换成灰度画面，如图9-25所示。

图9-25

9.2.3
实用程序类视频效果

应用实用程序类视频效果可以控制色彩的转换，其中只包含"Cineon转换器"效果，如图9-26所示。

图9-26

Cineon转换器

应用"Cineon转换器"效果后，可在"效果控件"面板中设置"转换类型""内部黑场""内部白场""灰度系数"等选项，如图9-27所示。其中"转换类型"包含"线性到对数""对数到线性""对数到对数"3种。

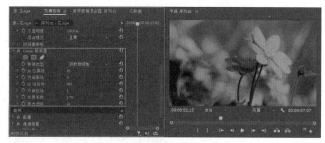

图9-27

9.2.4
扭曲类视频效果

应用扭曲类视频效果可以使画面扭曲变形，产生不规则的变化，其中包含偏移、变形稳定器、变换、放大等12种视频效果，如图9-28所示。

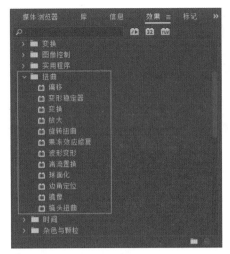

图9-28

在介绍扭曲类视频效果时，为了方便查看添加效果后的差异，以图9-29作为添加视频效果前的原始素材。

图9-29

常用的视频效果解析如下。

变形稳定器

应用"变形稳定器"效果可以消除因摄像机摇晃造成的画面抖动问题，使手持拍摄的素材更为稳定、流畅，添加此效果之后会在后台自动分析，如图9-30所示。

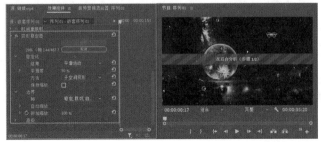

图9-30

变换

应用"变换"效果可以调整素材的锚点、位置、缩放、倾斜等参数，如图9-31所示。

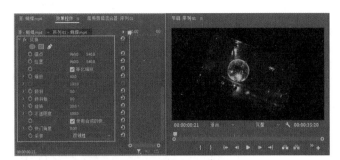

图9-31

> **提示**
>
> "变换"效果与"效果控件"面板中的固定效果有部分重复选项，两者的区别在于固定效果只对素材本身起作用，而如果将"变换"效果添加至调整图层，"变换"参数的修改会直接影响调整图层下面的素材。

放大

应用"放大"效果可以对局部或者整体画面进行放大，类似于在画面中放置一个放大镜，如图9-32所示。

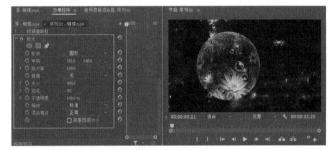

图9-32

湍流置换

应用"湍流置换"效果可以使画面呈现出不规则的扭曲状态，置换类型包含湍流、凸出、扭转，如图9-33所示。

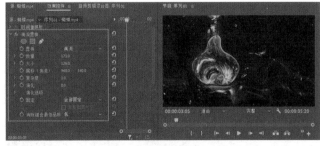

图9-33

边角定位

应用"边角定位"效果可以控制画面4个顶点的位置，在"效果控件"面板中可以调整4个顶点的坐标，从而改变素材的位置和透视效果，如图9-34所示。

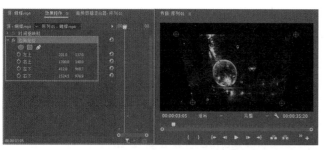

图9-34

镜像

应用"镜像"效果可以使画面沿一条线对称翻转，如图9-35所示。

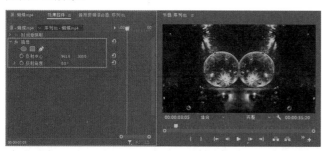

图9-35

时间类视频效果

时间类视频效果有两种，分别是抽帧和残影，如图9-36所示。

常用的视频效果解析如下。

图9-36

抽帧

应用"抽帧"效果可以手动调整视频的帧速率，如图9-37所示。

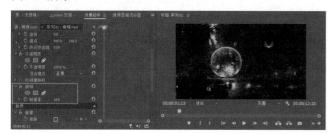

图9-37

杂色与颗粒类视频效果

杂色与颗粒类视频效果只包含"杂色"效果，如图9-38所示。

图9-38

杂色

应用"杂色"效果可以给视频画面添加杂乱不纯的混色颗粒，如图9-39所示。

图9-39

模糊与锐化类视频效果

应用模糊与锐化类视频效果可以调整素材的模糊度和锐度，其中包含减少交错闪烁、方向模糊、相机模糊、钝化蒙版、锐化和高斯模糊，如图9-40所示。

常用的视频效果解析如下。

图9-40

方向模糊

应用"方向模糊"效果可以设置模糊的方向和模糊长度，使画面具有运动趋势，如图9-41所示。

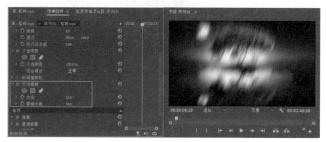

图9-41

锐化

应用"锐化"效果可以增加画面的锐度，使画面在一定程度上更加清晰，如图9-42所示。

图9-42

高斯模糊

应用"高斯模糊"效果可以使画面模糊、柔和，还可消除画面中的杂色，如图9-43所示。

图9-43

9.2.8
沉浸式视频类视频效果

沉浸式视频类视频效果主要用于全景视频和VR视频，常规视频也可以使用但不能发挥其最大的作用。该类视频效果中包含VR分形杂色、VR发光、VR平面到球面、VR投影等11种效果，如图9-44所示。

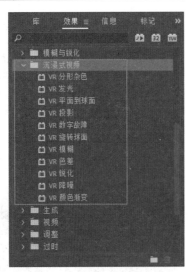

图9-44

在介绍沉浸式视频类视频效果时，为了方便查看添加效果后的差异，以图9-45作为添加视频效果前的原始素材。

图9-45

常用的视频效果解析如下。

VR分形杂色

应用"VR分形杂色"效果可以给视频添加不规则的杂色效果，通过设置"分形类型""对比度""亮度"等参数进行调整，如图9-46所示。

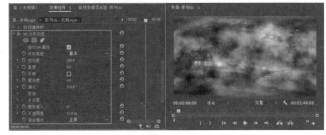

图9-46

VR发光

应用"VR发光"效果可以在画面的高光位置添加发光效果，通过设置"亮度阈值""发光半径""发光亮度"等参数调整发光状态，如图9-47所示。

图9-47

VR投影

应用"VR投影"效果可以实现三轴视频旋转，还可以在序列中匹配不同的分辨率和立体/单像布局，如图9-48所示。

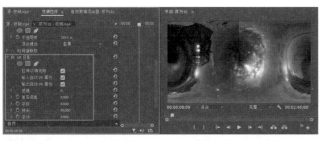

图9-48

VR色差

应用"VR色差"效果可以使画面中的红色、绿色、蓝色分离，形成RGB颜色分离故障的效果，如图9-49所示。

图9-49

VR降噪

应用"VR降噪"效果后可设置"杂色类型"和"杂色级别"，使画面变得更加平滑柔和，如图9-50所示。

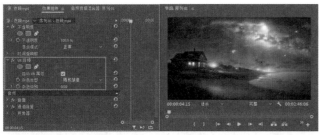

图9-50

◈ 9.2.9
生成类视频效果

应用生成类视频效果可以在原有素材的基础上生成新的效果元素，其中包含四色渐变、渐变、镜头光晕和闪电，如图9-51所示。

常用的视频效果解析如下。

图9-51

镜头光晕

应用"镜头光晕"效果可以模拟强光投射到摄像机镜头上而产生的光晕，如图9-52所示。

图9-52

闪电

应用"闪电"效果可以模拟雷雨天的闪电效果，如图9-53所示，使用"效果控件"面板内的选项可以调整闪电的位置、颜色、大小等。

图9-53

◈ 9.2.10
视频类视频效果

应用视频类视频效果可以使团队成员在协同工作时掌握更多的信息，其中包含SDR遵从情况、元数据和时间码预烧、简单文本，如图9-54所示。

图9-54

常用的视频效果解析如下。

SDR遵从情况

应用"SDR遵从情况"效果可以将HDR媒体转换成SDR，可以调整亮度、对比度和软阈值，如图9-55所示。

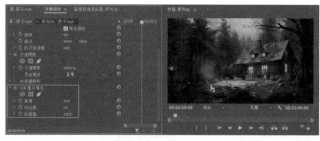

图9-55

元数据和时间码预烧

应用"元数据和时间码预烧"效果可以在画面上显示素材的名称、格式、实时时间码等详细信息，方便其他创作参与者获取信息，如图9-56所示。

图9-56

💎 9.2.11

调整类视频效果

应用调整类视频效果可以对画面的亮度、对比度等参数进行调整，其中包含ProcAmp、光照效果、提取和色阶，如图9-57所示。

常用的视频效果解析如下。

图9-57

光照效果

应用"光照效果"效果可以创建5种光照类型，模拟不同环境照明氛围，如图9-58所示。

图9-58

色阶

应用"色阶"效果可以分通道调整输入和输出的黑白色阶以及灰度系数，如图9-59所示。

图9-59

💎 9.2.12

过时类视频效果

过时类视频效果是不常用或者老旧的效果，其中包含RGB曲线、RGB颜色校正器、三向颜色校正器、中间值（旧版）、书写等多种效果，如图9-60所示。

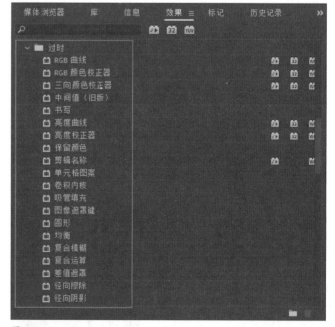

图9-60

在介绍过时类视频效果时，为了方便查看添加效果后的差异，以图9-61作为添加视频效果前的原始素材。

图9-61

常用的视频效果解析如下。

RGB曲线

该效果类似传统的调色控件，可用于调整主要、红色、绿色、蓝色的曲线，如图9-62所示。

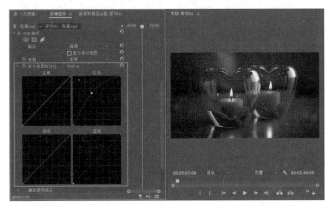

图9-62

中间值（旧版）

应用该效果将指定半径内的周围像素亮度平均值来替换中心像素，起到模糊虚化、去除杂色等作用，如图9-63所示。

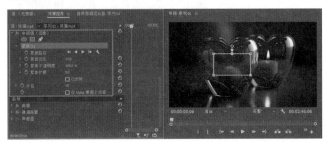

图9-63

书写

应用该效果可以直接在"节目"面板绘制笔触动画，如图9-64所示。

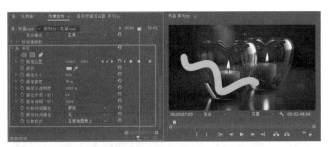

图9-64

保留颜色

应用该效果可以保留指定颜色，指定颜色以外的内容则转换成灰度画面，如图9-65所示。

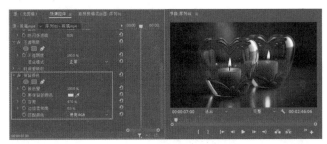

图9-65

径向擦除

应用该效果可以指定擦除中心点，并围绕此中心点以顺时针、逆时针或者顺逆双向进行擦除，被擦除的部分会显示其下层素材，如图9-66所示。

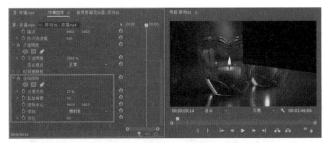

图9-66

更改颜色

应用该效果可以通过调整色相、亮度、饱和度更改指定颜色，如图9-67所示。

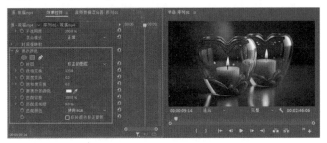

图9-67

油漆桶

应用该效果可以依据颜色、Alpha遮罩和不透明度为画面填充指定颜色，如图9-68所示。

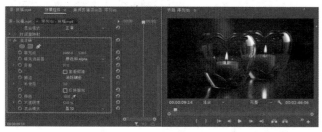

图9-68

浮雕

应用该效果可以使画面呈现浮雕状态，可以调整方向、起伏、对比度、与原始图像混合，如图9-69所示。

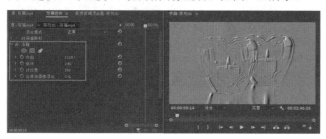

图9-69

网格

应用该效果可以在画面中生成网格元素，调整混合模式可改变网格与原画面的混合方式，如图9-70所示。

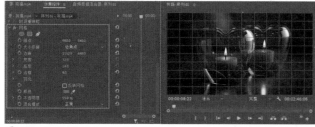

图9-70

自动色阶

该效果可用于减少黑色像素和白色像素，以调整素材的色阶，如图9-71所示。

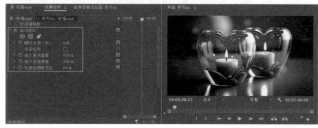

图9-71

边缘斜面

应用该效果可以生成具有立体感的画面边缘，如图9-72所示。

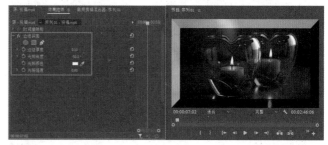

图9-72

颜色平衡（HLS）

应用该效果可以调整素材的色相、亮度和饱和度，如图9-73所示。

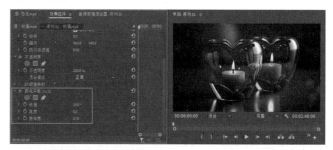

图9-73

💎 9.2.13

过渡类视频效果

过渡类视频效果的作用与视频过渡效果类似，应用该类效果时，主要通过对"过渡完成"参数添加关键帧完成画面之间的转场，其中包含块溶解、渐变擦除和线性擦除，如图9-74所示。

常用的视频效果解析如下。

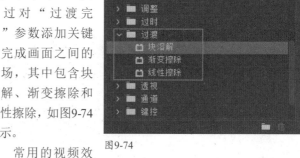

图9-74

渐变擦除

该效果可以使画面逐渐消失或出现，如图9-75所示。

图9-75

线性擦除

应用该效果可以在指定方向使素材以擦除的形式消失或者出现，如图9-76所示。

图9-76

◈ 9.2.14

透视类视频效果

透视类视频效果主要用于为二维画面增添立体感，其中包含基本3D、投影，如图9-77所示。

图9-77

基本3D

应用该效果可以在3个维度调整画面，分别是旋转（x轴）、倾斜（y轴）、与图像的距离（z轴），可用于制作简单的3D效果，如图9-78所示。

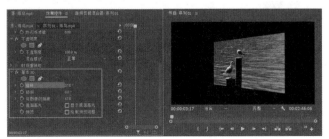

图9-78

投影

应用该效果可以给素材添加投影，可以调整投影的颜色、方向、距离等参数，效果如图9-79所示。

图9-79

◈ 9.2.15

通道类视频效果

通道类视频效果用于调整画面的颜色信息，其中只有"反转"1种效果，如图9-80所示。

图9-80

反转

通过设置该效果的"声道"选项可以得到不同风格的颜色效果，如图9-81所示。

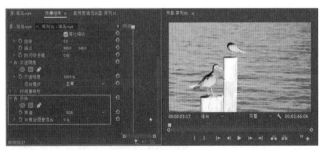

图9-81

◈ 9.2.16

键控类视频效果

键控类视频效果主要用于视频抠像和场景合成，其中包含Alpha调整、亮度键、超级键、轨道遮罩键和颜色键，如图9-82所示。

图9-82

常用的视频效果解析如下。

超级键

该效果用于将指定颜色的像素设置为透明区域，是影视特效合成的重要抠图工具，如图9-83所示。

图9-83

轨道遮罩键

使用该效果时需要在"时间轴"面板排列上下两层素材，"轨道遮罩键"可以根据上层轨道素材的亮度信息或者Alpha通道形成遮罩，遮罩用于控制下层素材的显示范围，在遮罩素材中白色区域会完全显示下层素材对应的区域，黑色区域会完全盖住下层素材对应的区域，而灰色区域则是半透明的，如图9-84所示。

图9-84

颜色键

应用该效果可以抠除所有与指定颜色相近的画面像素，被抠除部分为透明区域，如图9-85所示。

图9-85

实战进阶：绿幕实景合成

重点指数：★★★★★
素材位置：素材文件\第9章\绿幕实景合成
教学视频：绿幕实景合成.mp4
学习要点：超级键、投影、RGB曲线

本案例将结合所学知识制作绿幕实景合成的场景，案例效果如图9-86所示。

图9-86

01 双击桌面上的Premiere Pro 2024快捷方式图标 Pr，启动Premiere Pro 2024。新建项目后，执行"新建项"→"序列"命令，打开"新建序列"对话框，打开"设置"选项卡，将"编辑模式"设置为"自定义"，"时基"设置为25帧/秒，"帧大小"设置为1920像素×1080像素，"像素长宽比"设置为"方形像素（1.0）"，"场"设置为"无场（逐行扫描）"，其他参数保持默认，最后单击"确定" 确定 按钮，如图9-87所示。

02 执行"文件"→"导入"命令，弹出"导入"对话框，选中"恐龙"、"树林"和"火"素材，单击"打开" 打开(O) 按钮，然后将"树林"素材拖至V1轨道，"恐龙"素材拖至V2轨道，如图9-88所示。

03 抠除"恐龙"素材的绿幕背景，给"恐龙"素材添加"超级键"效果，然后单击吸管工具 🖊，吸取画面中任意位置的绿色，如图9-89所示。

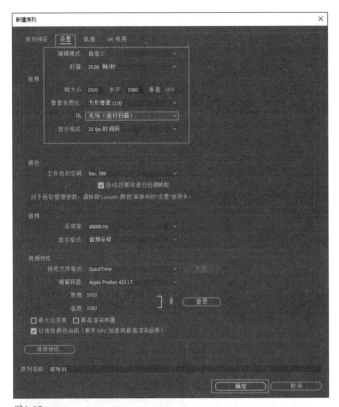

图9-87

图9-88

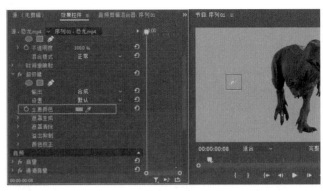

图9-89

04 调整"恐龙"素材的位置，将"位置"设置为565，615。然后给"恐龙"素材添加"投影"效果，为恐龙元素制作脚底阴影效果，将"不透明度"设置为70%，"方向"设置为180，"距离"设置为32，"柔和度"设置为20，最后使用"投影"效果中的"创建4点多边形蒙版"将恐龙脚部框选，并将"蒙版羽化"设置为90，如图9-90所示。

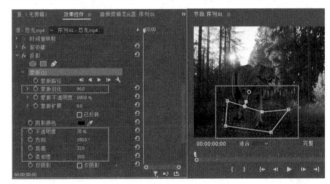

图9-90

05 将"火"素材拖至V3轨道，在"效果控件"面板中将"混合模式"设置为"排除"，"不透明度"设置为70%，"位置"设置为960,640，如图9-91所示。

图9-91

06 对画面整体进行调整。创建"调整图层"并将其拖至V4轨道，添加"RGB曲线"效果，然后将"主要"曲线调整成类似"S"的形状，如图9-92所示。最终效果，如图9-93所示。

图9-92

图9-93

💎 9.2.17

颜色校正类视频效果

颜色校正类视频效果主要用于对素材颜色进行调整，其中包含ASC CDL、Brightness&Contrast、Lumetri颜色、色彩、视频限制器等6种视频效果，如图9-94所示。

常用的视频效果解析如下。

Lumetri颜色

该效果是Premiere Pro主推的功能强大的调色控件，提供了专业的颜色分级和颜色校正工具，其中包含基本校正、创意、曲线、色轮和匹配、HSL辅助、晕影，如图9-95所示。

图9-94

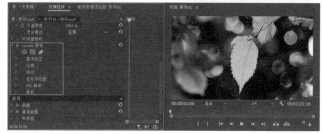

图9-95

色彩

该效果用于改变画面的颜色信息，可根据像素的亮度值确定映射到的颜色，"将黑色映射到"和"将白色映射到"选项用于确定明暗像素对应的颜色，"着色量"用于指定该效果的强度，如图9-96所示。

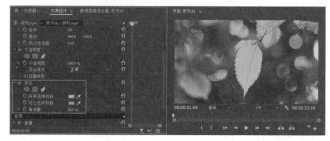

图9-96

💎 9.2.18

风格化类视频效果

风格化类视频效果主要用于在原视频的基础上改变画面的风格，其中包含Alpha发光、复制、彩色浮雕、查找边缘、画笔描边、粗糙边缘、色调分离等9种视频效果，如图9-97所示。

常用的视频效果解析如下。

图9-97

Alpha发光

应用该效果可以在带有Alpha通道的素材的边缘添加发光元素，如图9-98所示。

图9-98

彩色浮雕

应用该效果可以锐化画面中物体的边缘，但不会改变画面的原始颜色，如图9-99所示。

图9-99

查找边缘

应用该效果可以识别画面中物体的边缘等有明显过渡的区域,对其进行勾勒后用线条表示,如图9-100所示。

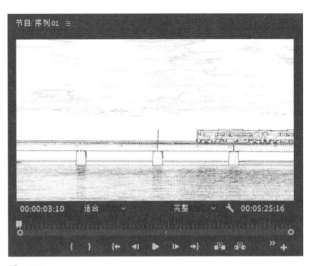

图9-100

马赛克

应用该效果会使画面内容块状化,每一块都会用本块内所有颜色的平均色进行填充,如图9-101所示。

图9-101

第10章 音频编辑

【本章简介】

20世纪20年代，人们进入有声电影的时代，从此声音在电影中就有着不可估量的作用。在当下的视频中，声音更是不可替代的元素，在氛围渲染、情绪表达、感情刻画、节奏把控等方面有很大作用。

在Premiere Pro中，音频可以分为3种：人物声音、背景音乐和音效。人物声音是内容表述的重要组成部分；背景音乐可以强化主题、烘托氛围；音效能够增强画面的真实性，使观众有代入感。在Premiere Pro中可以将多种声音通过多轨道编辑与画面进行匹配，从而实现画面、文字、声音等多种元素融于一体的视频作品。本章将介绍音频的基础知识和音频的实际应用，其中包括：常用音频工具、"基本声音"面板、音频效果和音频过渡效果等。

【达成目标】

理解与音频相关的参数概念，能够掌握音频的常规操作，如音量调整、音频剪辑、旁白录制、音频降噪、音频效果的使用等。

数字化声音

10.1

在数字化声音出现之前，声音以普通磁带、唱片等作为载体，这种通过物理手段保存的信号称为模拟信号。数字化声音就是将模拟信号转变成数字信号，从而能直接在计算机中对声音进行存储、编辑、播放等操作。在数字信号中，采样率和比特率是影响音频质量的重要参数。

10.1.1

采样率和比特率

　　所有声音都是有波形的，数字信号就是在原有模拟信号的波形上每隔一段时间进行一次采样，为每一个采样点赋予一个数值，从而得到一系列不连续的点，这些点就记录了模拟信号的变化情况。在单位时间内采样的次数称为采样率，采样率越高声音就越真实，音质也就越好，最常用的采样率是44.1kHz，代表每秒采样44100次，低于这

图10-1

个值声音会有明显的损失。在"新建序列"对话框内的"采样率"下拉列表中可以选择32 kHz、44.1 kHz、48 kHz、88.2kHz、96kHz，如图10-1所示。

　　声音有大有小，声波的振幅会影响声音响度，在数字声音中用比特率对波形振幅进行精准描述，比特率代表信号的传输速率，也就是每秒钟能传输多少音频信息，比特率越高声音的动态范围就越大，声音细节就越丰富。

10.1.2
音频格式解析

音频格式是指用于存放音频数据的文件的格式，目前音频格式分为有损压缩和无损压缩两种，不同格式的音频在音质表现上有很大的差异，常用的音频格式有以下几种。

WAV

WAV是最原始的、没有经过任何压缩处理的文件格式，属于无损格式，缺点是这种格式文件太大，储存时占据空间太多。

MP3

MP3是最常用的音乐格式，是基于MPEG-1国际压缩标准进行压缩的。MP3格式是一种有损压缩的格式，压缩系数很高，但是音质却没有损失太多。

AIFF

AIFF格式和WAV非常相像，在大多数的音频编辑软件中都支持，AIFF是macOS的标准音频格式，属于QuickTime技术的一部分。

APE

APE是一种无损压缩的格式，使用这种格式可以把100M的WAV格式的音乐压缩成50M，而音质没有任何损失。

AAC

AAC是由Fraunhofer IIS、Dolby和AT&T等公司共同开发的一种音频格式。AAC格式比MP3格式更先进，是基于MPEG-2国际压缩标准进行压缩的，比MP3的压缩系数更高，声音的保真度也更好。

音频的基础操作

10.2

音频的基础操作是指将音频素材导入"项目"面板以后，为音频添加效果之前的准备工作，包括预览音频素材、裁剪和移动音频素材、音轨添加和删除等操作。

10.2.1
预览音频素材

将音频素材导入"项目"面板以后，选中该素材就可以在预览区域查看素材的名称、格式、时长、采样率等信息，如图10-2所示。

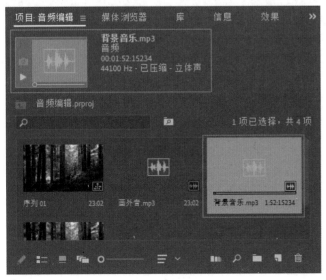

图10-2

提示

如果没有预览区域，单击"项目"面板的 ☰ 按钮，在弹出的菜单中选择"预览区域"命令即可。

预览音频素材有两种方式。第一种是在"项目"面板中双击音频素材，即可在"源"面板显示音频的波形信息，按键盘的空格键即可播放或者暂停，如图10-3所示。

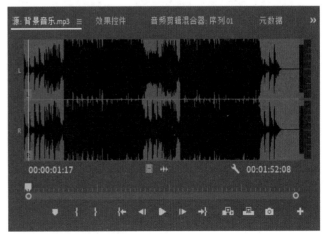

图10-3

第二种预览方式是直接将音频素材拖至"时间轴"面板，同样按键盘的空格键即可播放或者暂停，如图10-4所示。

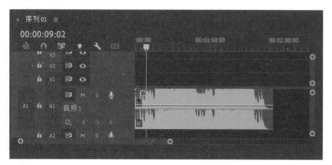

图10-4

💎 10.2.2
裁剪和移动音频素材

将音频素材拖至"时间轴"面板后，可以使用"剃刀工具"🔪或者"选择工具"▶对素材进行裁剪，如图10-5所示。

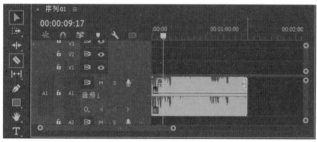

图10-5

在"项目"面板中双击音频素材后，在"源"面板也可以使用"标记入点"和"标记出点"选择素材，如图10-6所示。确定好素材的选取范围后直接将其拖至"时间轴"面板即可。

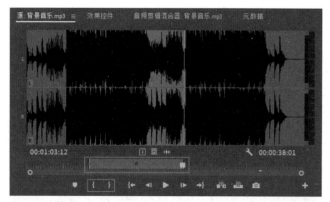

图10-6

在"时间轴"面板移动素材，可以选择"选择工具"▶，然后左右拖动素材，如图10-7所示。

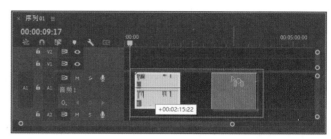

图10-7

知识链接
当素材中的音频和视频需要单独调整时，可以参考5.4.5小节中讲解的取消音频和视频链接的内容。

💎 10.2.3
音轨添加和删除

在Premiere Pro中可以将不同作用的音频放在不同的轨道，方便音频的调整和管理。在音频轨道的轨道头区域右侧的空白处单击鼠标右键，在弹出的菜单中选择"添加单个轨道"命令，即可添加音频轨道，如图10-8所示。

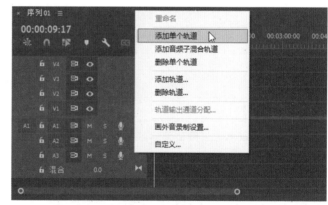

图10-8

如果需要删除某条音频轨道，可以在该轨道的轨道头区域右侧的空白处单击鼠标右键，在弹出的菜单中选择"删除单个轨道"命令，如图10-9所示。

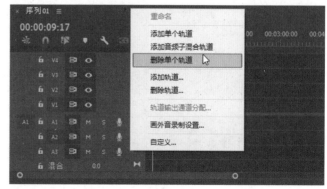

图10-9

10.2.4

音频轨道类型

在添加轨道时可选择多种类型的轨道。在轨道头区域右侧空白处单击鼠标右键，在弹出的菜单中选择"添加轨道"命令，在"添加轨道"对话框中的"轨道类型"下拉列表中包含标准、5.1、自适应、单声道和立体声5种轨道类型，如图10-10所示。

标准

标准轨道代替了旧版本的立体声轨道，可以同时容纳单声道和立体声的音频素材，是最常用的音频轨道类型。

图10-10

5.1

5.1轨道包含3条前置音频声道（左声道、中置声道、右声道）、2条后置或者环绕音频声道（左声道和右声道）和通向低音炮扬声器的低频效果（Low Frequency Effect，LFE）音频声道。

自适应

自适应轨道只能放置单声道、立体声和自适应素材，自适应的声道数在1~32个之间，对处理多轨道音频非常有用。

单声道

单声道轨道包含一个音频通道，如果将立体声音频素材放到单声道轨道中，立体声音频通道会被汇总成单声道。

立体声

立体声轨道可以放置双声道音频，包含两个声道（一左一右）的音频。

常用音频工具

10.3

录制旁白和调整声音是剪辑音频时特别常见的操作，本节将讲解如何在Premiere Pro中直接录制旁白，同时会在音量调整的基础上拓展关于音频淡入和淡出的操作方法。

10.3.1

画外音录制

使用Premiere Pro中的画外音录制功能可以直接将语音内容录制到音频轨道上，录制之前要确保计算机可以正常输入声音。执行"编辑"→"首选项"→"音频硬件"→"默认输入"命令，可以选择有效的音频录制设备，如图10-11所示。

图10-11

在"时间轴"面板中单击"画外音录制"🎙️按钮后，"节目"面板会显示倒计时，倒计时结束后开始录制声音，会显示"正在录制"的提示，如图10-12所示。要结束

录音，再次单击"画外音录制"🎙️按钮即可，此时在该音频轨道和"项目"面板会出现新录制的音频素材。

图10-12

提示

在录制时，为了防止出现回声，可以执行"编辑"→"首选项"→"音频"命令，然后勾选"时间轴录制期间静音输入"复选框。

图10-14

10.3.2

设置音频增益和音量

音频增益是指音频素材的输入音量或者电平，使用音频增益可以更改所选音频素材的音量级别。音频增益独立于"音轨混合器"和"时间轴"面板中的输出电平设置，但是其值最终会与轨道电平整合。

首先在"时间轴"面板或者"项目"面板中选中一段音频素材或带有音频的视频素材，然后执行"剪辑"→"音频选项"→"音频增益"命令，弹出"音频增益"对话框，"调整增益值"为0dB时表示保持原始音频素材的音量，大于0时表示增加音量，小于0时表示降低音量，如图10-13所示。当音频增益过大时，可能会出现音频失真的情况。

图10-13

在"时间轴"面板的轨道上可以更直接地设置音量，双击音频素材所在轨道头的空白处可以扩展音频轨道，在音频素材的中间有一条控制线，将其向上拖动是增加音量，向下拖动是降低音量，如图10-14所示。

10.3.3

音频淡入和淡出

音频淡入和淡出是音频编辑中特别常见的操作，淡入是指音乐刚开始播放时音量从0逐渐增加的过程，淡出是指音乐在快结束时音量逐渐降为0的过程。制作音频的淡入和淡出效果需要对音频轨道上的控制线添加关键帧，按住Ctrl键的同时单击控制线可以添加音频关键帧。在音频的头部和尾部分别添加两个关键帧，如图10-15所示。

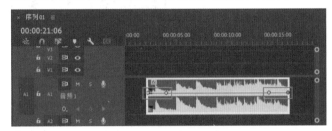

图10-15

将第一个关键帧和第四个关键帧向下拖动，完成音频音量"从无到有→持续→从有到无"的变换过程，如图10-16所示。

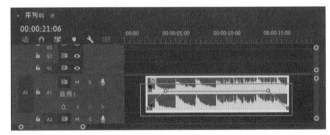

图10-16

10.4 "基本声音"面板

使用"基本声音"面板需要先将工作区切换到"音频"模式工作区状态。该面板是一个将音频的修复技术与混合技术集于一体的面板，可用于统一音量级别、修复声音、提高音频清晰度，以及添加特殊效果等。此面板中还有针对不同音频类型的调整模块，包含对话、音乐、SFX和环境4种，如图10-17所示。

图10-17

◇ 10.4.1
音频自动标记

音频自动标记是Premiere Pro 2024中的功能，它可以自动将音频素材标记为对话、音乐、SFX或环境的其中一种，从而能够使用与该音频最匹配的工具设置音频。操作方法是首先在"时间轴"面板中选中音频素材，然后单击"自动标记"按钮，如图10-18所示。自动标记后"基本声音"面板会自动切换到对应的音频类型设置界面，如果需要修改音频类型可以单击"清除音频类型"按钮，如图10-19所示。如果使用音频自动标记功能识别的音频类型不正确，可以手动选择音频类型。

图10-18   图10-19

◇ 10.4.2
剪辑音量

在选择音频类型后，无论是对话、音乐、SFX或是环境类型的音频，在其设置界面的底部都会有"剪辑音量"控

图10-20

件，使用该控件可以调整所选音频的"级别"和"静音"选项。"级别"用于控制音频素材的音量大小，左右拖动滑块即可调整，分贝值大于0时音量增加，分贝值小于0时音量降低；"静音"用于控制是否将音频素材静音，如图10-20所示。

◇ 10.4.3
对话

"对话"模块主要用于对人声进行调整和修复，如台词、演讲、采访、解说等人声。"对话"模块中包含多种预设和用于人声音频修正的控件，如图10-21所示。

"预设"下拉列表中包含多种不同场景的特定效果，如图10-22所示。

"响度"选项中的"自动匹配"功能用于将一个或多个音频素材的响度统一为符合广播电视行业的标准水平，在"时间轴"面板中选中素材，然后单击"自动匹配"按钮即可，如图10-23所示。

使用"修复"选项中的功能可以减少或消除音频中的杂色、隆隆声、嗡嗡声、齿音和混响，每个选项都可

图10-21

图10-22

185

以使用滑块调整其强度，如图10-24所示。

图10-23　　　　　图10-24

减少杂色

降低背景中不需要的噪声，如脚步声、麦克风噪声、咔嗒声，实际降噪量取决于噪声类型和其他信号可接受的品质损失。

降低隆隆声

降低低于80Hz的超低频噪声，如电动机声、风声等。

消除嗡嗡声

降低或消除50Hz范围或60Hz范围中的单频噪声，如电缆线靠近音频缆线所产生的电子干扰。

消除齿音

降低刺耳的高频"嘶嘶"声，如人在读"S"和"F"时形成的气流声。

减少混响

降低音频内容中的混响，对来源不同的原始录制内容进行处理，让它们发出的声音听起来就像是来自同样的环境。

"透明度"选项中的功能可以提高对话音频的清晰度，其中包括动态、EQ和增强语音，如图10-25所示。

图10-25

动态

压缩或扩展音频的动态范围，使音频内容听起来更集中。

EQ

降低或提高音频中的选定频率，可以从预设列表中选择对应的效果，拖动滑块可以调整预设的强度。

增强语音

可以选择"高音"或"低音"，以恰当的频率增强音频素材。

"创意"选项中提供了针对不同氛围的预设，使用这些预设可以模拟所处的环境，为音频增加空间感，如大厅、教堂、各类房间等，如图10-26所示。

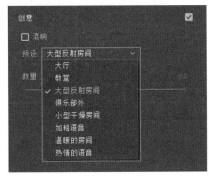

图10-26

基础练习：为音频降噪

重点指数：★★★★★
素材位置：素材文件\第10章\为音频降噪
教学视频：为音频降噪.mp4
学习要点：减少杂色

使用"修复"选项中的"减少杂色"功能对噪声较大的音频做降噪处理。

01 双击桌面上的Premiere Pro 2024快捷方式图标，启动Premiere Pro 2024。新建项目后，执行"新建项"→"序列"命令，打开"新建序列"对话框，打开"设置"选项卡，将"编辑模式"设置为"自定义"，"时基"设置为25帧/秒，"帧大小"设置为1920像素×1080像素，"像素长宽比"设置为"方形像素（1.0）"，"场"设置为"无场（逐行扫描）"，其他参数保持默认，最后单击"确定"　按钮，如图10-27所示。

02 执行"文件"→"导入"命令，弹出"导入"对话框，选中"降噪音频"素材，单击"打开"　按钮，然后将"降噪音频"素材拖至A1轨道，如图10-28所示。

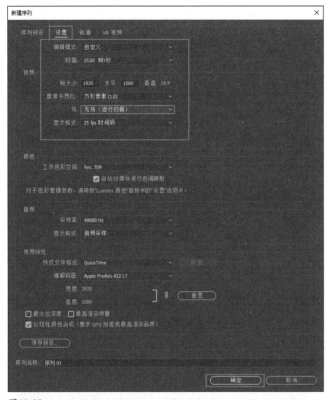

图10-27

图10-28

03 在"时间轴"面板中选中音频素材，单击"自动标记"按钮，如图10-29所示。

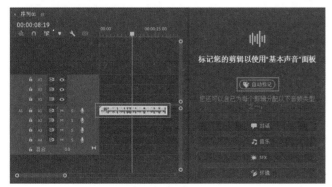

图10-29

04 在"修复"选项中勾选"减少杂色"复选框，如图10-30所示。

图10-30

05 降噪完成，可以根据实际效果调整"减少杂色"的数值，如图10-31所示。

图10-31

💎 10.4.4

音乐

"音乐"模块主要用于对背景音乐进行调整，背景音乐为无人声的纯音乐时调整效果会更佳，在选项中包含多种预设，还可设置响度、持续时间和回避，如图10-32所示。

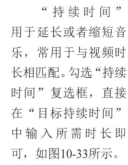

图10-32

"持续时间"用于延长或者缩短音乐，常用于与视频时长相匹配。勾选"持续时间"复选框，直接在"目标持续时间"中输入所需时长即可，如图10-33所示。

"回避"功能用于根据另一个音频的音量来降低当前音频的音量。例如在有人物讲话的素材中，人在讲话时背景音乐自

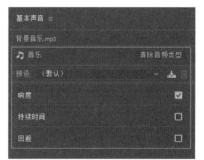

图10-33

动降低音量，在讲话的空隙背景音乐音量适当提高，通过设置回避依据、敏感度、闪避量等参数可以确定回避的

最终效果，如图10-34所示。

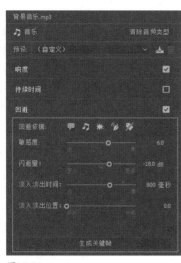

图10-34

回避依据

单击音频类型的图标可以指定触发回避的剪辑类型，包括：对话、音乐、SFX、环境和未标记类型。

敏感度

设置在当前音频素材上触发闪避的阈值，数值越高越敏感。

闪避量

设置当前音频素材音量降低的程度。

淡入淡出时间

用于控制回避触发时音量响应的速度，数值越大音量过渡的时间就越长。

淡入淡出位置

选择当前音频与闪避目标的重叠位置。

生成关键帧

单击此按钮，可以按照所设置的回避参数控制音频关键帧的位置。

基础练习：自动回避人声

重点指数：★★★★★
素材位置：素材文件\第10章\自动回避人声
教学视频：自动回避人声.mp4
学习要点：回避

在音轨中同时有人声和背景音乐时，可能会受到背景音乐的影响听不清人声，此时就可以使用回避功能避免这种情况。

01 双击桌面上的Premiere Pro 2024快捷方式图标 Pr，启动Premiere Pro 2024。新建项目后，执行"新建项"→"序列"命令，打开"新建序列"对话框，打开"设置"选项卡，将"编辑模式"设置为"自定义"，"时基"设置为25帧/秒，"帧大小"设置为1920像素×1080像素，"像素长宽比"设置为"方形像素（1.0）"，"场"设置为"无场（逐行扫描）"，其他参数保持默认，最后单击"确定" 确定 按钮，如图10-35所示。

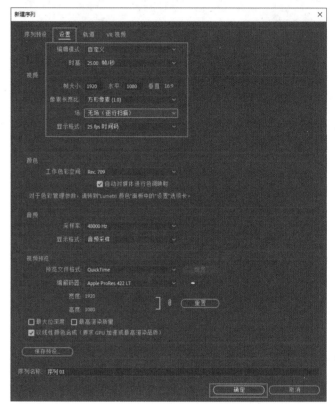

图10-35

02 执行"文件"→"导入"命令，弹出"导入"对话框，选中"背景音乐""画外音"素材，单击"打开" 打开(O) 按钮，然后将"背景音乐"素材拖至A2轨道，将"画外音"素材拖至A1轨道，并将"画外音"素材在人声停顿处断开，如图10-36所示。

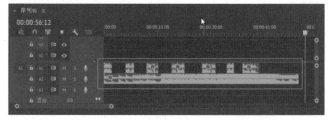

图10-36

03 在"时间轴"面板中选中A1轨道的所有分段素材，然后单击"对话"按钮，如图10-37所示。

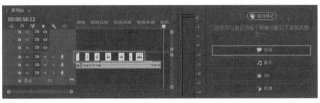

图10-37

04 选中A2轨道的"背景音乐"素材,然后单击"音乐"按钮,并勾选"回避"复选框,如图10-38所示。

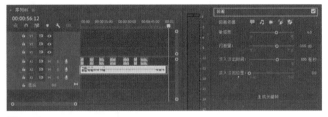

图10-38

05 由于"画外音"素材为对话类型的音频,所以将"回避依据"设置为"对话",并将"敏感度"设置为8,"闪避量"设置为-20,最后单击"生成关键帧"按钮,如图10-39所示。

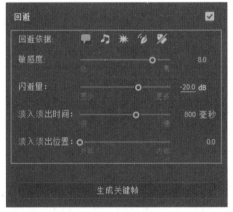

图10-39

自动回避人声设置完成,在"时间轴"面板中自动添加的音频关键帧如图10-40所示。

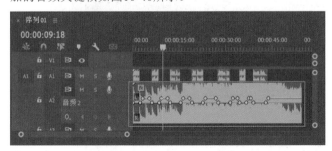

图10-40

SFX

"SFX"模块用于对声音音效(关门声、打斗声以及其他拟声)添加适用于所处环境的预设和混响效果。还可以使用"平移"功能使发声位置向左或向右平移,使其与视频内容匹配,如图10-41所示。

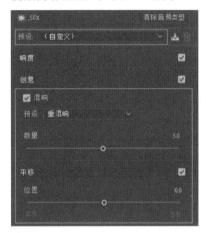

图10-41

◈ 10.4.6

环境

"环境"模块用于营造一种空间感,其声音并不一定与视频中的具体内容完全对应,多数情况下与整个环境和场景契合即可。在"环境"模块中可以选择系统设定的预设和混响,并通过"立体声宽度"调整左右声道的差异,增强立体声效果的存在感,如图10-42所示。

图10-42

音频效果和音频过渡效果

在Premiere Pro中可以为音频素材添加音频效果，使其产生相应的声音变化，也可以在两段不同的背景音乐之间添加音频过渡效果，使音乐过渡更平滑。

💎 10.5.1
音频效果

在"效果"面板的"音频效果"分类中有多种音频效果，使用方法是选中所需音频效果后将其拖至"时间轴"面板的音频素材上，如图10-43所示。

常用的音频效果解析如下。

图10-43

增幅

用于增强或减弱音频信号。

多频段压缩器

该效果用于单独压缩4种不同的频段，由于每个频段通常包含唯一的动态内容，因此多频段压缩器对于音频母带处理是一项强大的工具。

消除齿音

用于去除音频中的"嘶嘶"声。

通道混合器

该效果用于改变立体声或环绕声的平衡。

低通

该效果用于消除高于指定屏蔽度的频率。

高通

该效果用于消除低于指定屏蔽度的频率。

降噪

用于降低或消除音频素材中的噪声。

室内混响

该效果用于模拟各类环境混响效果。

人声增强

该效果用于改善人声音频的质量，以恰当的频率处理人声音频。

立体声扩展器

该效果用于定位和扩展立体声声像，通过增加左右声道的差异，给音频带来更分散或更集中的效果。

音高换挡器

该效果用于改变音频音调，可与母带处理组或效果组中的其他效果结合使用。

音量

音量用于调整音频声音的大小，级别数值大于0代表提高音量，级别数值小于0代表降低音量。

💎 10.5.2
音频过渡效果

音频过渡效果用于实现音频之间的过渡，与视频过渡效果一样，在素材衔接位置也需要留有足够的空间用来过渡，其中包含恒定功率、恒定增益和指数淡化3种音频过渡效果，如图10-44所示。

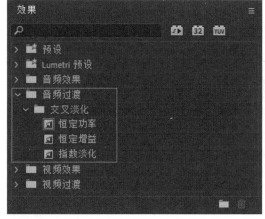

图10-44

恒定功率

恒定功率是Premiere Pro默认的音频过渡效果，其原理是先缓慢降低第一个音频的音量，然后快速接近过渡的末端，对于第二个音频先快速增加音量，然后缓慢地接近过渡的末端。

恒定增益

该效果用于在音频过渡时以恒定速率更改音频进出。

指数淡化

使用该效果可调整对数曲线以进行交叉淡化，在两段音频之间实现比较平滑的过渡效果。

"音轨混合器"面板

10.6

"音轨混合器"面板中的每个音轨调整单元都与活动序列中的音频轨道相对应，通过此面板可以对音频素材进行编辑和实时控制，实现专业级音频项目的制作。

10.6.1

"音轨混合器"面板功能解析

在"音轨混合器"面板中可以实现对整个音频轨道的控制，可以调整声道平衡、音频音量、静音、独奏等，如图10-45所示。

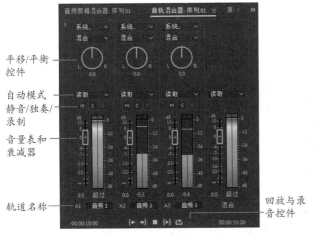

平移/平衡控件
自动模式
静音/独奏/录制
音量表和衰减器
轨道名称
回放与录音控件

图10-45

> **提示**
>
> 如果在"时间轴"面板有多个序列，可以执行"窗口"→"音轨混合器"命令，选择对应的"音轨混合器"面板。

平移/平衡控件

通过调整旋钮指针的方向，可以控制音频在发声时右声道（R）和左声道（L）之间的平衡，如果将指针一直向右拨动，在耳机或者扬声器中就只能在右侧听到声音。

自动模式

在"音轨混合器"面板中有5种不同的自动模式。

关：忽略回放时的轨道设置和现有关键帧。

读取：默认状态，会读取手动设置的关键帧。

写入：记录在回放期间移动音量滑块的动作。

触动：与"写入"模式类似，会记录调整音频滑块的动作，只是在停止调整后，会恢复到以前的状态。

闭锁：与"触动"模式类似，会记录调整动作，停止回放再重新开始，会返回到原始位置。

静音/独奏/录制

单击 M （静音轨道）按钮可将该轨道静音；单击 S （独奏轨道）按钮将只播放该轨道，其他轨道都静音；单击 ■ （启用轨道以进行录制）按钮将音频录制到Premiere Pro中。

音量表和衰减器

上下拖动滑块可以调节该音频的音量大小，音量表的刻度代表音量值。

轨道名称

与"时间轴"面板中的轨道对应，用于识别所调整的轨道，可以自定义名称。

回放与录音控件

按钮从左向右分别是：转到入点 ■、转到出点 ■、播放-停止切换 ■、从入点到出点播放视频 ■、循环 ■、录制 ■。

10.6.2

添加效果

在编辑音频时可以直接在"音轨混合器"面板中添加效果。在"音轨混合器"面板左上角位置单击"显示/隐藏效果和发送"▶按钮，打开隐藏调整区，调整区从上到下分别是：效果、发送、参数设置，如图10-46所示。

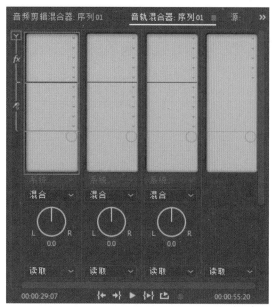

图10-46

在"效果"区单击"效果选择"▫按钮，可以为当前音频添加效果，如图10-47所示。

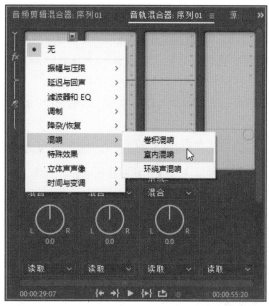

图10-47

💎 10.6.3

调整效果

通过"音轨混合器"面板添加效果后，在"参数设置"区可以调整该效果的参数，每条音轨最多可以添加5个效果。单击"效果"区的效果，在"参数设置"区会切换

为对应效果的参数设置，如图10-48所示。

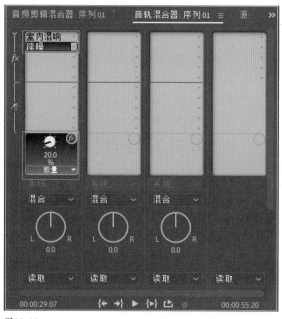

图10-48

💎 10.6.4

关闭和删除效果

在"音轨混合器"面板的"参数调整"区单击"效果开关"▫按钮即可打开或者关闭该效果，如图10-49所示。

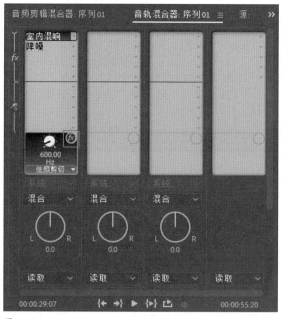

图10-49

如需删除"音轨混合器"面板中的音频效果，在"效果"区单击"效果选择"▫按钮，在弹出的下拉列表中选择"无"选项即可，如图10-50所示。

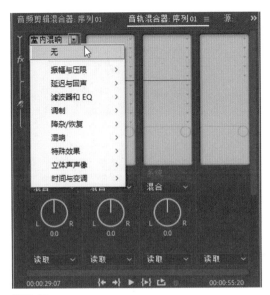

图10-50

实战进阶：制作变声效果

重点指数：★★★★☆
素材位置：素材文件\第10章\制作变声效果
教学视频：制作变声效果.mp4
学习要点：音高换挡器

本案例将讲解如何在"音轨混合器"面板中为音频添加效果，并制作变声效果。

01 双击桌面上的Premiere Pro 2024快捷方式图标，启动Premiere Pro 2024。新建项目后，执行"新建项"→"序列"命令，打开"新建序列"对话框，打开"设置"选项卡，将"编辑模式"设置为"自定义"，"时基"设置为25帧/秒，"帧大小"设置为1920像素×1080像素，"像素长宽比"设置为"方形像素（1.0）"，"场"设置为"无场（逐行扫描）"，其他参数保持默认，最后单击"确定" 按钮，如图10-51所示。

02 执行"文件"→"导入"命令，弹出"导入"对话框，选中"旁白"素材，单击"打开" 按钮，然后将"旁白"素材拖至A1轨道，如图10-52所示。

03 在"音轨混合器"面板的A1轨道中，单击"效果选择" 按钮，在弹出的下拉列表中选择"时间与变调"→"音高换挡器"选项，如图10-53所示。

04 在"参数设置"区拖动旋钮指针将数值调整为1.80，变声效果制作完成，如图10-54所示。

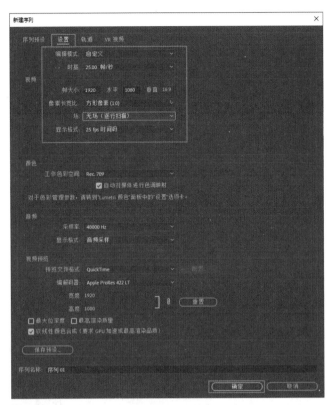

图10-51

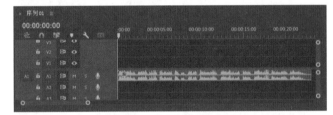

图10-52

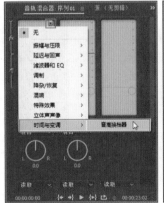

图10-53

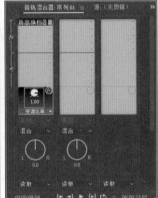

图10-54

第11章

色彩调整

【本章简介】

色彩调整是视频编辑中的必要环节，通过调色可以弥补素材在拍摄时因为各种原因而产生的色彩问题，比如，拍摄的素材过亮或者过暗时可以通过调色技术进行校正，当画面颜色过于平淡时可以提升饱和度使颜色更鲜艳。此外，合理的色彩调整可以增强视觉效果，配合视频内容营造氛围，甚至可以确定一部影片的风格调性。本章将从色彩的基础知识开始，对色彩调整进行全面系统的讲解。

【达成目标】

了解色彩的基础概念，读懂颜色波形图，可以使用 "Lumetri颜色" 面板中的工具对视频进行流程化调色。

色彩的基础概念

在正式进入调色环节之前，需要先了解色彩的基础概念，为后续的调色实践打下基础。本节将以色彩在计算机上的创建原理和直观的色彩表达展开讲解。

11.1.1

RGB 颜色模式

计算机屏幕上的所有颜色都是由红色（R）、绿色（G）和蓝色（B）3种色光按照不同的比例混合而成的，在RGB颜色模式中，红色、绿色、蓝色代表的是3个通道的颜色。

RGB颜色模式是一种加色模式，即：红色+绿色=黄色、红色+蓝色=品红色、绿色+蓝色=青色、红色+绿色+蓝色=白色。这其中又有相邻色和互补色的概念，如红色的相邻色就是黄色和品红色，红色的互补色就是青色。在实际调色过程中相邻色和互补色的应用非常重要，比如，如果需要增加画面中的蓝色，可以通过增加它的相邻色或者减少它的互补色来实现，实际操作就是增加品红色和青色或者减少黄色，如图11-1所示。

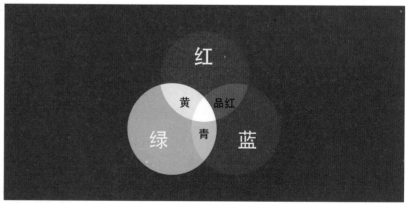

图11-1

11.1.2

HSL 色彩空间

通过RGB颜色模式虽然可以组成任意一种颜色，但是在实际调色中并不直观，比如，需要找出画面中由50%的红色、80%的绿色和60%的蓝色组成的颜色，显然是很难的。这时就需要用到HSL色彩空间更加直接地表达颜色。H、S、L分别代表色相、饱和度、亮度，通过这3种属性的结合就可以精准地指定某种颜色。

色相（H）

色相是颜色的基本属性，代表肉眼能感知的色彩范围，是区别不同颜色信息的重要特征，如图11-2所示。

图11-2

饱和度（S）

饱和度是指色彩的纯度，饱和度越高，色彩越浓，饱

和度越低，色彩越淡，也可以理解为灰色越多，颜色就越淡，如图11-3所示。

图11-3

亮度（L）

亮度是指色彩的明亮程度，亮度越低，色彩越暗，趋近于黑色；亮度越高，色彩越亮，趋近于白色，如图11-4所示。

图11-4

11.2 读懂颜色波形图

使用"Lumetri范围"面板中的颜色波形图可以查看"节目"面板中画面的颜色信息，即使在调色时出现视觉疲劳或者显示器有色差的情况，通过颜色波形图也可以标准、精确地读取色彩信息。常用的颜色波形图有：矢量示波器YUV、分量（RGB）、波形（YC无色度）等。在"Lumetri范围"面板中单击"设置" 按钮，可以选择对应的波形图，如图11-5所示。

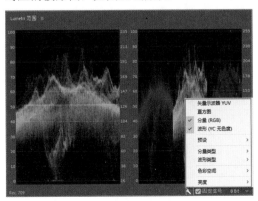

图11-5

11.2.1

矢量示波器YUV

矢量示波器YUV是一个圆形图表，圆形色环代表色相，中心的白色元素用于表示色彩倾斜方向和饱和度，白色元素倾斜的方向就是画面趋近的色相，白色元素距离中心点越远说明该方向的颜色饱和度越高。R和Y1中间的线叫作"肤色线"，在调整人物肤色时可以作为调色参考，如图11-6所示。

图11-6

11.2.2

分量（RGB）

分量（RGB）用于分别显示红色、绿色、蓝色3种波形，将其并排显示可以比较3种通道之间的关系，波形越高的颜色在画面中的信息量就越大，由此可轻易查看画面中的偏色情况，如图11-7所示。

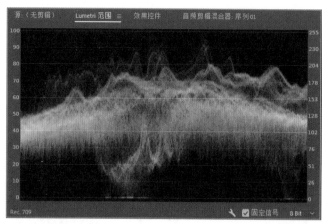

图11-8

11.2.4

波形（YC无色度）

波形（YC无色度）用于实时预览画面中的亮度，波形越高代表对应画面中的亮度越高，如图11-9所示。

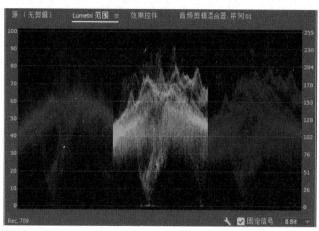

图11-7

11.2.3

波形（RGB）

波形（RGB）可以看作分量图的合体，使用该波形图可以实时预览画面的色彩和亮度信息，如图11-8所示。

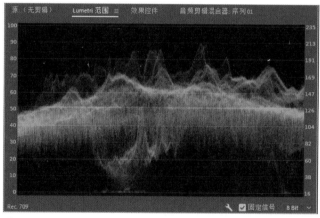

图11-9

11.3 "Lumetri颜色"面板

在"Lumetri颜色"面板中有专业的颜色分级和颜色校正工具，包含基本校正、创意、曲线、色轮和匹配、HSL辅助、晕影6个功能模块，每个部分都有特定的调整功能以满足不同的调色需求，结合使用各模块可以完成一整套的调色流程，如图11-10所示。在调色时需要将工作区切换到"颜色"模式。

图11-10

💎 11.3.1

基本校正

"基本校正"模块中的控件主要用于对视频做初步的颜色校正、曝光调整、亮度修复等，单击"基本校正"前面的"展开" ❯ 按钮，其中包含输入LUT、颜色和灯光3个选项，如图11-11所示。

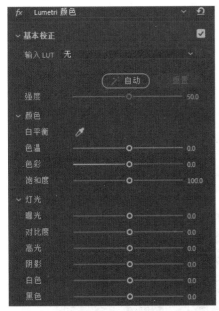

图11-11

输入LUT

在"输入LUT"选项中可以使用LUT为素材做基础的颜色校正，然后再使用其他颜色控件做进一步处理。单击"自动" 按钮，Premiere Pro可以自动调整"颜色"和"灯光"中的选项，为视频做初步的校正处理，左右拖动"强度"滑块可以控制自动调整的强度，如需撤销

自动调整，单击"重置" 按钮即可。

"颜色"选项中的控件主要用于调整画面的白平衡，使视频与实际拍摄场景的环境色相接近。"色温"和"色彩"控件与前文提到的互补色概念有关，在整体画面存在偏色问题时可以通过"如需减少画面中的某种颜色，可增加它的互补色"这一思路进行调整。

白平衡

使用白平衡的吸管工具 ✐，单击画面中的白色或灰色区域，Premiere Pro将自动调整白平衡。

色温

左右拖动"色温"选项的滑块也可以调整白平衡，滑块向左移动可使画面偏冷色，滑块向右移动可使画面偏暖色。

色彩

左右拖动"色彩"选项的滑块可以补偿画面中的绿色和品红色，滑块向左移动可以增加绿色，滑块向右移动可以增加品红色。

饱和度

调整视频中所有颜色的饱和度，滑块向左移动饱和度降低，滑块向右移动饱和度增加。

> ———— 提示 ————
> 使用滑块调整以后如需恢复至初始状态，双击滑块即可。

"灯光"选项中的控件用于调整画面的曝光、对比度、高光和阴影等。

曝光

曝光用于调整画面整体的亮度，滑块向左移动则亮度降低，滑块向右移动则亮度增加。

对比度

对比度用于调整画面中高光和阴影的比值，对比度较高时画面的层次清晰，对比度较低时画面呈现灰蒙蒙的状态。

高光和白色

高光和白色都可用于调整画面中较亮区域的色彩信息，区别在于用高光调整较亮区域的幅度相对较小，会保留较暗区域的细节，用白色调整较亮区域的幅度相对较大，不保留较暗区域的细节。

阴影和黑色

阴影和黑色都可以用于调整画面中较暗区域的色彩信息，区别在于用阴影调整较暗区域的幅度相对较小，会保留最暗区域的细节，用黑色调整较暗区域的幅度相对较大，不保留最暗区域的细节。

知识拓展 什么是LUT？

LUT是颜色查找表（Look Up Table）的缩写，可以简单地将其理解为将设置好的色彩信息进行保存，在以后的使用中可直接套用的预设。LUT又分为校正LUT和创意LUT，校正LUT（各摄像机厂商都有配套的校正LUT）用于将log模式的灰片进行色彩还原，创意LUT用于在基础校正后做风格化处理。

11.3.2
创意

使用"创意"模块中的"Look"选项可以为素材添加风格化LUT，在风格化LUT的基础上还可以调整淡化胶片、锐化、自然饱和度等参数，如图11-12所示。

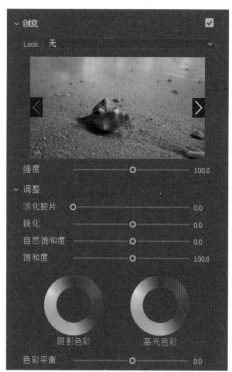

图11-12

Look

使用"Look"选项可以为视频添加创意LUT，使视频的颜色看起来更专业，可以选择Premiere Pro自带的预设LUT，也可自定义LUT。左右拖动"强度"选项的滑块可以调整LUT的应用强度。

淡化胶片

使画面呈现出胶片感。

锐化

调整边缘清晰度，使画面更清晰。向左拖动滑块可以降低边缘清晰度，向右拖动滑块可以增加边缘清晰度。锐化数值不宜过大，适当即可。

自然饱和度

调整自然饱和度时对画面中低饱和度颜色影响较大，对高饱和度颜色影响较小。

饱和度

用于均匀地增加或者降低画面的色彩浓度。

色彩平衡

首先确定"阴影色彩"和"高光色彩"两个区域的色彩偏向，当"色彩平衡"为负数时画面颜色会偏向"高光色彩"中的颜色，当"色彩平衡"为正数时画面颜色会偏向"阴影色彩"中的颜色。

11.3.3
曲线

曲线是非常强大且实用的调色工具，在"曲线"模块中包含"RGB曲线"和"色相饱和度曲线"，如图11-13所示。在"色相饱和度曲线"选项中又包含多种调色曲线。

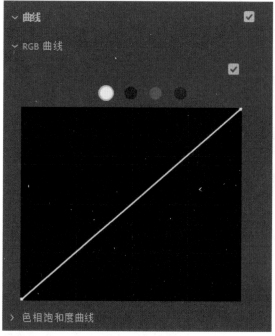

图11-13

RGB曲线

RGB曲线中有4种模式，分别是：RGB模式、红色模式、绿色模式、蓝色模式。

以RGB模式为例，x轴代表画面中的明暗程度，从左到右大致可以分为"阴影区""中间调""高光区"，y轴代表色彩的亮度，从下到上越来越亮。"S"形曲线是常用的曲线形态，用于增强画面的对比度。

色相与饱和度

可通过该曲线选择色相范围并改变其饱和度，如图11-14所示。

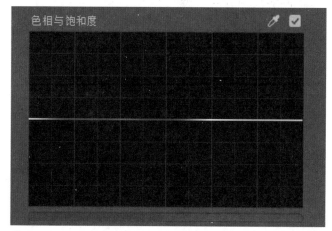

图11-14

色相与色相

选择色相范围并将其更改成其他色相，如图11-15所示。

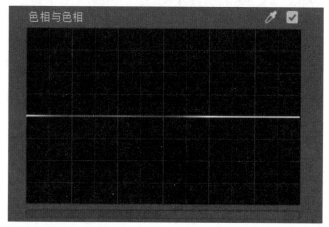

图11-15

色相与亮度

可通过该曲线选择色相范围并改变其亮度，如图11-16所示。

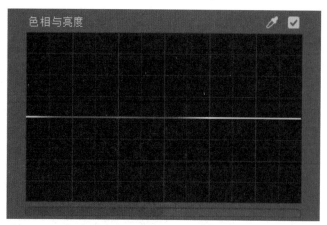

图11-16

亮度与饱和度

可通过该曲线选择亮度范围并改变其饱和度，如图11-17所示。

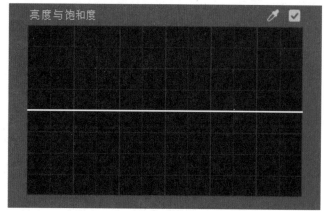

图11-17

饱和度与饱和度

可通过该曲线选择饱和度范围并改变其饱和度，如图11-18所示。

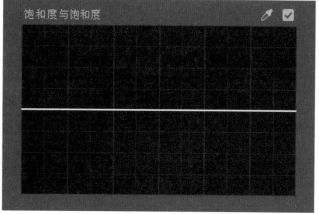

图11-18

11.3.4

色轮和匹配

使用"色轮和匹配"模块中的控件，可以对画面进行颜色匹配和更细致的颜色校正，如图11-19所示。

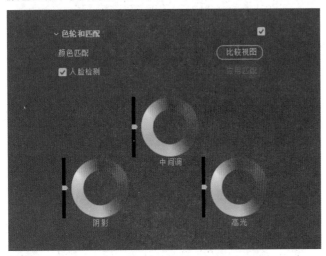

图11-19

颜色匹配

"颜色匹配"用于为不同场景的素材统一颜色和亮度。

色轮

在该模块中有3种色轮，分别是：阴影、中间调、高光。单个色轮控件分为色环和滑块两部分，色环代表色相，拖动色轮的中心向色环靠近，可以改变该区域的色相；上下拖动滑块可以控制该区域的亮度。

基础练习：匹配不同场景的镜头

重点指数：★★★★☆
素材位置：素材文件\第11章\匹配不同场景的镜头
教学视频：匹配不同场景的镜头.mp4
学习要点：颜色匹配

在视频编辑时经常会用到不同场景的镜头，由于曝光、白平衡、拍摄设备的不同会导致镜头之间差异较大，使画面看起来不像是一个整体，遇到这种情况就可以使用"颜色匹配"进行镜头之间的匹配调整。

01 双击桌面上的Premiere Pro 2024快捷方式图标，启动Premiere Pro 2024。新建项目后，执行"新建项"→"序列"命令，打开"新建序列"对话框，打开"设置"选项卡，将"编辑模式"设置为"自定义"，"时基"设置为25帧/秒，"帧大小"设置为1920像素×1080像素，

"像素长宽比"设置为"方形像素（1.0）"，"场"设置为"无场（逐行扫描）"，其他参数保持默认，最后单击"确定"按钮，如图11-20所示。

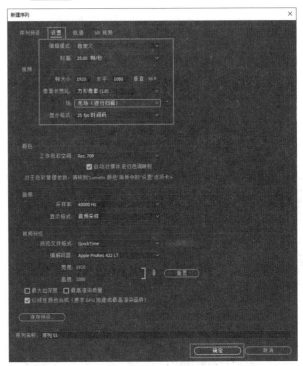

图11-20

02 执行"文件"→"导入"命令，弹出"导入"对话框，选中"船""海边"素材，单击"打开"按钮，然后将"海边"和"船"素材拖至V1轨道，如图11-21所示。

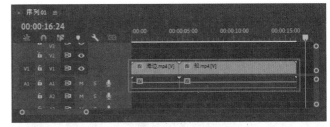

图11-21

03 在"时间轴"面板中选中"船"素材，单击"色轮和匹配"中的"比较视图"按钮，会出现"参考"和"当前"两个视图，如图11-22所示。

图11-22

04 "当前"视图的视频内容是需要匹配的镜头，在"时间轴"面板移动播放指示器可以改变"当前"视图的画面内容；"参考"视图的视频内容为匹配依据的画面，通过该视图下面的滑块可以调整画面内容。确定"参考"和"当前"画面后，单击"应用匹配" 应用匹配 按钮，随后色轮会自动进行调整，如图11-23所示。

图11-23

镜头匹配完成，对比效果如图11-24所示。

图11-24

────◆ 知识链接 ◆────

关于比较视图的排列和切换可以查看*3.6.2*小节中的知识点。

11.3.5
HSL 辅助

"HSL辅助"模块中的功能主要运用于二级调色，所谓二级调色就是将画面中的某个部分单独选取出来，进行有针对性的调整。在该模块中首先使用"键"选项确定选区范围，然后使用"优化"选项调整选区的边缘，最后使用"更正"选项进行调色，如图11-25所示。

图11-25

键

使用"键"选项中的吸管工具 吸取需要单独调整的区域，然后结合色相（H）、饱和度（S）、亮度（L）3种属性控制选区范围。勾选"彩色/灰色"选项前面的复选框可以使用遮罩将未选取的区域遮住，使选区调整更方便。单击"重置" 重置 按钮可使"键"选项恢复至默认状态。

降噪

使用"降噪"可以使选区与未选区之间的颜色过渡更平滑，并移除选区中的杂色。

模糊

使用"模糊"可以柔化选区与未选区的边缘。

更正

"更正"选项中的调色控件与"基本校正"、"创意"和"色轮和匹配"模块中的控件功能一致、用法一致，区别在于"更正"选项中的调色控件仅用于调整选区内的画面。

11.3.6
晕影

"晕影"模块中的功能主要用于控制画面边缘逐渐淡出，使画面中心内容更加突出，使用该模块中的功能

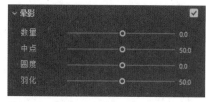

图11-26

可以制作影片中常见的"压暗角"效果，如图11-26所示。

数量

在画面边缘逐渐变亮或者变暗，会形成一个晕影。

中点

控制晕影的宽度，数值为0时晕影最大，数值为100时晕影消失。

圆度

控制晕影的大小，数值为负时可产生夸张的晕影效果，数值为正时可产生较不明显的晕影效果。

羽化

柔化晕影的边缘，数值越小边缘越清晰，数值越大边缘越柔和。

💎 11.3.7

设置面板

Premiere Pro 2024的"Lumetri颜色"面板中添加了"设置"选项卡，将颜色设置相关的选项整合到了此选项卡中，方便快速设置和查看，包含首选项、项目、源剪辑、序列和序列剪辑中的颜色设置，如图11-27所示。

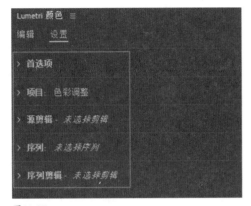

图11-27

首选项

"首选项"模块中的"显示颜色"和"传输设备回放"选项如图11-28所示。

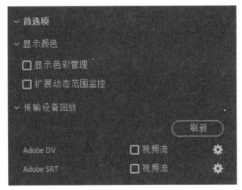

图11-28

勾选"显示色彩管理"复选框后可以在数码相机、计算机显示器、扫描仪等显示设备中实现一致的颜色显示效果。由于各类显示设备的色域不一样，当视频在不同的设备播放时颜色会有一定的差异，开启色彩管理可转换媒体颜色，使各类显示设备以相同的方式显示画面。

勾选"扩展动态范围监控"复选框后，对于超出范围且可显示的颜色值不进行限制。

在"传输设备回放"中列出了已经连接的传输设备的子部分，可以启用或禁用视频流并设置其选项。

项目

"项目"模块中的选项如图11-29所示。

图11-29

"HDR图形白色（Nit）"中的HDR代表高动态范围，可以理解为画面中从最暗到最亮的区域都可以正常曝光，其中白色为HDR的曝光基准，Nit为亮度单位尼特，可选择100尼特、203尼特和300尼特来控制纯白色的目标明亮度。

"3D LUT插值"用于选择解释颜色信息的方法，有"三线性"和"四面体"两种。

"查看器灰度系数"选项用于设置对比度的灰度系数，以匹配不同的观看条件和第三方应用程序。

勾选"自动检测对数视频色彩空间"复选框可以自动识别具有色彩空间的log素材。

源剪辑

"源剪辑"模块中的选项主要用于对颜色和色彩空间进行调整，如图11-30所示。

图11-30

"输入LUT"选项用于自定义所需的LUT，可以是校正LUT或风格化LUT。

"使用媒体色彩空间"选项用于从元数据分配素材的色彩空间。

在"覆盖媒体色彩空间"下拉列表中可以手动选择适合素材的色彩空间。

序列

"序列"模块中的选项设置如图11-31所示。

图11-31

"工作色彩空间"选项用于设置序列中编辑素材的色彩空间。

勾选"自动对媒体进行色调映射"复选框，可以将HDR素材的色调自动映射到序列的工作色彩空间。

序列剪辑

"序列剪辑"模块中的选项如图11-32所示。

图11-32

"色彩空间转换"选项指定了源素材的色彩空间转到序列色彩空间的模式变化方式。

"色调映射方式"选项可以设置按频道、色相保留、RGB最大值3种映射方式。

"曝光度"用于调整素材映射后的曝光度，向左拖动滑块曝光度降低，向右拖动滑块曝光度增加。

"高光饱和度"选项用于控制画面中高光区域的饱和度，向左拖动滑块饱和度降低，向右拖动滑块饱和度增加。

· 知识讲堂 ·

调色流程和思路

调色流程

调色分为一级调色和二级调色，一级调色又称为"校色"，就是将视频的曝光、对比度、色彩校正为肉眼看到的真实场景，使整片的风格保持一致。一级调色时可以使用拍摄设备的官方还原LUT快速校正，如果不清楚拍摄素材的机型，或者想更自由地调节，可以使用"基本校正"模块中的工具进行手动调整。二级调色是在一级调色的基础上对画面进行分区调整，将人物、主体、背景、皮肤等部分进行单独调整，让画面具有独特的风格和氛围。二级调色用到的模块有创意、曲线、色轮和匹配、HSL辅助（非同时使用），根据实际情况选择适合的工具即可。

调色思路

1.突出主体
通过光影、色彩等增强画面主体的存在感，让观众的注意力自然地落到主角身上，此外对视觉中心以外的内容进行弱化，也是突出主体的一种方法。

2.色彩搭配
色彩搭配即配色，合理的配色可以营造视觉上的舒适感，能够传递情绪、表明风格。常用的配色方案有冷暖色调、冷色调、暖色调等，像比较经典的青橙色调就是冷暖色调的变种。

3.色彩归拢
色彩归拢是指在色彩搭配的基础上统一相近颜色、弱化杂色，相当于给画面颜色做减法，使画面看起来简洁、纯净。例如，画面内容为在金秋时节，树下铺满了金黄的树叶，其中个别树叶是淡绿色或黄绿色的，此时为了色彩统一，就可以将淡绿色或黄绿色的树叶调成金黄色，使其与主色调一致。

调色实战应用

11.4

本节将结合本章所学知识点，以实战的形式演示视频的一级调色和二级调色，如图11-33所示。

实战进阶：一、二级调色

重点指数：★★★★★

素材位置：素材文件\第11章\一、二级调色

教学视频：一、二级调色 .mp4

学习要点："Lumetri 颜色"面板的应用

图11-33

01 双击桌面上的Premiere Pro 2024快捷方式图标，启动Premiere Pro 2024。新建项目后，执行"新建项"→"序列"命令，打开"新建序列"对话框，打开"设置"选项卡，将"编辑模式"设置为"自定义"，"时基"设置为25帧/秒，"帧大小"设置为1920像素×1080像素，"像素长宽比"设置为"方形像素（1.0）"，"场"设置为"无场（逐行扫描）"，其他参数保持默认，最后单击"确定"按钮，如图11-34所示。

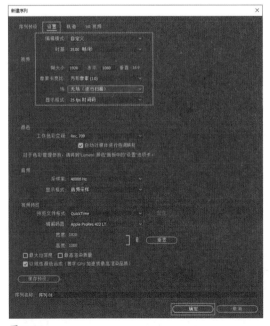

图11-34

02 执行"文件"→"导入"命令，弹出"导入"对话框，选中"蓝天"素材，单击"打开"按钮，然后将"蓝天"素材拖至V1轨道，如图11-35所示。

图11-35

03 对素材进行一级调色。在"基本校正"模块中将"对比度"设置为50，"高光"设置为50，"阴影"设置为－70，"白色"设置为10，"黑色"设置为－80，"饱和度"设置为105，如图11-36所示。

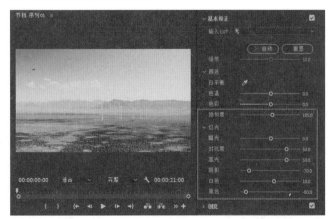

图11-36

04 使用"RGB曲线"继续调整对比度的细节，将阴影和中间调区域的亮度降低，曲线形态如图11-37所示。

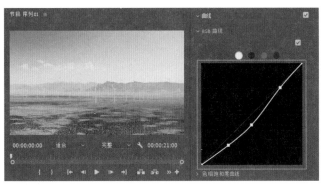

图11-37

05 使用"HSL辅助"模块的工具将画面中天空和山的部分单独选取出来，用吸管工具🖊吸取画面中的蓝色，然后分别调整H、S、L的滑块，使选区为画面中天空和山的区域。将"降噪"设置为23，"模糊"设置为30，将"中间调"和"高光"的色轮向青色方向偏移，如图11-38所示。

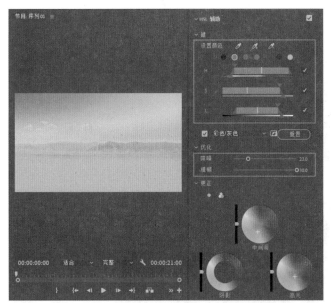

图11-38

06 打开"编辑"选项卡，在效果列表中选择"添加Lumetri颜色效果"用来调整素材中地面的部分，如图11-39所示。

图11-39

07 用吸管工具🖊吸取画面中的棕色，然后分别调整H、S、L的滑块，使选区为画面中地面的区域，将"降噪"设置为8，"模糊"设置为4，将"中间调"的色轮向红色方向偏移，如图11-40所示。

图11-40

一、二级调色完成，如图11-41所示。

图11-41

第12章

影片导出

快速导出功能

使用Premiere Pro的快速导出功能，只需简单几步就可以将视频内容进行导出，并且在工作区界面就可以直接操作。导出的分辨率、帧速率等参数在默认状态下会与序列保持一致，也可以根据需要选择合适的导出预设。

在操作界面的右上角单击"快速导出" 按钮，会弹出"快速导出"对话框，在对话框中设置"文件名和位置"选项，单击"导出" 导出 按钮即可导出，如图12-1所示。

图12-1

导出界面

在导出界面中有许多针对各种导出需求进行自定义的设置，在操作界面的左上角单击"导出"切换到"导出"选项卡，如图12-2所示。

其中分为4个区域，分别是：选择目标、设置、预览、输出信息和导出，如图12-3所示。

图12-2

图12-3

12.2.1
选择目标

在选择目标区域中包含固定选项"媒体文件"和"FTP"，打开"媒体文件"开关，可以在设置区域对导出参数进行设置。"FTP"选项用于将导出内容直接上传至网络平台，如图12-4所示。

图12-4

除了固定选项，还可以单击"来源"后面的■■■按钮，选择"添加自定义目标"选项，从而针对社交平台或具体需求设置相应的导出参数，设置完成后可以将其作为该区域的一个独立选项进行保存，同时可以对自定义选项进行重命名、复制、删除等操作，快速、高效地导出视频，如图12-5所示。

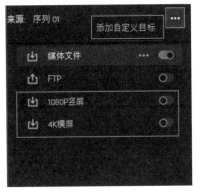

图12-5

12.2.2
导出设置

选中导出目标后，在设置区域可以对该目标进行详细的参数设置，其中包含文件名、位置等设置参数，以及视频、音频等选项，如图12-6所示。

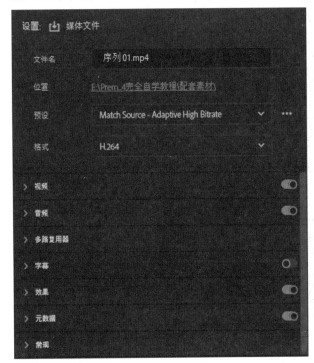

图12-6

12.2.3
导出预览

在预览区域可以对导出内容做最后的检查，使用播放控件或拖动播放指示器可以预览导出的音/视频内容，如图12-7所示。

图12-7

知识链接

关于播放控件的用法可以查看3.5.1小节中关于各种控件的详细讲解。

在左下角的"范围"下拉列表中可以选择导出音/视频的范围，单击☑按钮会展开导出范围的控制方式，如图12-8所示。

图12-8

整个源

导出序列或素材的全部内容。

源入点/出点

导出序列中入点到出点的范围。

工作区域

在"时间轴"面板可调出工作区域栏，以工作区域栏的持续时间作为导出范围。

自定义

在预览区域自定义入点和出点以控制导出范围，该入点和出点不会对序列产生影响。

在右下角的"缩放"下拉列表中，可以选择在导出不同分辨率的素材时，为适配导出帧而调整源视频的方式。单击"缩放"选项的☑按钮可以选择缩放的方式，如图12-9所示。

图12-9

缩放以适合

调整源素材大小，不会裁剪画面，可能会出现黑边。

缩放以填充

调整源素材大小，使其完全填充画面，可能会裁剪画面，不会出现黑边。

伸缩以填充

拉伸源素材以填充画面，不会出现黑边或裁剪画面内容，但画面比例会发生变化。

💎 12.2.4
输出信息和导出

在输出信息和导出区域可以查看序列的基本信息，还可以详细查看输出视频的格式、分辨率、帧速率、场，音频的格式、比特率、采样率，以及视频导出后预估的文件大小。在确定信息无误后单击"导出"  按钮即可导出
视频，如图12-10所示。

图12-10

导出设置

导出界面的设置区域是设置导出信息的重要部分，其中包含大量的音/视频设置参数，像常见的MP4、
MOV、MP3、JPEG等格式，就是在设置区域进行设置的。本节会详细讲解有关导出的设置选项。

12.3.1
文件名和位置

"文件名"文本框用于给导出作品命名，"位置"选
项用于选择导出作品的保存路径，如图12-11所示。

图12-11

12.3.2
预设

"预设"选项用于改变导出作品的分辨率、帧速率等
参数，例如将1080p的视频导出成4K分辨率的视频，但是
通常导出的视频参数会与序列参数保持一致，这一概念被
称为"匹配源"。在默认状态下Premiere Pro为H.264格式
提供了"自适应高比特率""自适应中比特率""自适应
低比特率"的"匹配源"预设，比特率从高到低对应导出
的文件由大到小，在导出时"匹配源"预设是较为常用的
预设，如图12-12所示。

单击"预设"选项后面的下拉按钮，选择"更多预
设"选项，弹出"预设管理器"对话框，在该对话框中有
大量可供选择的预设，选中预设后可以在右侧查看该预设
的详细参数，如图12-13所示。

图12-12

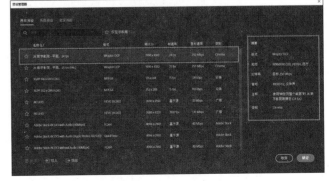

图12-13

◈ 12.3.3

格式

在导出时，需要根据不同的播放媒介选择不同的视频压缩技术，可以将格式理解为了适应各种播放媒介而赋予数字文件的识别符号。格式分为视频格式、音频格式、图片格式。展开"格式"下拉列表，可以查看Premiere Pro可以导出的所有格式，如图12-14所示。

表12-1、表12-2、表12-3分别为常用视频格式、音频格式和图片格式的介绍。

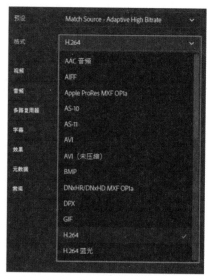

图12-14

表12-1常用视频格式

格式	说明
Apple ProRes MXF OP1a	Apple ProRes MXF OP1a是一种由Apple开发的编解码器技术，适用于macOS，ProRes编解码器提供了独一无二的多码流实时编辑性能和卓越的图像质量，是一种高质量编解码器，被广泛应用于采集、制作和交付格式
AVI	AVI格式于1992年由Microsoft公司推出，是将音频和视频同步组合在一起的文件格式，优点是兼容性好、调用方便、图像质量高，缺点是占用空间大。AVI支持256色和RLE压缩，主要应用于多媒体光盘，用来保存电视、电影等各种影像信息
DNxHR/DNxHD MXF OP1a	该格式是Avid公司推出的一种编码格式，常用于PC端，现在用的基本上都是DNxHR，它比DNxHD有更大范围的分辨率，支持4K
H.264	H.264是国际标准化组织（International Organization for Standardization，ISO）和国际电信联盟（International Telecommunication Union，ITU）共同提出的继MPEG-4之后的新一代数字视频压缩格式，H.264文件在具有高压缩比的同时还拥有高质量的图像，因此，经过H.264压缩的视频数据在网络传输过程中所需要的带宽更少，也更加经济
HEVC（H.265）	HEVC是一种高效视频编码格式，也是一种新的视频压缩标准，用来替代H.264/AVC编码标准，是针对4K市场而产生的编码方案，压缩率是H.264的50%左右
MPEG	MPEG格式包括MPEG-1、MPEG-2、MPEG-4，被广泛应用于VCD、DVD的制作和网络视频的制作，MPEG格式是运动图像压缩算法的国际标准，采用有损压缩方法减少运动图像中的冗余信息
MXF OP1a	MXF是SMPTE（Society of Motion Picture and Television Engineers，美国电影与电视工程师学会）组织定义的一种专业音/视频媒体文件格式，主要应用于影视行业中的媒体制作、编辑、发行和存储等环节
OpenEXR	OpenEXR一般用于从Maya等三维软件中导出到Nuke等合成软件中进行合成的文件格式，可以很好地保留Nuke合成所需的几乎所有的细节和通道信息
P2影片	P2影片是松下推出的影片格式标准，采用MXF格式封装，配用同是松下开发的广播级压缩方案DVCPRO和AVC-Intra
QuickTime	QuickTime（MOV）格式是Apple公司推出的一种视频格式，在图像质量和文件尺寸的处理上具有很好的平衡性。它是macOS的原生编码格式，默认采用MPEG-4压缩
Wraptor DCP	Wraptor DCP是电影放映机播放的文件的格式

表12-2常用音频格式

格式	说明
AAC音频	AAC是一种专为声音数据设计的文件压缩格式，采用了全新的算法进行编码，可在声音质量没有明显降低的前提下，使文件明显减小
AIFF	AIFF是一种用于存储数字音频（波形）数据的文件格式，应用于个人计算机及其他电子音响设备以存储音乐数据，支持ACE2、ACE8、MAC3和MAC6压缩，支持16位44.1kHz立体声

格式	说明
MP3	MP3是一种音频压缩技术，可以大幅度地降低音频数据量，以1:10 甚至 1:12 的压缩率将音频压缩成较小的文件，在网络、通信等方面被广泛应用
波形音频	波形音频文件格式是Microsoft公司开发的一种声音文件格式，也叫WAV，使用该格式可以真实记录自然声波形，基本无数据压缩，数据文件较大
Windows Media	Windows Media是Microsoft公司推出的与MP3格式齐名的一种音频格式，在压缩比和音质方面都超过了MP3，更远胜于RA（Real Audio），即使在较低的采样率下也能产生较好的音质

表12-3常用图片格式

格式	说明
BMP	BMP 是Windows操作系统中的标准图像文件格式，能够被多种Windows应用程序所支持，该格式的文件中每个像素点都有自己的颜色值和位置信息，所以包含的图像信息特别丰富，几乎不进行压缩，但是占用存储空间较大
GIF	GIF格式于1987年由CompuServe公司开发，因其文件小且成像相对清晰，在互联网时代初期得到了广泛应用。它采用无损压缩技术，只要图像不多于256色，既可减小文件的大小，又能保证成像的质量
JPEG	JPEG格式的文件扩展名为.jpg或.jpeg，是最常用的图像文件格式，采用有损压缩方式去除冗余的图像数据，可以占用较少的磁盘空间得到较好的图像品质
JPEG 2000	JPEG 2000是基于小波变换的图像压缩标准，与JPEG相比，它具有更高的压缩率和新的静态影像压缩技术
PNG	PNG是一种采用无损压缩算法的位图格式，压缩图像文件的同时，又不会降低图像质量，因此利于网络传输，支持索引、灰度、RGB3种颜色方案以及Alpha通道等特性
Targa	TGA（Targa）格式是计算机中应用广泛的图像格式，具有图像质量和体积优势，在CG领域常作为影视动画的序列输出格式
TIFF	TIFF是一种灵活的位图格式，该图像格式很复杂，但它存储的图像信息多，支持多种色彩系统，而且独立于操作系统，因此得到了广泛应用

12.3.4

视频

"视频"中的选项用于进行导出视频的基本设置、编码设置、比特率设置等，单击"更多"按钮可以打开全部的参数设置，如图12-15所示。

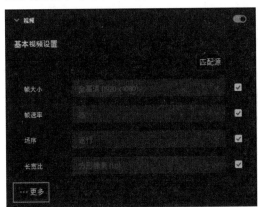

图12-15

基本视频设置

在"基本视频设置"模块中除了可以调整视频的基本参数，还可以设置渲染深度、渲染质量、渲染Alpha通道和时间插值等参数，如图12-16所示。

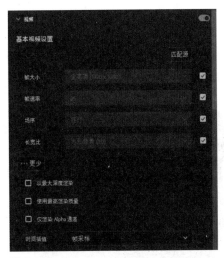

图12-16

● 以最大深度渲染：勾选后会使用当前格式支持的最高位深度来渲染效果。

● 使用最高渲染质量：将素材缩放到与源媒体不同的分辨率时，勾选该复选框可以保持画面细节。

● 仅渲染Alpha通道：勾选后仅在输出视频中渲染 Alpha 通道，并显示 Alpha 通道的灰度预览。

● 时间插值：当导出视频和源素材的帧速率不一样时，选择合适的时间插值可以使播放更平滑。

编码设置

在"编码设置"模块中包含性能、配置文件、级别等选项，如图12-17所示。

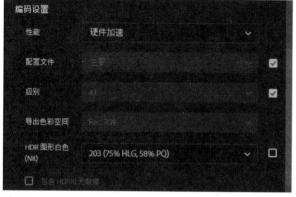

图12-17

- 性能：选择"硬件加速"可以提升编码的速度，选择"仅限软件"时编码速度较慢。
- 配置文件：控制压缩算法和色度格式。
- 级别：约束编码参数，如比特率范围和最大帧大小。
- 导出色彩空间：设置导出文件的色域，一般默认为Rec.709。
- HDR图形白色（Nit）：用于控制HDR场景中纯白色位置的亮度，由于HDR的亮度比SDR高，因此软件会根据观看者的舒适度选择不同的亮度。
- 包含HDR10元数据：选择并添加HDR10元数据。

管理显示色域体积和内容光线级别

该模块用于设置管理时使用的显示色域和内容光线级别，如图12-18所示。

图12-18

比特率设置

比特率用于表示视频或音频中的数据量，比特率越高，视频和音频的质量越好；比特率越低，文件越小，越适合在网络中传播，如图12-19所示。

图12-19

- 比特率编码：可以选择恒定比特率（Constant Bit Rate，CBR）和可变比特率（Variable Bit Rate，VBR），VBR比CBR有更高的图像质量，CBR对播放器和计算器处理器的要求更低。
- 目标比特率：设置编码文件的总比特率。

高级设置

勾选"关键帧距离"复选框，可指定在导出视频中插入关键帧（又称Ⅰ帧）的频率，通常，关键帧距离值越小，视频质量越好，同时产生的文件也越大。禁用此项后，Premiere Pro 会自动选择适当的关键帧间隔，如图12-20所示。

图12-20

VR视频

勾选"视频为VR"复选框后可以添加VR视频元数据，如图12-21所示。

图12-21

💎 12.3.5
音频

"音频"中的选项用于设置导出音频的格式、编解码器、采样率、声道和比特率，如图12-22所示。

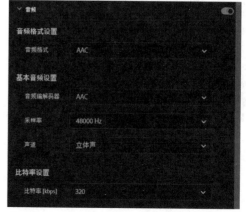

图12-22

知识链接

有关音频的概念可查看*10.1节、10.2.4*小节中的内容。

◇ 12.3.6

多路复用器

"多路复用器"中的选项用于指定视频和音频是否以独立文件进行合成，如图12-23所示。将"多路复用器"设置为"无"时，视频和音频将分别导出为单独的文件。

图12-23

◇ 12.3.7

字幕

"字幕"中的选项用于决定视频中的字幕隐藏、显示或者以文件的形式单独导出，如图12-24所示。

图12-24

◇ 12.3.8

效果

"效果"中的选项用于在导出的媒体中添加各种效果，如色调映射、Lumetri Look/LUT、SDR遵从情况、图像叠加等，如图12-25所示。

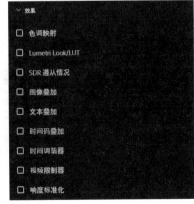

图12-25

◇ 12.3.9

元数据

"元数据"中的选项用于指定格式、标记等说明性的信息，如图12-26所示。

图12-26

◇ 12.3.10

常规

"常规"用于设置导入项目中、使用预览和使用代理，如图12-27所示。勾选"导入项目中"复选框会将渲染完成的文件自动导入源项目中；如果在Premiere Pro中已经生成了预览文件，勾选"使用预览"复选框可以加快这些预览文件的渲染速度；勾选"使用代理"复选框可以提升编辑和渲染的速度。

图12-27

基础练习：导出MP4格式

重点指数：★★★★★
素材位置：素材文件\第12章\导出MP4格式
教学视频：导出MP4格式.mp4
学习要点：熟悉导出流程和参数设置

01 双击桌面上的Premiere Pro 2024快捷方式图标 Pr，启动Premiere Pro 2024。新建项目后，执行"新建项"→"序列"命令，打开"新建序列"对话框，打开"设置"选项卡，将"编辑模式"设置为"自定义"，"时基"设置为25帧/秒，"帧大小"设置为1920像素×1080像素，"像素长宽比"设置为"方形像素（1.0）"，"场"设置为"无场（逐行扫描）"，其他参数保持默认，最后单击"确定" 确定 按钮，如图12-28所示。

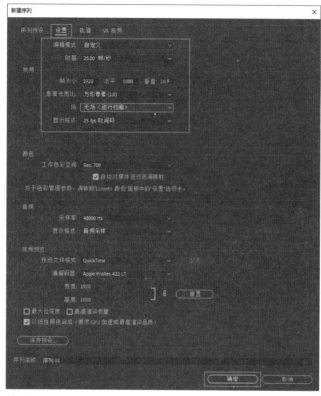

图12-28

02 执行"文件"→"导入"命令,弹出"导入"对话框,选中"雪山""旅行"素材,单击"打开" 打开(O) 按钮,然后将"雪山"素材拖至V1轨道,将"旅行"素材拖至A2轨道,如图12-29所示。

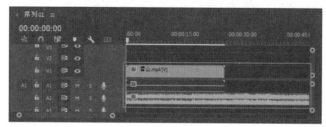

图12-29

03 裁剪"旅行"音频素材,使其与"雪山"素材时长一致,如图12-30所示。

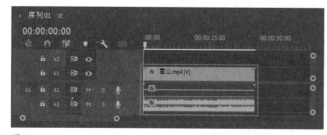

图12-30

04 在工作区左上角选择"导出"选项卡,如图12-31所示。

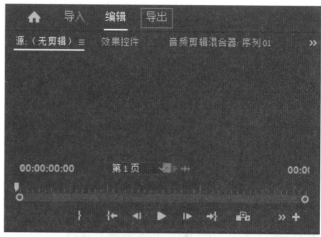

图12-31

05 在"导出"界面中打开"媒体文件"开关,将"文件名"设置为"雪山",自定义"位置"选项,"预设"为"Match Source-Adaptive High Bitrate","格式"为"H.264",其他参数保持默认,如图12-32所示。

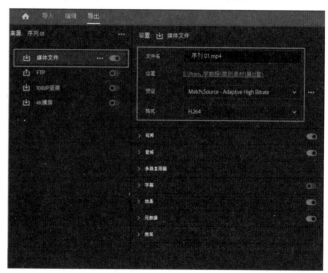

图12-32

06 单击"导出" 导出 按钮,弹出"编码 序列01"对话框,如图12-33所示。进度条完成后MP4格式的视频导出完成。

图12-33

Adobe 人工智能应用

13.1 音频生成动画

【本章简介】

在数字化快速发展的今天，人工智能技术逐渐应用于各个领域，Adobe AI 更是以独特的方式为设计师、艺术家、剪辑爱好者等用户带来了强大的技术支持。使用 Adobe AI 可以根据需求模拟人类的感知、思维等，从而大大提高工作效率，提升创作的可能性和自由度。本章讲解的内容分别是：音频生成动画、文字生成图像、文字生成模板、文字效果和生成式扩展。

在 Adobe Express 中使用音频生成动画功能可以上传或者录制一段音频，然后设置主角形象、画面背景、画面尺寸，以生成一段主角说话的简易动画，如图 13-1 所示。

图 13-1

💎 13.1.1

开始界面

01 打开 Adobe Express，在开始界面选择"音频生成动画"选项，打开"音频生成动画"界面，如图 13-2 所示。

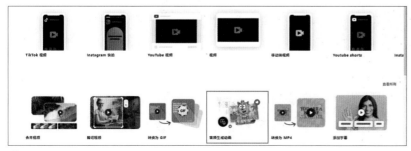

图 13-2

215

13.1.2

角色设置

02 在"音频生成动画"界面的"角色"选项卡内可以选择所需的卡通形象，如图13-3所示。

图13-3

03 调整"角色比例"参数可以设置角色的大小，如图13-4所示。

图13-4

13.1.3

选择背景

04 在"音频生成动画"界面的"背景"选项卡内可以选择合适的画面背景，如图13-5所示。

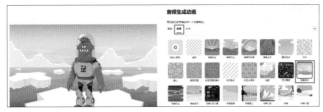

图13-5

13.1.4

设置分辨率

05 在"音频生成动画"界面的"大小"选项卡内可以设置动画视频的分辨率，如图13-6所示。

图13-6

13.1.5

上传音频

06 选择上传或者录制音频，如图13-7所示，这里选择以上传音频的方式来操作。单击"浏览"，在弹出的"打开"对话框中找到素材存放位置，选中"动画配音"素材，单击"打开" 打开(O) 按钮，如图13-8所示。

图13-7

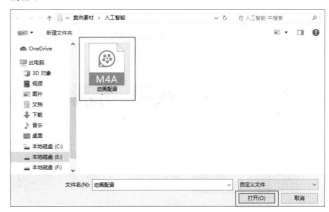

图13-8

💎 13.1.6

下载和编辑

07 动画计算完成后，可以选择直接下载或者在编辑器中打开，如图13-9所示，音频生成动画操作完成。

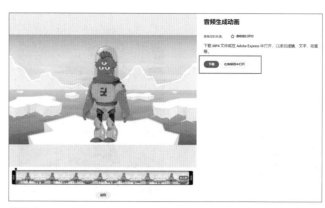

图13-9

13.2 文字生成图像

文字生成图像功能用于根据文字描述的内容生成对应的图片，内容描述可以包含人物、地点、情绪等信息，如图13-10所示。

图13-10

💎 13.2.1

开始界面

01 打开Adobe Express，在开始界面的"生成式AI"模块中找到"文字生成图像"功能，如图13-11所示。

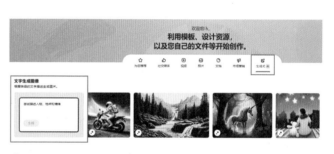

图13-11

💎 13.2.2

输入文本内容

02 在文本框中输入"在太空中有一只具有时尚感的蜥蜴，它此时的心情有些低落"文本内容，如图13-12所示，单击"生成" 生成 按钮，结果如图13-13所示。

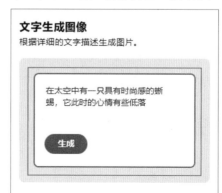

图13-12

图13-13

💎 13.2.3

生成内容调整

03 在"文字生成图像"界面的左侧编辑栏中可以调整生成图片的内容类型、风格，并选择结果，如图13-14所示。

图13-14

04 在"文字生成图像"界面的上方编辑栏中可以设置画面大小、主题、背景颜色等选项，如图13-15所示。

图13-15

💎 13.2.4

下载和分享

05 调整完成后，可以下载或者分享生成的内容，如图13-16所示。

图13-16

13.3　文字生成模板

使用文字生成模板功能可以根据文字描述的内容生成相对应的主题元素，用于图片内容的宣传包装，如图13-17所示。

图13-17

13.3.1
开始界面

01 打开Adobe Express，在开始界面找到"文字生成模板"功能，如图13-18所示。

图13-18

13.3.2
输入文本内容

02 在文本框中输入"Pacific Ocean Surfing Trip"文本内容，并单击"生成" 生成 按钮，如图13-19所示。

图13-19

13.3.3
选择模板

03 在生成的结果中选择适合的模板，如图13-20所示。

图13-20

13.3.4
调整模板

04 进入编辑界面，在右侧可以选择模板中对应的文本、图片等元素的图层并进行调整，如图13-21所示。

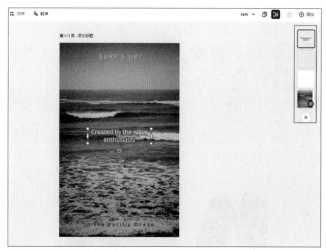

图13-21

05 选择需要调整的文字图层后，可以在界面左侧调整文本的字体、大小、颜色等参数，如图13-22所示。

图13-22

◇ 13.3.5

下载和分享

06 调整完成后，可以下载或者分享生成的模板，如图13-23
所示。

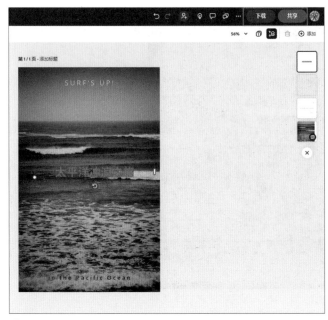

图13-23

13.4　文字效果

使用文字效果功能可以根据描述的内容生成相对应的
设计风格，如图13-24所示。

图13-24

◇ 13.4.1

开始界面

01 打开Adobe Express，在开始界面找到"文字效果"功
能，如图13-25所示。

图13-25

◇ 13.4.2

输入文本内容

02 在文本框中输入"七彩宝石"文本内容，如图13-26所
示，并单击"生成" 生成 按钮。

图13-26

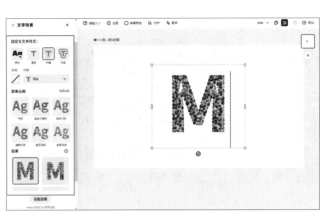

图13-28

💎 13.4.3
更改文本内容

03 生成文字效果以后，全选文字可以更改文本内容，如图13-27所示。

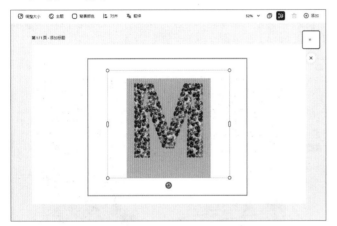

图13-27

💎 13.4.4
调整设计参数

04 在编辑界面的左侧可以设置文本样式、色调、风格等参数，如图13-28所示。

💎 13.4.5
下载和分享

05 调整完成后，可以下载或者分享，如图13-29所示。

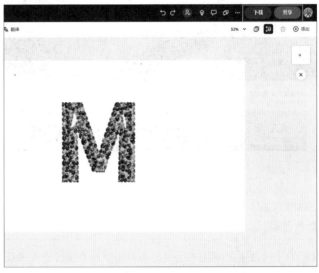

图13-29

13.5 生成式扩展

使用生成式扩展功能可以在原有图像中生成新的元素或者删除原有元素，该功能共有3个选项，分别是插入、删除和扩展，如图13-30所示。

图13-30

💎 13.5.1

开始界面

01 打开Adobe Firefly，在开始界面选择"生成式扩展（预览）"，打开调整界面，如图13-31所示。

图13-31

💎 13.5.2

上传图像

02 在"生成式填充（预览）"界面单击"上传图像"按钮，如图13-32所示。

图13-32

03 在弹出的"打开"对话框中找到素材存放位置，选中"枯竭"素材，单击"打开" 打开(O) 按钮，如图13-33所示。

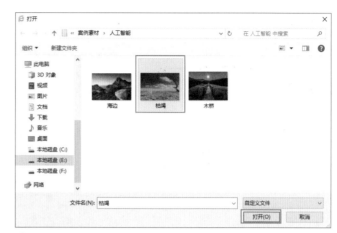

图13-33

💎 13.5.3

插入

04 在调整界面单击"添加"按钮，在画面上涂抹，画出要插入元素的区域，如图13-34所示。

图13-34

05 在文本框中输入"湖泊"文本内容，并单击"生成" 生成 按钮，如图13-35所示。

图13-35

06 在生成的结果中选择合适的方案，选择后单击"保留"按钮即可，如图13-36所示。

图13-36

💎 **13.5.4**

删除

07 上传"海边"图像，并将调整工具切换为"删除"，如图13-37所示。

图13-37

08 单击"添加"按钮，在画面上涂抹右下角的石头，然后单击"删除" 🗑删除 按钮，如图13-38所示。

图13-38

09 在删除的结果中选择合适的方案，选择后单击"保留"按钮即可，如图13-39所示。

图13-39

💎 **13.5.5**

扩展

10 上传"木桥"图像，并将调整工具切换为"扩展"，如图13-40所示。

11 将比例切换至"宽屏（16：9）"，然后单击"生成" 🟣生成 按钮，如图13-41所示。

图13-40

图13-42

图13-41

12 在生成的结果中选择合适的扩展方案，选择后单击"保留"按钮即可，如图13-42所示。

◈ 13.5.6

下载和分享

13 画面内容调整完成后，可以下载或者分享，如图13-43所示。

图13-43

短视频界面设计

14.1　效果展示

重点指数：★★★★★
素材位置：素材文件\第14章\短视频
　　　　　　界面设计
教学视频：短视频界面设计.mp4
学习要点：蒙版、运动效果、文字工具

　　短视频界面设计效果如图14-1所示。

【本章简介】

如今，短视频已成为人们获取信息、娱乐休闲的重要途径，一个优秀的短视频界面可以提升观看体验、增强传播效果。因此，掌握短视频制作和界面设计技巧对于创作者至关重要。本章将详细讲解如何制作具有独特风格的短视频界面。

图14-1

14.2　制作思路

　　该案例的制作思路是使用蒙版工具在纯色的素材中抠出一个播放窗口，然后借助"时间轴"面板中上层轨道优先显示的原则，将实拍素材放

在纯色素材的下面，这样实拍素材就可以在纯色素材的蒙版框中显示，最后搭配相关主题的元素和标题，如图14-2所示。

图14-2

14.3 实战操作

14.3.1 新建项目和序列

01 双击桌面上的Premiere Pro 2024快捷方式图标  ，启动Premiere Pro 2024。在"主页"界面单击"新建项目" 新建项目 按钮，在"新建项目"界面中设置项目名和项目位置，并将导入设置区域的所有开关关闭，最后单击"创建" 创建 按钮，如图14-3所示。

图14-3

02 在"项目"面板执行"新建项"→"序列"命令，如图14-4所示。

图14-4

03 在"新建序列"对话框中打开"设置"选项卡，将"编辑模式"设置为"自定义"，"时基"设置为25帧/秒，"帧大小"设置为1080像素×1920像素，"像素长宽比"设置为"方形像素（1.0）"，"场"设置为"无场（逐行扫描）"，其他参数保持默认，最后单击"确定" 确定 按钮，如图14-5所示。

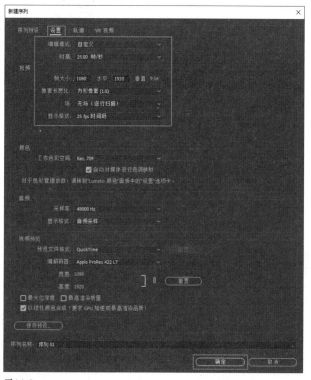

图14-5

14.3.2

导入素材

04 执行"文件"→"导入"命令，在弹出的"导入"对话框中找到素材存放位置，选中"厨师"、"辣椒"、"烧烤"和"蔬菜"素材，单击"打开" 打开(O) 按钮，将素材导入"项目"面板，如图14-6所示。

图14-6

14.3.3

创建界面背景

05 将"烧烤"素材放入V1轨道，如图14-7所示。

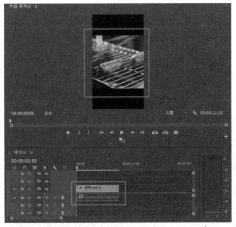

图14-7

06 在"项目"面板执行"新建项"→"颜色遮罩"命令，在弹出的"拾色器"对话框中选择蓝色，并单击"确定" 确定 按钮，如图14-8所示。

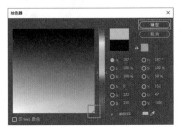

图14-8

07 将创建的"颜色遮罩"素材放在V2轨道，如图14-9所示。

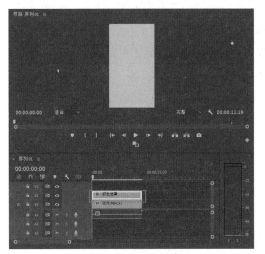

图14-9

14.3.4

制作视频播放区域

08 选中"颜色遮罩"素材，在"效果控件"面板单击"不透明度"中的"创建4点多边形蒙版" ▦ 按钮，给"颜色遮罩"素材绘制蒙版，并调整大小和位置，如图14-10所示。

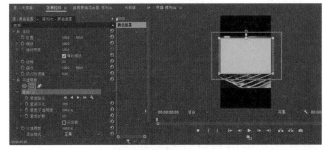

图14-10

09 勾选"已反转"复选框，并将"蒙版羽化"设置为0，如图14-11所示。

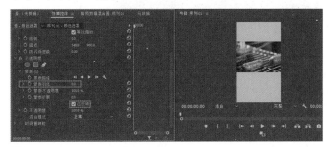

图14-11

10 选中"烧烤"素材，调整"位置"和"缩放"，使"烧烤"素材在蒙版区域内构图恰当即可，如图14-12所示。

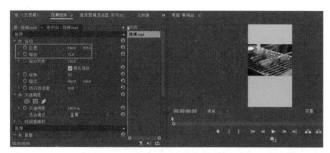

图14-12

💎 14.3.5

添加相关主题元素

11 将"蔬菜"素材放在V3轨道，并调整"位置"和"缩放"，使其位于画面的右上方区域，如图14-13所示。

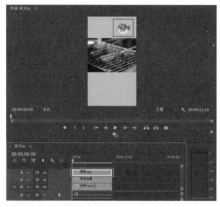

图14-13

12 将"辣椒"素材放在V4轨道，并调整"位置"和"缩放"，使其位于画面的左上方区域，如图14-14所示。

图14-14

13 将"厨师"素材放在V5轨道，并调整"位置"和"缩放"，使其位于画面的左下方区域，并使用"不透明度"中的"创建4点多边形蒙版"■按钮，将其中的一个厨师形象单独框选出来，如图14-15所示。

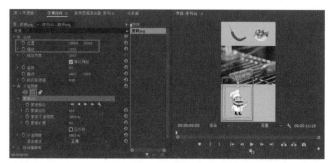

图14-15

14 使用"垂直文字工具"■在画面的右下方区域输入文本内容"美食"，在"效果控件"面板调整文字的大小、位置、颜色和字体等，如图14-16所示。

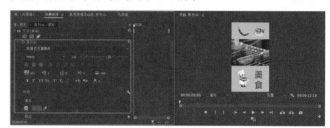

图14-16

💎 14.3.6

导出影片

15 执行"文件"→"媒体"→"导出"命令，在设置区域设置文件名，将"格式"设置为"H.264"格式，单击"位置"选项后的蓝色字设置导出路径，单击"导出"[导出]按钮，如图14-17所示。

图14-17

短视频界面设计案例制作完成，最终效果如图14-18所示。

图14-18

电影感文字片头

【本章简介】

片头作为视频作品的"标题",具有营造氛围、明确风格、点明主题的作用,优秀的视频片头可以使观众沉浸在电影世界中,能够激发观众的好奇心和观看欲望。本章将以电影感文字片头为例,详细讲解文字片头的相关知识。

15.1 效果展示

重点指数:★★★★★
素材位置:素材文件\第15章\电影感文字片头
教学视频:电影感文字片头.mp4
学习要点:文字工具、蒙版

电影感文字片头案例效果如图15-1所示。

图15-1

15.2 制作思路

该案例的制作思路是先给文字出现的位置添加关键帧,做出文字出场的动画,然后将文字复制一层并改变上层的文字颜色,利用上下两层文字的颜色差异,再结合蒙版路径关键帧,做出文字扫光效果,最后配上背景音乐。各步骤效果如图15-2所示。

图15-2

15.3 实战操作

15.3.1
新建项目和序列

01 双击桌面上的Premiere Pro 2024快捷方式图标 Pr ，启动Premiere Pro 2024。在"主页"界面单击"新建项目" 新建项目 按钮，在"新建项目"界面中设置项目名和项目位置，并将导入设置区域的所有开关关闭，最后单击"创建" 创建 按钮，如图15-3所示。

图15-3

02 在"项目"面板执行"新建项"→"序列"命令，如图15-4所示。

图15-4

03 在"新建序列"对话框中打开"设置"选项卡，将"编辑模式"设置为"自定义"，"时基"设置为25帧/秒，"帧大小"设置为1920像素×1080像素，"像素长宽比"设置为"方形像素（1.0）"，"场"设置为"无场（逐行扫描）"，其他参数保持默认，最后单击"确定" 确定 按钮，如图15-5所示。

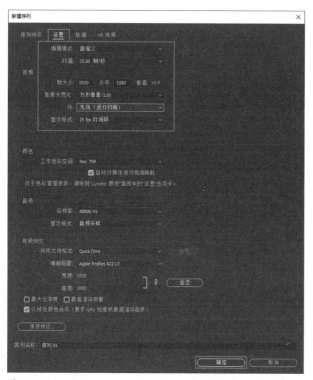

图15-5

💎 15.3.2

导入素材

04 执行"文件"→"导入"命令，在弹出的"导入"对话框中找到素材存放位置，选中"航拍"和"开场音效"素材，单击"打开"[打开(O)]按钮，将素材导入"项目"面板，如图15-6所示。

图15-6

💎 15.3.3

创建文字

05 将"航拍"素材放入V1轨道，如图15-7所示。

图15-7

06 将工作区切换至"字幕和图形"模式，单击"文字工具"[T]按钮，在"节目"面板中输入"Dark Times"文本内容，如图15-8所示。

图15-8

💎 15.3.4

设计文字样式

07 选中文字图层，在"基本图形"面板将"字体"设置为"阿里巴巴普惠体"，"字体大小"设置为230，激活"仿斜体"选项，"填充"设置为暗红色，"描边"设置为白色，"描边数值"设置为3，"位置"设置为338,625，如图15-9所示。

图15-9

08 制作文字出场动画。在"时间轴"面板将文字素材与"航拍"素材对齐,将播放指示器移至开始位置,单击"位置"前的"切换动画" ⊙ 按钮,并将"位置"设置为 −675,540,然后将播放指示器移至5帧位置,将"位置"设置为960,540,如图15-10所示。

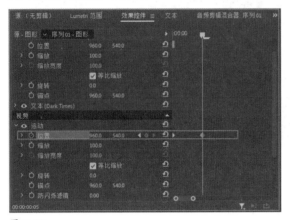

图15-10

09 给文字素材添加"斜面Alpha"和"投影"效果,如图15-11所示。

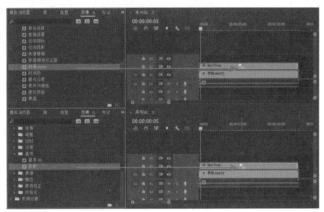

图15-11

💠 **15.3.5**

制作扫光层

10 将文字图层复制一层。按住Alt键,向上拖动文字素材至V2轨道,如图15-12所示。

图15-12

11 选中上层文字素材,在"基本图形"面板将"填充"颜色改为亮红色,如图15-13所示。

12 选中上层文字素材,在"效果控件"面板单击"不透明度"中的"创建4点多边形蒙版" ▦ 按钮,给文字内容绘制蒙版,调整位置和大小,并将"蒙版羽化"设置为35,如图15-14所示。

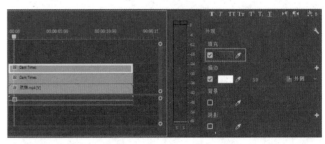

图15-13

图15-14

13 选中上层文字素材,将播放指示器移至1秒位置,单击"蒙版路径"前的"切换动画" ⊙ 按钮,将蒙版移至文字内容的前面,如图15-15所示。

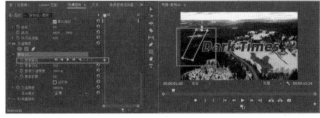

图15-15

14 将播放指示器移至3秒位置,将蒙版移至文字内容的后面,如图15-16所示。

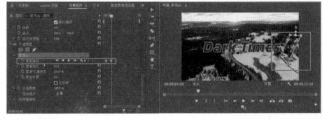

图15-16

15 将"开场音效"素材放在A2轨道,并调整位置,如图15-17所示。

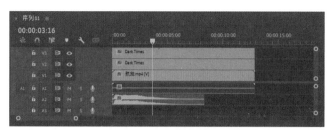

图15-17

💎 15.3.6

导出影片

16 执行"文件"→"媒体"→"导出"命令，在设置区域设置文件名，将"格式"设置为"H.264"格式，单击"位置"选项后的蓝色字设置导出路径，单击"导出" **导出** 按钮，如图15-18所示。

图15-18

电影感文字片头案例制作完成，最终效果如图15-19所示。

图15-19

第16章

人物运动定格效果

【本章简介】

人物定格效果经常出现在体育运动、竞技赛事、演员出场、饮品广告等场景中，也可以用到视频封面或预告片中。通过定格效果可以强调重要时刻、突出人物的动作和表情、体现静止状态的美感等，从而吸引观众的注意力，让观众更加关注特定的主体。

16.1 效果展示

重点指数：★★★★★
素材位置：素材文件\第16章\人物运动定格效果
教学视频：人物运动定格效果.mp4
学习要点：帧定格、蒙版、油漆桶

人物运动定格效果如图16-1所示。

图16-1

16.2 制作思路

该案例的制作思路是先将人物与背景分离，然后对人物进行突出调整，包括添加描边、添加底色、做动画效果，并将背景做模糊处理，最后添加运动风格的笔刷元素，如图16-2所示。

图16-2

Premiere Pro 2024

16.3

实战操作

16.3.1

新建项目和序列

01 双击桌面上的Premiere Pro 2024快捷方式图标 **Pr** ，启动Premiere Pro 2024。在"主页"界面单击"新建项目" **新建项目** 按钮，在"新建项目"界面中设置项目名和项目位置，并将导入设置区域的所有开关关闭，最后单击"创建" **创建** 按钮，如图16-3所示。

图16-3

02 在"项目"面板执行"新建项"→"序列"命令，如图16-4所示。

图16-4

03 在"新建序列"对话框打开"设置"选项卡，将"编辑模式"设置为"自定义"，"时基"设置为25帧/秒，"帧大小"设置为1920像素×1080像素，"像素长宽比"设置为"方形像素（1.0）"，"场"设置为"无场（逐行扫描）"，其他参数保持默认，最后单击"确定" **确定** 按钮，如图16-5所示。

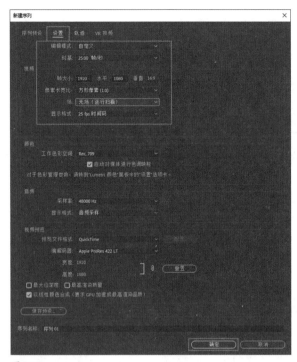

图16-5

💎 16.3.2

导入素材

04 执行"文件"→"导入"命令，在弹出的"导入"对话框中找到素材存放位置，选中"笔刷"、"活力"和"跑步"素材，单击"打开" 打开(O) 按钮，将素材导入"项目"面板，如图16-6所示。

图16-6

💎 16.3.3

抠出定格区域

05 将"跑步"素材放入V1轨道，将播放指示器移至5秒05帧的位置，选中素材，单击鼠标右键，在弹出的菜单中选择"添加帧定格"命令，如图16-7所示。

图16-7

06 添加帧定格操作后，5秒05帧后面的素材会变成静止状态，选中静止状态的素材，在"效果控件"面板单击"不透明度"中的"自由绘制贝塞尔曲线" 🖋 按钮，将人物轮廓框选出来，如图16-8所示。

图16-8

💎 16.3.4

制作背景模糊

07 将静止状态的素材复制一层。按住Alt键，向上拖动素材至V2轨道，如图16-9所示。

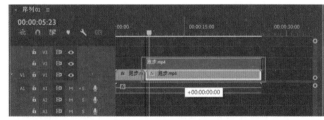

图16-9

08 选中下层静止素材，在"效果控件"面板中将蒙版删除，并添加"高斯模糊"效果，将"模糊度"设置为40，如图16-10所示。

图16-10

16.3.5

添加人物描边

09 选中上层静止素材，单击鼠标右键，在弹出的菜单中选择"嵌套"命令，将上层静止素材嵌套，如图16-11所示。

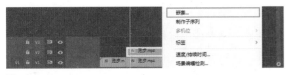

图16-11

10 给嵌套素材添加"油漆桶"效果，并将"填充选择器"设置为Alpha通道，"描边"设置为描边，"描边宽度"设置为8，"颜色"设置为白色，如图16-12所示。

图16-12

11 选中嵌套素材，将播放指示器移至5秒05帧的位置，单击"位置"和"缩放"前的"切换动画" ⊙ 按钮，然后将播放指示器移至5秒10帧的位置，将"位置"设置为960,452，将"缩放"设置为117，如图16-13所示。

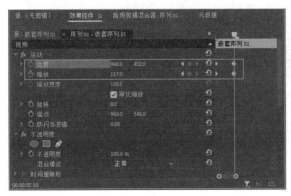

图16-13

12 将嵌套素材复制一层。按住Alt键，向上拖动素材至V3轨道，如图16-14所示。

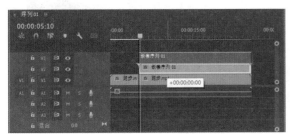

图16-14

13 选中下层的嵌套素材，将播放指示器移至5秒10帧的位置，分别单击"位置"和"缩放"前的"切换动画" ⊙ 按钮，在弹出的"警告"对话框中，单击"确定" 确定 按钮，将关键帧删除，如图16-15所示。

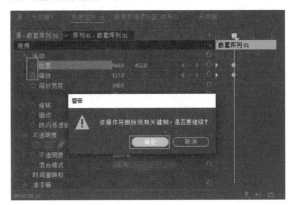

图16-15

16.3.6

制作人物背景

14 单击V3轨道的"切换轨道输出" ◎ 按钮，暂时将上层嵌套素材隐藏，如图16-16所示。

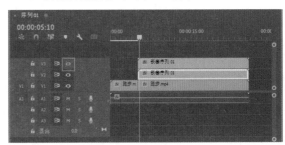

图16-16

15 选中下层的嵌套素材，将"描边"设置为消除锯齿，"颜色"设置为蓝色，"位置"设置为964,419，"缩放"设置为150，如图16-17所示。

图16-17

16 选中下层的嵌套素材，将播放指示器移至5秒20帧的位置，单击"位置"前的"切换动画" ⊙ 按钮，将"位置"设置为 -364,419，然后将播放指示器至6秒的位置，将"位置"设置为964,419，如图16-18所示。

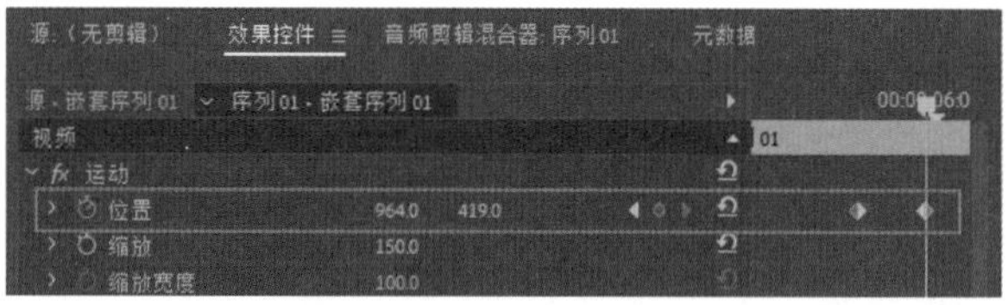

图16-18

💎 16.3.7
制作文字出场动画

17 将笔刷素材放在V4轨道，将"位置"设置为462,828，"缩放"设置为45，如图16-19所示。

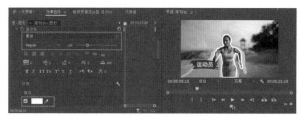

图16-19

18 单击"文字工具" T 按钮，在"节目"面板输入"运动员"文本内容，将"字体"设置为"黑体"，"字体大小"设置为109，"填充"设置为白色，并将文字放在"笔刷"素材上，如图16-20所示。

图16-20

19 选中"笔刷"素材和"运动员"文本素材，单击鼠标右键，在弹出的菜单中选择"嵌套"命令，将两段素材嵌套，如图16-21所示。

图16-21

20 选中V4轨道的嵌套素材，添加"裁剪"效果，将播放指示器移至6秒05帧的位置，单击"右侧"前的"切换动画" 按钮，并将其设置为93%，然后将播放指示器移至6秒15帧的位置，将其设置为0，将"羽化边缘"设置为10，如图16-22所示。

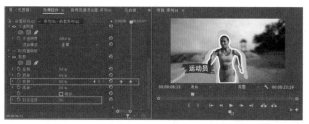

图16-22

21 将"活力"素材放在A2轨道，并调整位置，如图16-23所示。

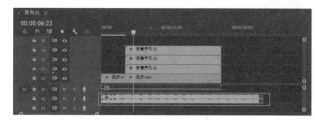

图16-23

💎 16.3.8
导出影片

22 执行"文件"→"媒体"→"导出"命令，在设置区域设置文件名，将"格式"设置为"H.264"格式，单击"位置"选项后的蓝色字设置导出路径，单击"导出" 导出 按钮，如图16-24所示。

图16-24

人物运动定格效果案例制作完成，最终效果如图16-25所示。

图16-25

黑金风格调色

【本章简介】

黑金是一种特别经典的色彩搭配，在黑金风格的画面中黑色和金色为主要颜色，给人一种高贵、神秘的感觉。黑金风格在影视作品中可以用于营造深沉、内敛的情绪氛围，增强作品的艺术感和观赏性，还常用于摄影创作、时尚设计等领域，是一种非常有吸引力的视觉表现形式。

17.1 效果展示

重点指数：★★★★★
素材位置：素材文件\第17章\黑金风格调色
教学视频：黑金风格调色.mp4
学习要点："Lumetri颜色"面板的应用

黑金风格调色效果如图17-1所示。

图17-1

17.2 制作思路

黑金风格的画面主要是金色和黑色，从颜色角度来说要去掉画面中除了金色以外的其他杂色，可以通过降低画面饱和度或者改变色相实现，还要将画面中金色的饱和度提高。从亮度角度来说黑金风格的画面中的金色为主要颜色，所以要提高金色的亮度，还要降低画面中阴影和中间调区域的亮度。调色流程如图17-2所示。

图17-2

17.3 实战操作

17.3.1
新建项目和序列

01 双击桌面上的Premiere Pro 2024快捷方式图标**Pr**，启动Premiere Pro 2024。在"主页"界面单击"新建项目" **新建项目** 按钮，在"新建项目"界面中设置项目名和项目位置，并将导入设置区域的所有开关关闭，最后单击"创建" **创建** 按钮，如图17-3所示。

图17-3

02 在"项目"面板中执行"新建项"→"序列"命令，如图17-4所示。

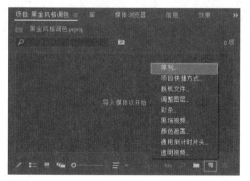

图17-4

03 在"新建序列"对话框中打开"设置"选项卡，将"编辑模式"设置为"自定义"，"时基"设置为25帧/秒，"帧大小"设置为1920像素×1080像素，"像素长宽比"设置为"方形像素（1.0）"，"场"设置为"无场（逐行扫描）"，其他参数保持默认，最后单击"确定" **确定** 按钮，如图17-5所示。

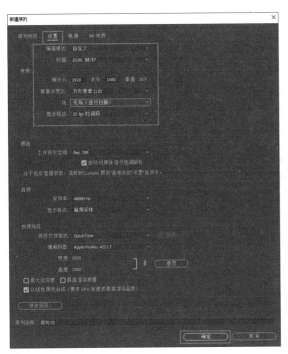

图17-5

💎 17.3.2

导入素材

04 执行"文件"→"导入"命令,在弹出的"导入"对话框中找到素材存放位置,选中"夜景"素材,单击"打开" 打开(O) 按钮,将素材导入"项目"面板,如图17-6所示。

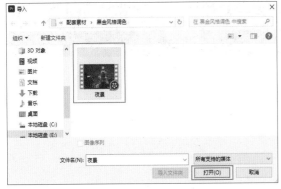

图17-6

💎 17.3.3

调整画面对比度

05 将"夜景"素材放入V1轨道,并将工作区切换至"颜色"模式,如图17-7所示。

06 选中"夜景"素材,调整RGB曲线,使画面中高光区域的亮度提高,阴影和中间调区域的亮度降低,曲线形态如图17-8所示。

图17-7

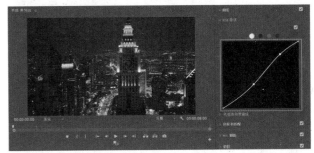

图17-8

07 在"创意"模块中将"高光色彩"的中心向橙黄色方向偏移,如图17-9所示。

图17-9

💎 17.3.4

将冷色元素改为暖色

08 调整色相与色相曲线,在绿色和蓝色两侧打上调节点,如图17-10所示。

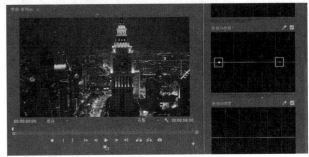

图17-10

09 将两点之间的区域向上拖动，曲线形态如图17-11所示。

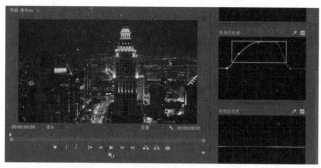

图17-11

10 调整亮度与饱和度曲线，将画面中阴影区域的饱和度降低，曲线形态如图17-12所示。

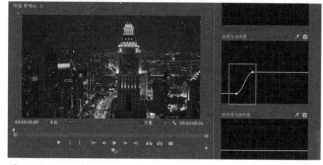

图17-12

17.3.5

提升金色饱和度

11 调整色相与饱和度曲线，将画面中金色区域的饱和度增加，曲线形态如图17-13所示。

图17-13

17.3.6

导出影片

12 执行"文件"→"媒体"→"导出"命令，在设置区域设置文件名，将"格式"设置为"H.264"格式，单击"位置"选项后的蓝色字设置导出路径，单击"导出" 导出 按钮，如图17-14所示。

图17-14

13 黑金风格调色案例制作完成，最终效果如图17-15所示。

图17-15

毛笔笔刷转场

18.1 效果展示

【本章简介】

毛笔笔刷转场效果是视频剪辑中常用的一种转场手法，是通过毛笔笔刷划过的形式在镜头之间进行切换，使笔刷素材前后镜头能够完美融合，营造出一种唯美、自然、具有中国风的氛围，增添视频的艺术气息和视觉魅力。

重点指数：★★★★★
素材位置：素材文件\第18章\毛笔笔刷转场
教学视频：毛笔笔刷转场.mp4
学习要点：轨道遮罩键

毛笔笔刷转场效果如图18-1所示。

图18-1

18.2 制作思路

毛笔笔刷转场的制作思路是先利用"轨道遮罩键"效果的特性，将毛笔刷过的黑色区域变成透明，等到黑色区域将前段素材完全覆盖，整个画面都变成了透明图层，此时再将后段素材放在前段素材的下面，随着笔刷的动态变化后段素材会逐渐显示，也就制作出了毛笔笔刷转场的效果，如图18-2所示。

图18-2

 18.3 实战操作

 18.3.1

新建项目和序列

01 双击桌面上的Premiere Pro 2024快捷方式图标 **Pr**，启动Premiere Pro 2024。在"主页"界面单击"新建项目" **新建项目** 按钮，在"新建项目"界面中设置项目名和项目位置，并将导入设置区域的所有开关关闭，最后单击"创建" **创建** 按钮，如图18-3所示。

图18-3

02 在"项目"面板中执行"新建项"→"序列"命令，如图18-4所示。

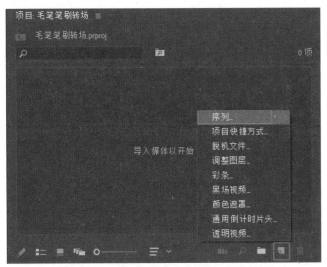

图18-4

03 在"新建序列"对话框打开"设置"选项卡，将"编辑模式"设置为"自定义"，"时基"设置为25帧/秒，"帧大小"设置为1920像素×1080像素，"像素长宽比"设置为"方形像素（1.0）"，"场"设置为"无场（逐行扫描）"，其他参数保持默认，最后单击"确定" 确定 按钮，如图18-5所示。

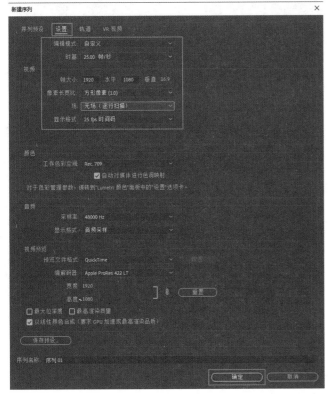

图18-5

18.3.2
导入素材

04 执行"文件"→"导入"命令，在弹出的"导入"对话框中找到素材存放位置，选中"山"、"水墨"、"夕阳"和"悠然"素材，单击"打开" 打开(O) 按钮，将素材导入"项目"面板，如图18-6所示。

图18-6

18.3.3
调整素材位置

05 将"夕阳"素材放入V1轨道，将"水墨"素材放在V2轨道，并将两段素材的尾部对齐，如图18-7所示。

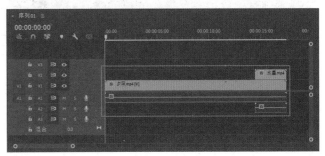

图18-7

06 使用"剃刀工具" 在"水墨"素材开始的位置将"夕阳"素材截断，如图18-8所示。

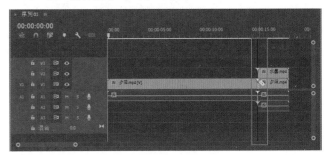

图18-8

18.3.4

设置"轨道遮罩键"参数

07 在"效果"面板搜索"轨道遮罩键",并将该效果添加至第二段"夕阳"素材,如图18-9所示。

图18-9

08 在"时间轴"面板中选中第二段"夕阳"素材,然后在"效果控件"面板中找到"轨道遮罩键"效果,将"遮罩"设置为"视频2",将"合成方式"设置为"亮度遮罩",如图18-10所示。此时"夕阳"素材的画面如图18-11所示。

图18-10

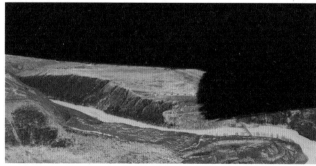

图18-11

> **提示**
>
> 图18-11中的黑色并不是真正的黑色,而是添加"轨道遮罩键"效果后变成了透明的。

18.3.5

衔接位置调整

09 将"水墨"素材移至V3轨道,将第二段"夕阳"素材移至V2轨道,如图18-12所示。

图18-12

10 由于"水墨"素材的轨道发生了变化,此时需要将"轨道遮罩键"中的"遮罩"改为"视频3",如图18-13所示。

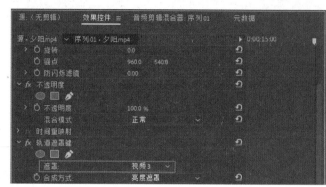

图18-13

11 将"山"素材拖至V1轨道,放在"水墨"素材的下面,如图18-14所示。毛笔笔刷转场效果的主要操作完成,如图18-15所示。

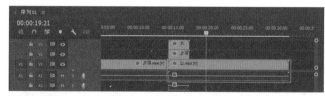

图18-14

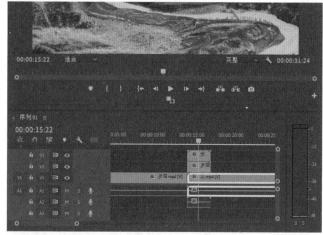

图18-15

12 将毛笔笔刷没有涂抹到的位置用添加"不透明度"关键帧的方式淡化,如图18-16所示。

图18-16

13 在"时间轴"面板中选中"水墨"素材，将播放指示器放在17秒的位置，单击"不透明度"前面的"切换动画" 按钮，如图18-17所示。

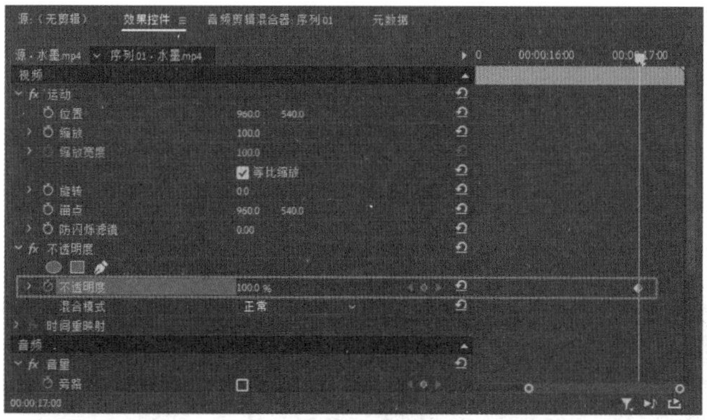

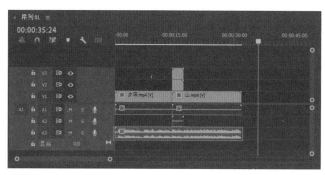

图18-19

◈ 18.3.7

导出影片

16 执行"文件"→"媒体"→"导出"命令，在设置区域设置文件名，将"格式"设置为"H.264"格式，单击"位置"选项后的蓝色字设置导出路径，单击"导出" 按钮，如图18-20所示。

毛笔笔刷转场案例制作完成，最终效果如图18-21所示。

图18-17

14 将播放指示器移至17秒11帧的位置，将"不透明度"设置为0，如图18-18所示。

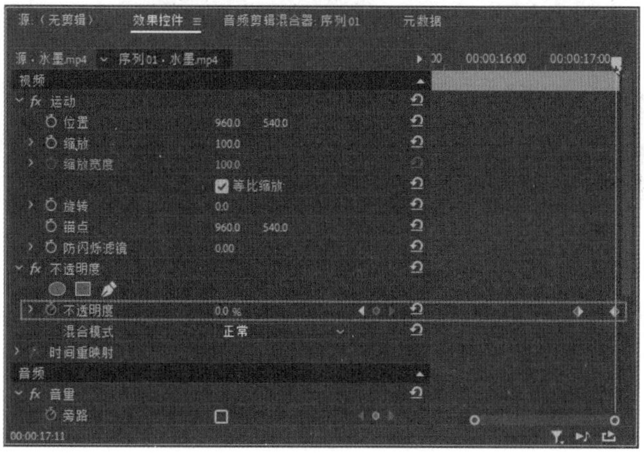

图18-20

图18-18

◈ 18.3.6

添加背景音乐

15 将"悠然"素材拖至A3轨道，如图18-19所示。

图18-21

第19章 炫酷光影转场

【本章简介】

炫酷光影转场常用于动漫、混剪、旅拍等视频，是一种视觉冲击力较强的转场方式，转场过程中包含上下遮幅、光影效果等元素，在增加创意元素的同时又符合整体视频的风格。

19.1 效果展示

重点指数：★ ★ ★ ★ ★
素材位置：素材文件\第19章\炫酷光影转场
教学视频：炫酷光影转场.mp4
学习要点：轨道遮罩键、裁剪

炫酷光影转场效果如图19-1所示。

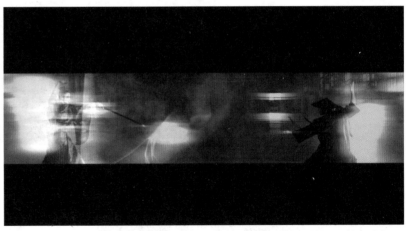

图19-1

19.2 制作思路

首先使用裁剪为画面添加上下遮幅，使观众的注意力聚集到画面的主体位置，接着在两段镜头衔接的位置添加光影效果，使画面过渡更加流畅，最后上下遮幅以旋转和放大的形式离场，完成转场效果，如图19-2所示。

图19-2

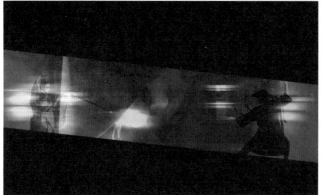

19.3 实战操作

19.3.1
新建项目和序列

01 双击桌面上的Premiere Pro 2024快捷方式图标 Pr，启动Premiere Pro 2024。在"主页"界面单击"新建项目" 新建项目 按钮，在"新建项目"界面中设置项目名和项目位置，并将导入设置区域的所有开关关闭，最后单击"创建" 创建 按钮，如图19-3所示。

02 在"项目"面板中执行"新建项"→"序列"命令，如图19-4所示。

03 在"新建序列"对话框打开"设置"选项卡，将"编辑模式"设置为"自定义"，"时基"设置为25帧/秒，"帧大小"设置为1920像素×1080像素，"像素长宽比"设置为"方形像素（1.0）"，"场"设置为"无场（逐行扫

描）"，其他参数保持默认，最后单击"确定" 确定 按钮，如图19-5所示。

图19-3

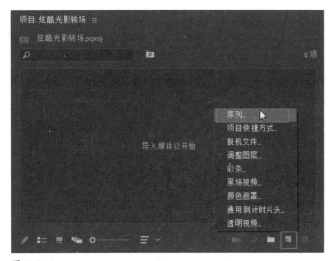

图19-4

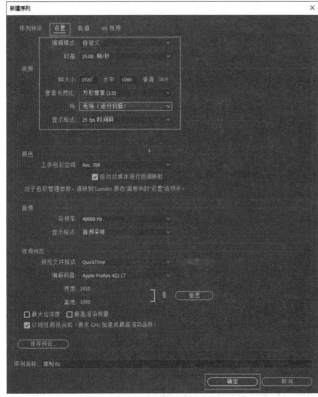

图19-5

◈ 19.3.2

导入素材

04 执行"文件"→"导入"命令，在弹出的"导入"对话框中找到素材存放位置，选中"比武"、"侠客"和"武侠"素材，单击"打开" 打开(O) 按钮，将素材导入"项目"面板，如图19-6所示。

图19-6

◈ 19.3.3

添加黑场视频

05 将"比武"和"侠客"素材放入V1轨道，"比武"素材在前，"侠客"素材在后，如图19-7所示。

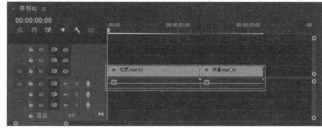

图19-7

06 创建黑场视频。在"项目"面板中，执行"新建项"→"黑场视频"命令，如图19-8所示。

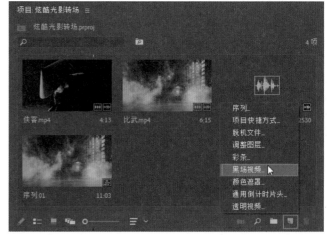

图19-8

07 在弹出的"新建黑场视频"对话框中，单击"确定" 确定 按钮，如图19-9所示。

图19-9

08 将"黑场视频"素材拖至V2轨道,以"比武"和"侠客"素材衔接的位置为中心对称点,如图19-10所示。

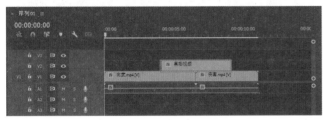

图19-10

💎 **19.3.4**

设置"轨道遮罩键"

09 将"轨道遮罩键"效果添加到"比武"素材上,如图19-11所示。

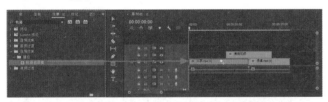

图19-11

10 在"时间轴"面板中选中"比武"素材,在"效果控件"面板中将"遮罩"设置为"视频2",将"合成方式"设置为"Alpha遮罩",如图19-12所示。

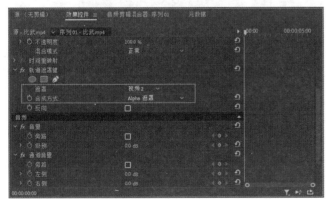

图19-12

11 将"轨道遮罩键"效果添加到"侠客"素材上,如图19-13所示。

图19-13

12 在"时间轴"面板中选中"侠客"素材,在"效果控件"面板中将"遮罩"设置为"视频2",将"合成方式"设置为"Alpha遮罩",如图19-14所示。

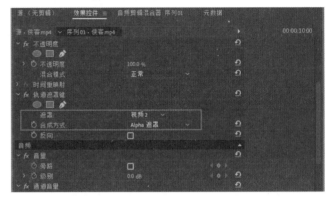

图19-14

💎 **19.3.5**

制作上下遮幅

13 将"裁剪"效果添加到"黑场视频"素材上,如图19-15所示。

图19-15

14 在"时间轴"面板中选中"黑场视频"素材,将播放指示器移至5秒位置,单击"顶部"前面的"切换动画" ⭕ 按钮,如图19-16所示。

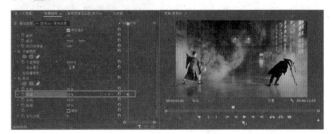

图19-16

15 将播放指示器移至6秒10帧位置，将"顶部"调整为35%，如图19-17所示。

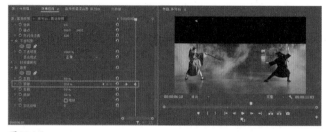

图19-17

16 将播放指示器移至5秒位置，单击"底部"前面的"切换动画" ⊙ 按钮，如图19-18所示。

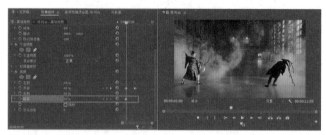

图19-18

17 将播放指示器移至6秒10帧位置，将"底部"调整为30%，如图19-19所示。

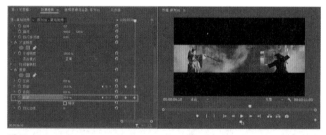

图19-19

18 将播放指示器移至6秒15帧位置，单击"旋转"前面的"切换动画" ⊙ 按钮，如图19-20所示。

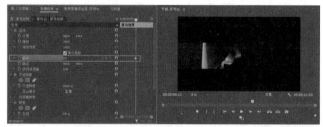

图19-20

19 将播放指示器移至7秒10帧位置，将"旋转"调整为90°，如图19-21所示。

20 将播放指示器移至7秒10帧位置，单击"缩放"前面的"切换动画" ⊙ 按钮，如图19-22所示。

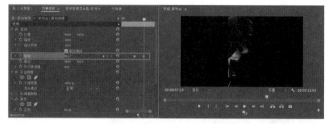

图19-21

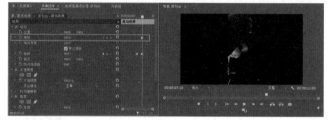

图19-22

21 将播放指示器移至8秒10帧位置，将"缩放"调整为610，如图19-23所示。

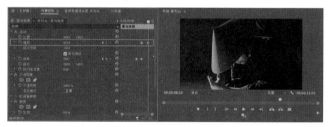

图19-23

22 选中"缩放"、"旋转"、"顶部"和"底部"的所有关键帧，然后在任意一个关键帧上单击鼠标右键，在菜单中选择"缓入"命令，如图19-24所示。

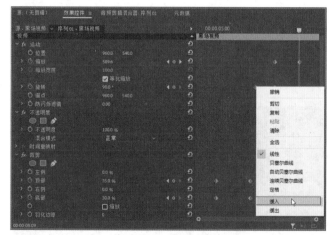

图19-24

23 再次选中"缩放"、"旋转"、"顶部"和"底部"的所有关键帧，然后在任意一个关键帧上单击鼠标右键，在菜单中选择"缓出"命令，如图19-25所示。

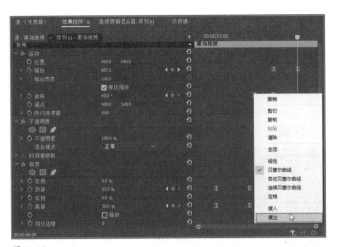

图19-25

⬦ 19.3.6
添加过渡效果

24 将"VR色度泄漏"效果添加到"比武"和"侠客"素材的衔接位置,如图19-26所示,在弹出的"过渡"对话框口中单击"确定" 确定 按钮,如图19-27所示。

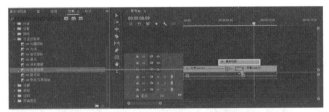

图19-26

图19-27

⬦ 19.3.7
添加背景音乐

25 双击"武侠"素材,在"源"面板中将播放指示器移至29秒12帧位置,添加标记,如图19-28所示。

26 将音频素材拖至A2轨道,使标记与视频衔接位置对齐,如图19-29所示。

27 调整音频长度使其与视频素材对齐,如图19-30所示。

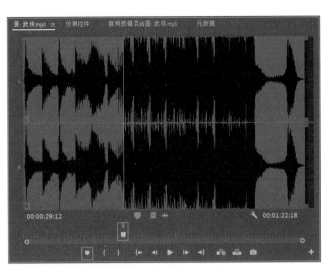

图19-28

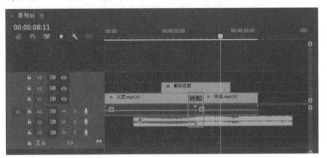

图19-29

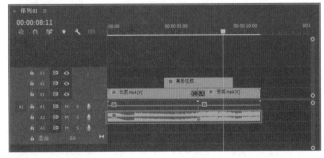

图19-30

28 双击音频素材前面的空白处放大音频轨道,如图19-31所示。

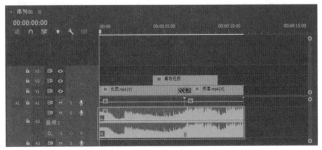

图19-31

29 按住Alt键，单击音频素材上的音量线，在开始位置添加两个关键帧，如图19-32所示。

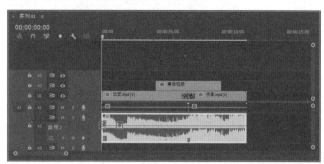

图19-32

30 将前面的关键帧拖至底部，如图19-33所示。

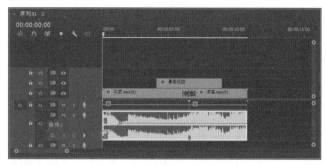

图19-33

31 再次按住Alt键，单击音频素材上的音量线，在结束位置添加两个关键帧，并将后面的关键帧拖至底部，如图19-34所示。

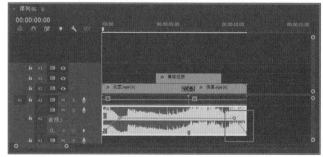

图19-34

💎 19.3.8
导出影片

32 执行"文件"→"媒体"→"导出"命令，在设置区域设置文件名，将"格式"设置为"H.264"格式，单击"位置"选项后的蓝色字设置导出路径，单击"导出" 导出 按钮，如图19-35所示。

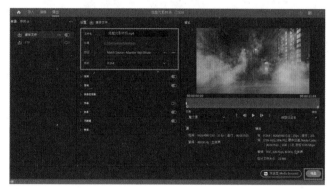

图19-35

炫酷光影转场效果案例制作完成，最终效果如图19-36所示。

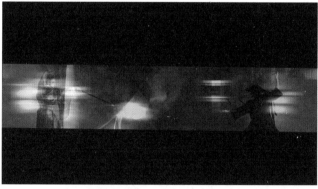

图19-36

建筑生长转场

第20章

20.1 效果展示

重点指数：★★★★★
素材位置：素材文件\第20章\建筑生长转场
教学视频：建筑生长转场.mp4
学习要点：蒙版、变换

建筑生长转场效果如图20-1所示。

图20-1

20.2 制作思路

该转场效果中建筑为转场的主体，需要先将建筑元素用蒙版工具单独抠出来，再通过添加关键帧的方式做出建筑入场的动画，最后使用Premiere Pro自带的转场效果将建筑之外的内容与建筑元素进行融合，如图20-2所示。

【本章简介】

建筑生长转场的制作利用 Premiere Pro 中蒙版的特性，在需要转场的位置将画面内容分成独立的两部分，由提取出的主体元素做转场的"引子"，从而达到画面流畅过渡的目的。这种转场效果具有较强的创意性和视觉吸引力，是短视频、旅拍、街拍中常见的转场手法。

图20-2

20.3 实战操作

20.3.1
新建项目和序列

01 双击桌面上的Premiere Pro 2024快捷方式图标 Pr，启动Premiere Pro 2024。在"主页"界面单击"新建项目" 新建项目 按钮，在"新建项目"界面中设置项目名和项目位置，并将导入设置区域的所有开关关闭，最后单击"创建" 创建 按钮，如图20-3所示。

02 在"项目"面板中执行"新建项"→"序列"命令，如图20-4所示。

03 在"新建序列"对话框打开"设置"选项卡，将"编辑模式"设置为"自定义"，"时基"设置为25帧/秒，"帧大小"设置为1920像素×1080像素，"像素长宽比"设置为"方形像素（1.0）"，"场"设置为"无场（逐行扫

描）"，其他参数保持默认，最后单击"确定" 确定 按钮，如图20-5所示。

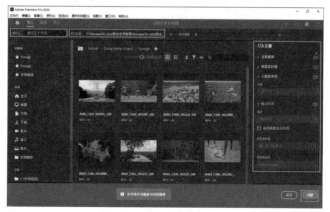

图20-3

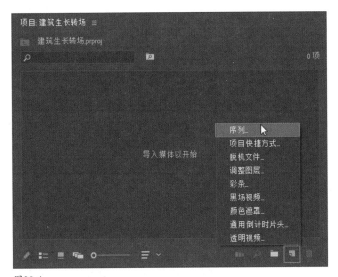

图20-4

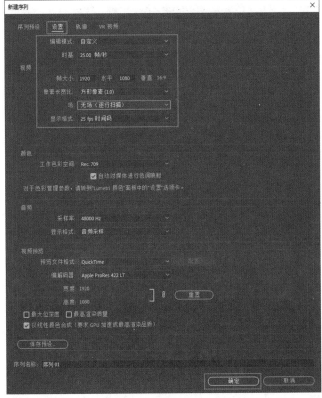

图20-5

💎 **20.3.2**

导入素材

04 执行"文件"→"导入"命令，在弹出的"导入"对话框中找到素材存放位置，选中"恢宏"、"建筑"、

"山脉"和"转场音效"素材，单击"打开" 打开(O) 按钮，将素材导入"项目"面板，如图20-6所示。

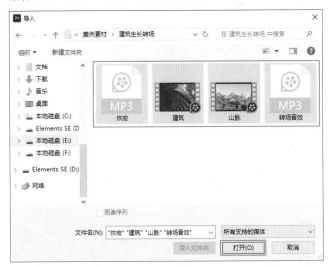

图20-6

💎 **20.3.3**

截取静止画面

05 将"建筑"素材放入V1轨道，如图20-7所示。

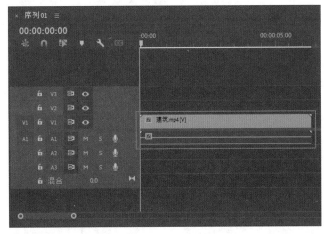

图20-7

06 将播放指示器移至素材开始位置，然后单击"导出帧" 按钮，如图20-8所示。

07 在弹出的"导出帧"对话框中，"名称"保持默认，"格式"设置为PNG，"路径"保持默认，勾选"导入到项目中"复选框，然后单击"确定" 确定 按钮，如图20-9所示。此时在"项目"面板会自动导入上述素材，如图20-10所示。

图20-8

图20-9

图20-10

20.3.4
使用蒙版绘制主体

08 将自动导入的图片素材拖至V2轨道，如图20-11所示。

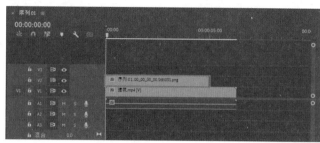

图20-11

09 选中图片素材，在"效果控件"面板中单击"自由绘制贝塞尔曲线" 按钮，如图20-12所示。

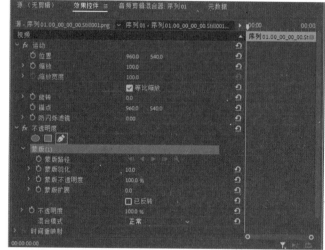

图20-12

10 在"节目"面板中沿着建筑轮廓将其单独框选出来，如图20-13所示。

图20-13

11 将蒙版闭合，如图20-14所示。

图20-14

12 将V1轨道的"建筑"素材向后拖动，在"效果控件"面板中将"蒙版羽化"设置为30，如图20-15所示。

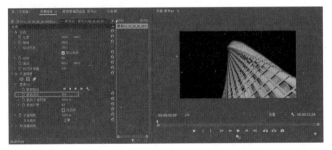

图20-15

13 在"节目"面板中，单击"导出帧" ▣按钮，如图20-16所示，在弹出的"导出帧"对话框中，将"名称"设置为"楼体"，"格式"设置为PNG，"路径"保持默认，勾选"导入到项目中"复选框，然后单击"确定" [确定]按钮，如图20-17所示。

图20-16

图20-17

20.3.5
主体出场动画

14 将"时间轴"面板中V2轨道的图片素材删除，然后将"山脉"素材拖至V1轨道，如图20-18所示。

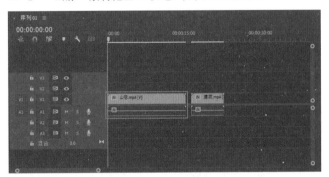

图20-18

15 将"楼体"素材拖至V2轨道的6秒位置，如图20-19所示。

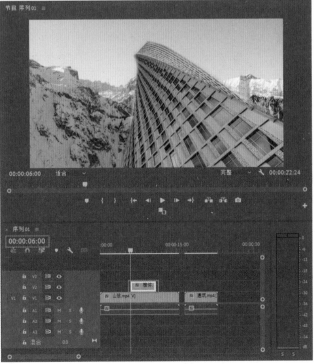

图20-19

16 在"效果"面板中将"变换"效果拖至"楼体"素材，如图20-20所示。

图20-20

17 选中"楼体"素材，将播放指示器移至6秒位置，单击"变换"效果中"位置"前面的"切换动画" ⏱ 按钮，并将"位置"设置为2100,1500，如图20-21所示。

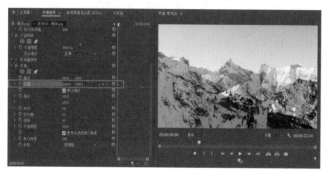

图20-21

18 将播放指示器移至6秒05帧的位置，单击"重置参数" ↺ 按钮，如图20-22所示。

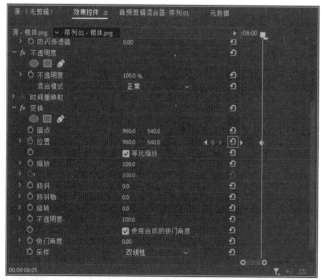

图20-22

19 在"效果控件"面板中取消勾选"使用合成的快门角度"复选框，并将"快门角度"调整为360，如图20-23所示。

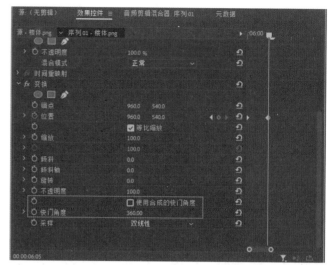

图20-23

💎 20.3.6
主体衔接完整画面

20 将播放指示器移至6秒20帧的位置，将该位置之后的"楼体"素材删掉，如图20-24所示。

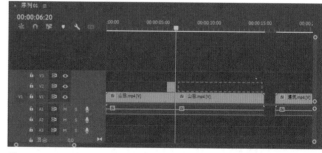

图20-24

21 将"建筑"视频素材拖至V2轨道，放在"楼体"素材后方，将"山脉"素材多出的部分删掉，使其与"建筑"素材对齐，如图20-25所示。

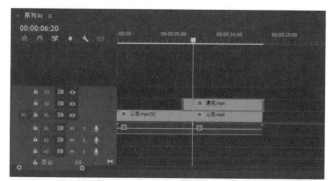

图20-25

22 将"交叉溶解"效果添加至"楼体"和"建筑"素材的衔接位置，如图20-26所示。

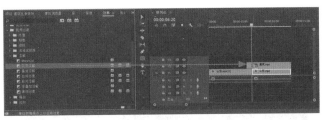

图20-26

23 在"时间轴"面板中选中"交叉溶解"效果,如图20-27所示,在"效果控件"面板中将"对齐"设置为"中心切入",如图20-28所示。

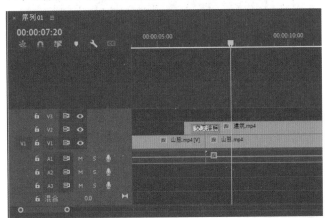

图20-27

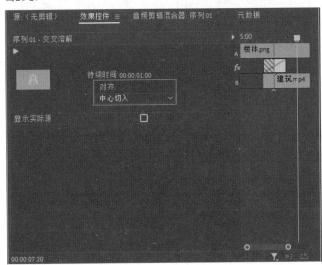

图20-28

💎 **20.3.7**

添加音乐和音效

24 在"项目"面板中双击"转场音效"素材,在"源"面板中将有音频的位置用入点和出点框选,如图20-29所示,然后将框选的部分拖至A2轨道,使其与"楼体"素材对齐,如图20-30所示。

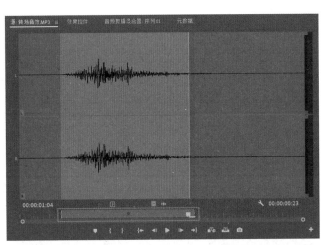

图20-29

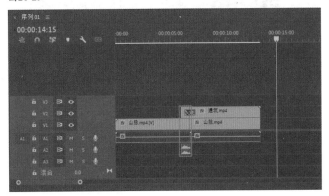

图20-30

25 在"项目"面板中双击"恢宏"素材,在"源"面板中将播放指示器移至16秒15帧位置并添加标记,如图20-31所示。

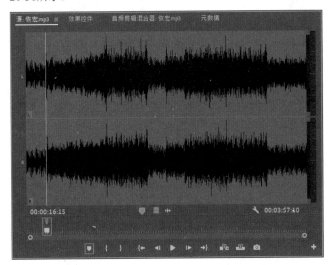

图20-31

26 将"恢宏"素材拖至A3轨道,使标记位置与"楼体"素材的开始位置对齐,并且使音频素材与整体视频对齐,如图20-32所示。

图20-32

💎 20.3.8

导出影片

27 执行"文件"→"媒体"→"导出"命令，在设置区域设置文件名，将"格式"设置为"H.264"格式，单击

"位置"选项后的蓝色字设置导出路径，单击"导出" 导出 按钮，如图20-33所示。

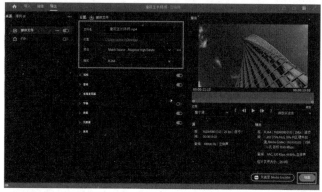

图20-33

建筑生长转场效果案例制作完成，最终效果如图20-34所示。

图20-34

无缝遮挡转场

第21章

21.1 效果展示

重点指数：★ ★ ★ ★ ★
素材位置：素材文件\第21章\无缝遮挡转场
教学视频：无缝遮挡转场.mp4
学习要点：蒙版、变换

无缝遮挡转场效果如图21-1所示。

图21-1

【本章简介】

无缝遮挡转场是指借助前后转场素材之外的其他元素作为转场的媒介，巧妙地运用相关媒介实现不同场景之间的平滑过渡。常用的转场媒介有井盖、门、窗户等，使用这种转场形式可以避免场景切换时的生硬感，使转场过程更加自然、流畅。该效果被广泛应用在电影、电视剧、MV、短视频等场景中。

21.2 制作思路

无缝遮挡转场效果的关键在于转场媒介的分离和元素动画，制作该效果时需要先将井盖和地面的区域分开，使地面部分在画面中固定，通过井盖部分的进场、停留、出场完成镜头之间的切换，其中停留的位置就是镜头切换的位置，如图21-2所示。

图21-2

21.3 实战操作

21.3.1

新建项目和序列

01 双击桌面上的Premiere Pro 2024快捷方式图标 Pr，启动Premiere Pro 2024软件，在"主页"界面单击"新建项目" 新建项目 按钮，在"新建项目"界面中设置项目名和项目位置，并将导入设置区域的所有开关关闭，最后单击"创建" 创建 按钮，如图21-3所示。

02 在"项目"面板中执行"新建项"→"序列"命令，如图21-4所示。

03 在"新建序列"对话框打开"设置"选项卡，将"编辑模式"设置为"自定义"，"时基"设置为25帧/秒，"帧大小"设置为1920像素×1080像素，"像素长宽比"设置为"方形像素（1.0）"，"场"设置为"无场（逐行

扫描）"，其他参数保持默认，最后单击"确定" 确定 按钮，如图21-5所示。

图21-3

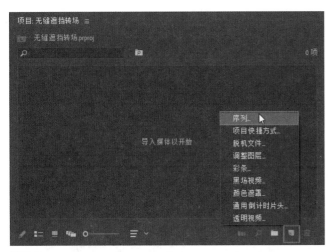

图21-4

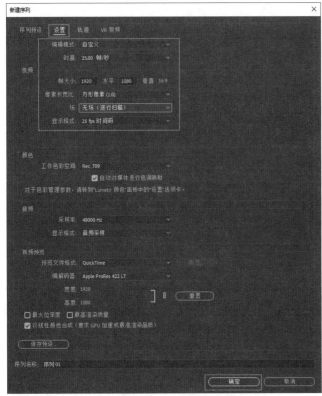

图21-5

导入素材

04 执行"文件"→"导入"命令,在弹出的"导入"对话框中找到素材存放位置,选中"脚步"、"井盖"、"散步"、"摩擦"和"夏天"素材,单击"打开" 打开(O) 按钮,将素材导入"项目"面板,如图21-6所示。

图21-6

21.3.3

分离井盖素材

05 将"井盖"素材放入V1轨道,如图21-7所示。

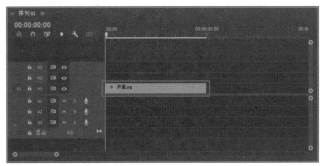

图21-7

06 复制"井盖"素材。按住Alt键,向上拖动"井盖"素材完成复制,如图21-8所示。

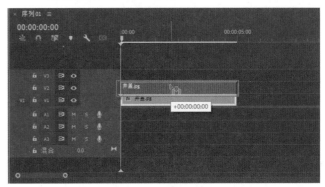

图21-8

07 选中V2轨道的"井盖"素材,在"效果控件"面板中,单击"创建椭圆形蒙版" ⬤ 按钮,如图21-9所示。

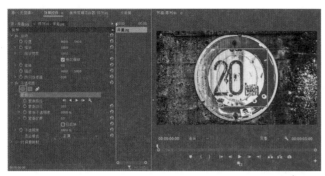

图21-9

08 在"节目"面板中调整蒙版，使其与"井盖"元素完全吻合，如图21-10所示。

图21-10

09 单击V1轨道的"切换轨道输出" ◎按钮，查看蒙版选区的情况，如图21-11所示。

10 将"井盖"元素单独导出成一张图片。在"节目"面板中，单击"导出帧" ◎按钮，如图21-12所示，在弹出的"导出帧"对话框中，将"名称"设置为"盖子"，"格式"设置为PNG，"路径"保持默认，勾选"导入到项目中"复选框，然后单击"确定" 确定 按钮，如图21-13所示。

11 再次选中V2轨道的"井盖"素材，在"效果控件"面板中勾选"已反转"复选框，这时画面中只保留了地面部分，如图21-14所示。

12 将"地面"部分单独导出成一张图片。在"节目"面板中，单击"导出帧" ◎按钮，如图21-15所示，在弹出的"导出帧"对话框中，将"名称"设置为"地面"，"格式"设置为PNG，"路径"保持默认，勾选"导入到项目中"复选框，然后单击"确定" 确定 按钮，如图21-16所示。

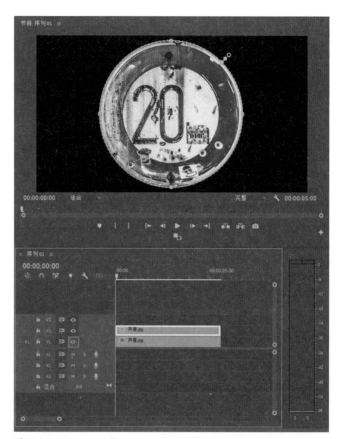

图21-11

图21-12

图21-13

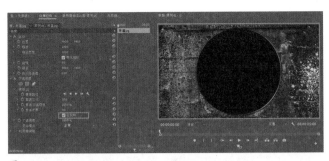

图21-14

图21-15

图21-16

13 在"项目"面板查看导出后的"盖子"和"地面"素材，如图21-17所示。

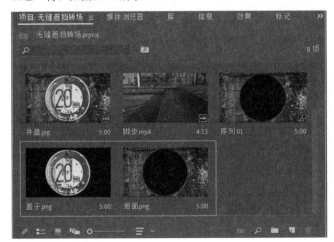

图21-17

井盖入场和出场动画

14 在"时间轴"面板删除V1和V2轨道的"井盖"素材，然后将"地面"素材放在V2轨道，将"盖子"素材放在V1轨道，并单击V1轨道的"切换轨道输出"■按钮，如图21-18所示。

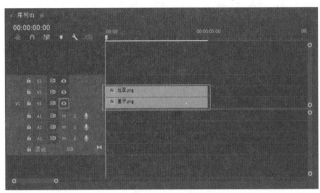

图21-18

15 将"变换"效果添加至"盖子"素材，如图21-19所示。

图21-19

16 在"时间轴"面板中将播放指示器移至1秒10帧的位置，选中"盖子"素材，在"效果控件"面板中找到"变换"效果，单击"位置"前面的"切换动画"■按钮，并将"位置"设置为2300,540，如图21-20所示。

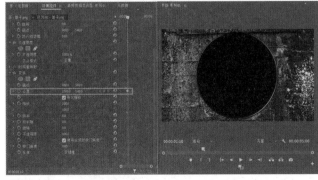

图21-20

17 将播放指示器移至1秒20帧位置，单击"位置"后面的"重置参数"■按钮，如图21-21所示。

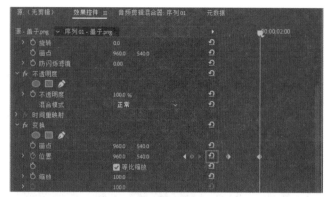

图21-21

18 将播放指示器移至2秒位置，单击"旋转"前面的"切换动画" ⏱ 按钮，如图21-22所示。

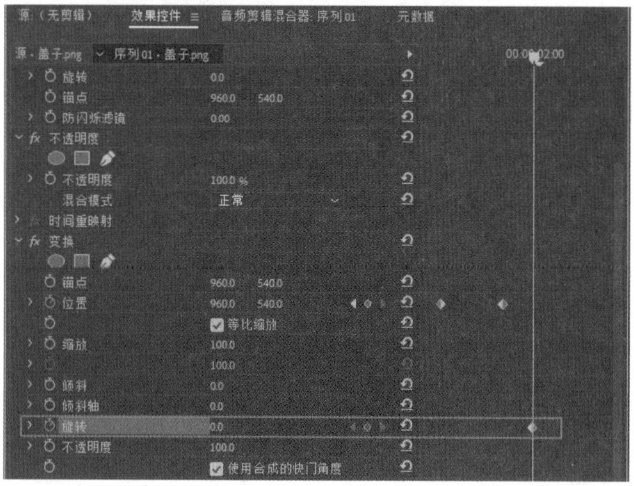

图21-22

19 将播放指示器移至2秒10帧位置，将"旋转"设置为2×0.0°，如图21-23所示。

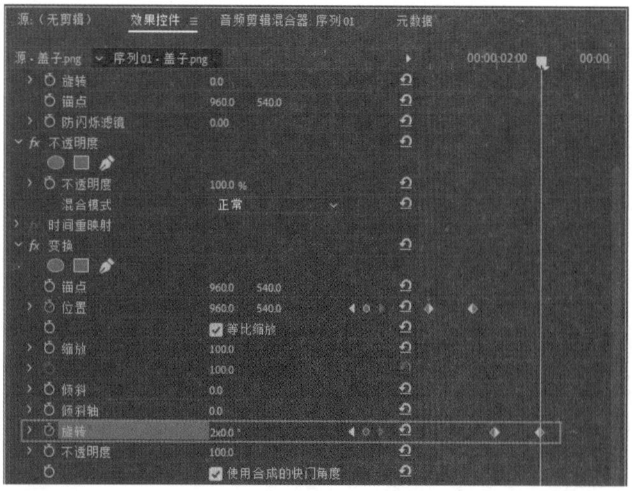

图21-23

20 将播放指示器移至2秒15帧位置，单击"位置"后面的"添加/移除关键帧" ◆ 按钮，如图21-24所示。

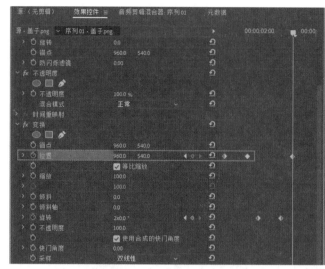

图21-24

21 将播放指示器移至3秒01帧位置，将"位置"设置为2300,540，如图21-25所示。

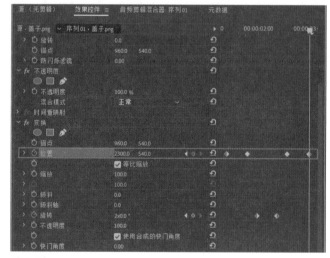

图21-25

22 制作运动过程中的视频模糊效果。在"效果控件"面板中取消勾选"使用合成的快门角度"复选框，并将"快门角度"调整为360，如图21-26所示。

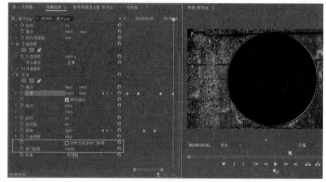

图21-26

23 选中"位置"和"旋转"的所有关键帧，然后在任意一个关键帧上单击鼠标右键，在菜单中选择"临时插值"→"缓入"命令，如图21-27所示。

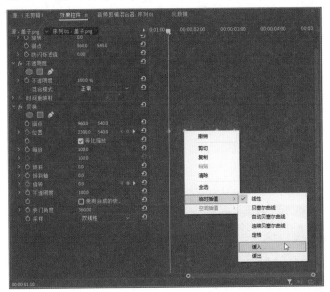

图21-27

24 再次选中"位置"和"旋转"的所有关键帧，然后在任意一个关键帧上单击鼠标右键，在菜单中选择"临时插值"→"缓出"命令，如图21-28所示。

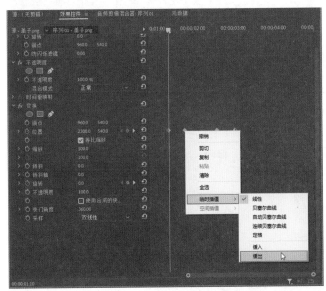

图21-28

◇ 21.3.5
添加入场和出场标记

25 在"时间轴"面板选中"盖子"和"地面"素材，然后单击鼠标右键，在弹出的菜单中选择"嵌套"命令，如

图21-29所示，在弹出的"嵌套序列名称"对话框中单击"确定" ⬭确定 按钮，如图21-30所示。

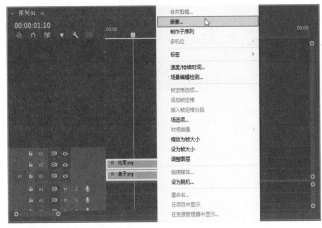

图21-29

图21-30

26 将播放指示器移至"盖子"素材的出现位置，选中"嵌套序列01"素材，单击"添加标记" ◆ 按钮，如图21-31所示。

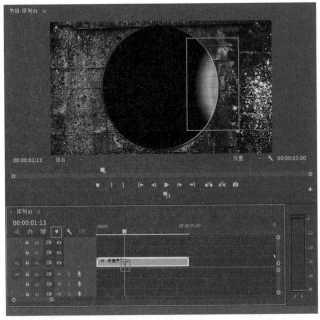

图21-31

27 按上述方法分别在"盖子"素材开始旋转和出场的位置添加标记，如图21-32所示。

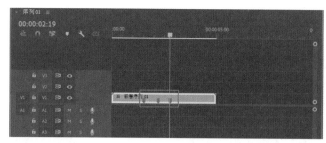

图21-32

💎 21.3.6

匹配井盖与转场素材

28 将"嵌套序列01"素材向后移动，将"脚步"和"散步"素材按顺序放在V1轨道，如图21-33所示。

图21-33

29 将"嵌套序列01"素材放在V2轨道，并且将中间的标记与"脚步"和"散步"素材衔接位置对齐，如图21-34所示。

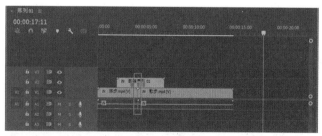

图21-34

30 将播放指示器移至"嵌套序列01"素材的开始位置，并选中"嵌套序列01"素材，然后单击"缩放"前面的"切换动画" ⏱ 按钮，并将"缩放"设置为230，如图21-35所示。

图21-35

31 将播放指示器向后移动10帧，单击"重置参数" 🔄 按钮，如图21-36所示。

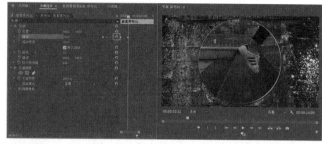

图21-36

32 将鼠标指针移至第三个标记向后10帧的位置，如图21-37所示，单击"缩放"后面的"添加/移除关键帧" ◆ 按钮，如图21-38所示。

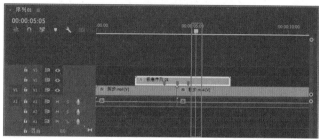

图21-37

图21-38

33 将播放指示器向后移动10帧，将"缩放"设置为230，如图21-39所示。

34 选中"缩放"的所有关键帧，然后在任意一个关键帧上单击鼠标右键，在菜单中选择"缓入"命令，如图21-40所示。

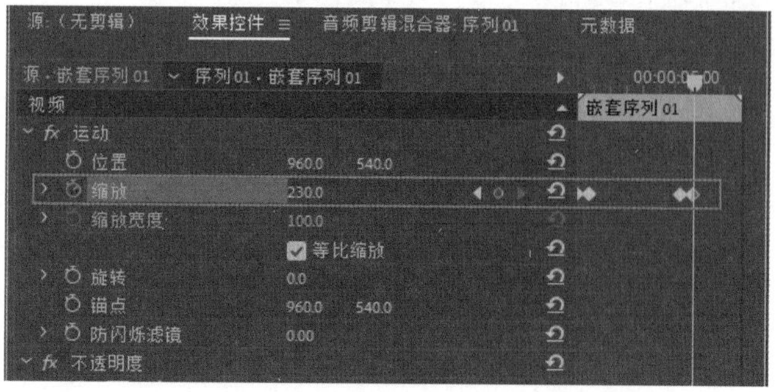

图21-39

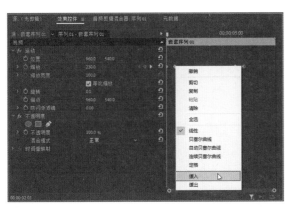

图21-40

35 再次选中"缩放"的所有关键帧，然后在任意一个关键帧上单击鼠标右键，在菜单中选择"缓出"命令，如图21-41所示。

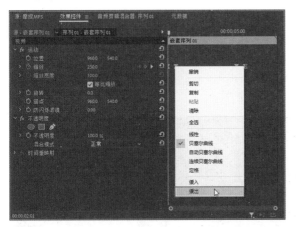

图21-41

◇ 21.3.7

添加音乐和音效

36 将"脚步"和"散步"素材的音频素材删掉，然后将"摩擦"素材放在A1轨道，并且与"嵌套序列01"素材的第一个标记对齐，如图21-42所示。

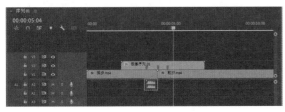

图21-42

37 按住Alt键，将"摩擦"素材向后拖动以复制一份，并且与"嵌套序列01"素材的第三个标记对齐，如图21-43所示。

38 将"夏天"素材放在A2轨道，并删减尾部素材使其与整体视频素材对齐，如图21-44所示。

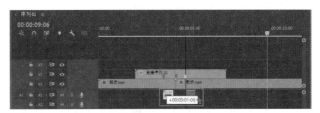

图21-43

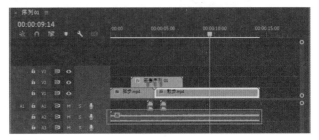

图21-44

◇ 21.3.8

导出影片

39 执行"文件"→"媒体"→"导出"命令，在设置区域设置文件名，将"格式"设置为"H.264"格式，单击"位置"选项后的蓝色字设置导出路径，单击"导出"按钮，如图21-45所示。

图21-45

无缝遮挡转场效果案例制作完成，最终效果如图21-46所示。

图21-46

第22章

滚动倒计时效果

[本章简介]

滚动倒计时效果是指用可视化的形式来表达时间的流逝，常用于考试、比赛、竞技等场景，用来强调截止时间的临近，通过不断滚动、刷新的数字来实时反映剩余的时间，从而营造出一种紧张或令人期待的氛围。

22.1 效果展示

重点指数：★★★★★
素材位置：素材文件\第22章\滚动倒计时效果
教学视频：滚动倒计时效果.mp4
学习要点：基本图形、关键帧

　　滚动倒计时效果如图22-1所示。

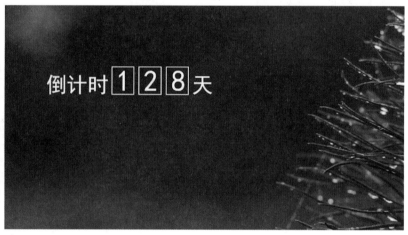

图22-1

22.2 制作思路

　　整个效果的制作大致分为两部分。首先是设计显示界面的文本排版，其中包括文字部分和图形部分，图形部分由3个带有描边的矩形构成，这里需要用到"基本图形"面板的调整工具；其次就是制作数字滚动的关键帧动画，以此演绎时间的动态变化，如图22-2所示。

图22-2

22.3 实战操作

22.3.1
新建项目和序列

01 双击桌面上的Premiere Pro 2024快捷方式图标，启动Premiere Pro 2024。在"主页"界面单击"新建项目"按钮，在"新建项目"界面中设置项目名和项目位置，并将导入设置区域的所有开关关闭，最后单击"创建"按钮，如图22-3所示。

02 在"项目"面板中执行"新建项"→"序列"命令，如图22-4所示。

03 在"新建序列"对话框打开"设置"选项卡，将"编辑模式"设置为"自定义"，"时基"设置为25帧/秒，"帧大小"设置为1920像素×1080像素，"像素长宽比"设置为"方形像素（1.0）"，"场"设置为"无场（逐行扫描）"，

其他参数保持默认，最后单击"确定"按钮，如图22-5所示。

图22-3

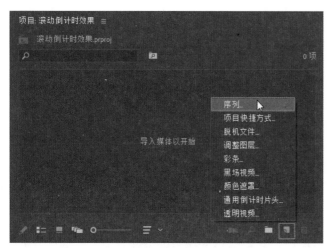

图22-4

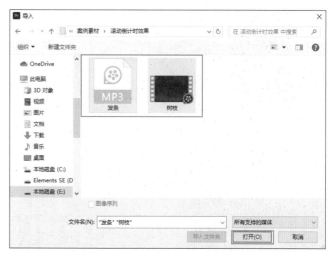

图22-6

22.3.3

输入文本内容

05 单击"工作区"  按钮，将工作区切换至"字幕和图形"模式，如图22-7所示。

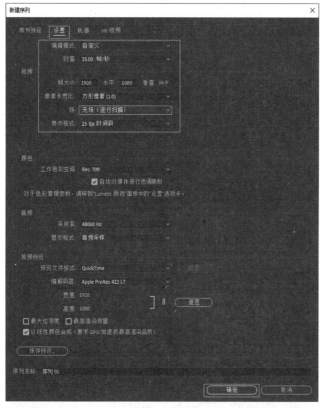

图22-5

22.3.2

导入素材

04 执行"文件"→"导入"命令，在弹出的"导入"对话框中找到素材存放位置，选中"树枝"和"发条"素材，单击"打开" 打开(O) 按钮，将素材导入"项目"面板，如图22-6所示。

图22-7

06 将"树枝"素材放入V1轨道，如图22-8所示。

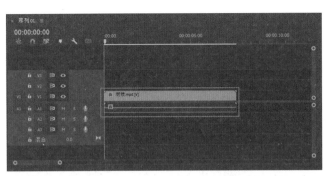

图22-8

07 单击"文字工具" **T** 按钮，在"节目"面板输入"倒计时 天"文本内容，如图22-9所示。

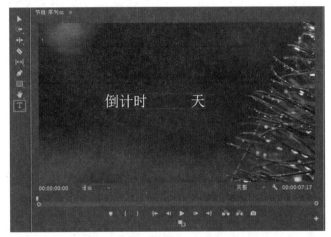

图22-9

08 全选文字内容，在"基本图形"面板中，将"字体"设置为"黑体"，"位置"设置为260,380，如图22-10所示。

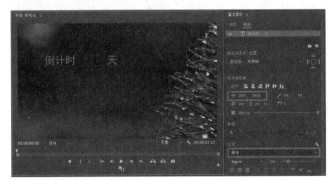

图22-10

💎 22.3.4

添加数字边框

09 单击"矩形工具" **▢** 按钮，在"节目"面板中创建一个矩形，如图22-11所示。

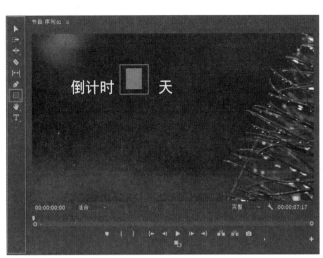

图22-11

10 在"基本图形"面板中将矩形的"位置"设置为630，310，"宽"设置为105，"高"设置为130，如图22-12所示。

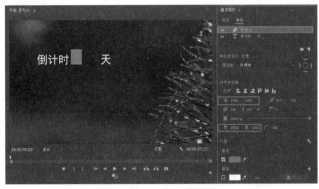

图22-12

11 取消勾选矩形的"填充"复选框，勾选"描边"复选框，并将"描边"设置为2，如图22-13所示。

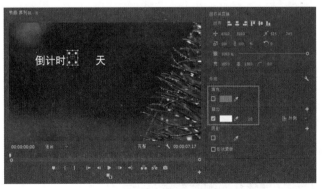

图22-13

12 在"基本图形"面板中选中"形状01"图层，单击鼠标右键，在弹出的菜单中选择第个"复制"命令，如图22-14所示。

图22-14

13 将新复制的"形状01"图层的"位置"设置为760，310，如图22-15所示。

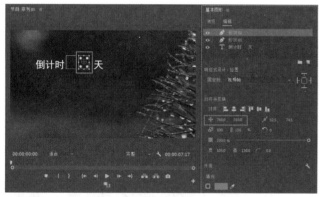

图22-15

14 在"基本图形"面板中，选中"形状01"图层，单击鼠标右键，在弹出的菜单中选择第二个"复制"命令，如图22-16所示。

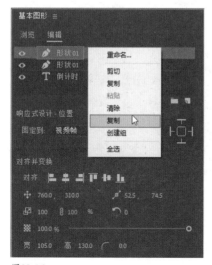

图22-16

15 将新复制的"形状01"图层的"位置"设置为890，310，如图22-17所示。

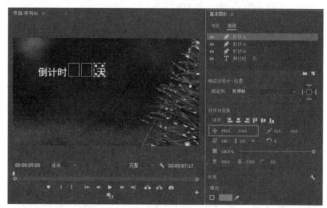

图22-17

16 单击"文字工具" T 按钮，在"节目"面板增加"倒计时 天"文本中的空格距离，如图22-18所示。

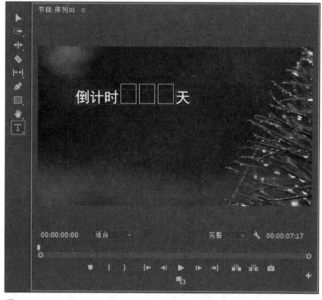

图22-18

💎 22.3.5
输入数字内容

17 长按"文字工具" T 按钮，在拓展选项中选择"垂直文字工具" IT，如图22-19所示。

18 单击"时间轴"面板的空白处，在不选中任何素材的状态下，在"节目"面板输入0、1、2、3……8、9、0，此时会生成一个新的图形素材，如图22-20所示。

图22-19

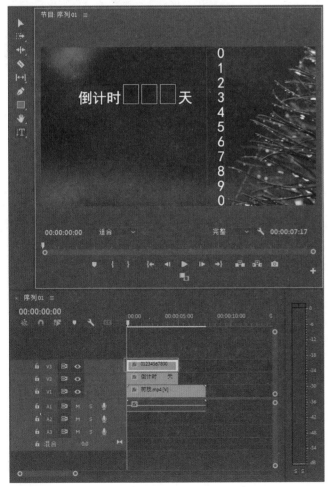

图22-20

19 调整数字内容的属性参数，将"位置"设置为630,250，"字体大小"设置为148，"字体"选择"黑体"，如图22-21所示。

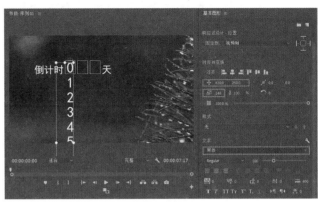

图22-21

20 在"时间轴"面板中选中数字素材，在"效果控件"面板中展开"文本"选项，单击"创建4点多边形蒙版"■按钮，如图22-22所示，然后在"节目"面板中以矩形的上下两条边为边界进行框选，如图22-23所示，该操作的目的是控制滚动数字显示的范围。

图22-22

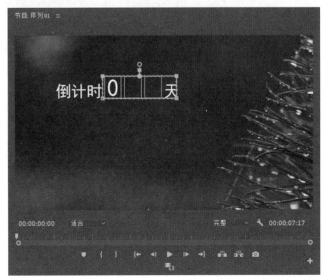

图22-23

21 复制数字素材。按住Alt键，将数字素材拖至V4轨道，如图22-24所示。

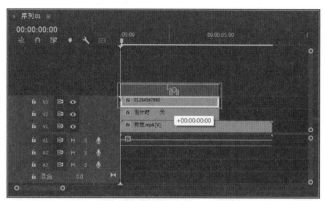

图22-24

22 将复制的数字素材的"位置"设置为760,250，如图22-25所示。

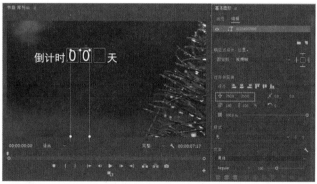

图22-25

23 再次复制数字素材，按住Alt键，将V4轨道的数字素材拖至V5轨道，如图22-26所示。

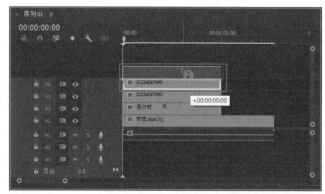

图22-26

24 将复制的数字素材的"位置"设置为890,250，如图22-27所示。

25 此时可以根据需要在0、1、2……8、9、0的后面继续输入数字内容，这里在3个数字素材中再输入1、2……8、9，如图22-28所示。

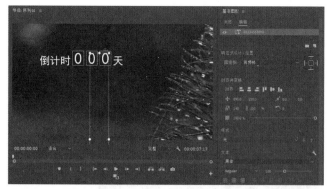

图22-27

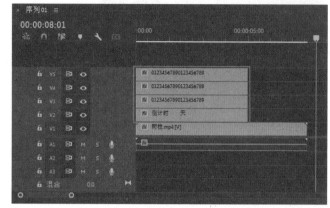

图22-28

💎 **22.3.6**
制作数字滚动动画

26 选中V3轨道的数字素材，将播放指示器移至开始位置，单击"效果控件"面板中"文本"选项内"位置"前面的"切换动画"📷按钮，如图22-29所示。

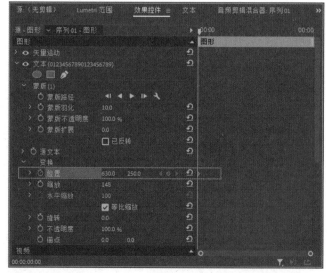

图22-29

27 将播放指示器移至1秒10帧位置,将"位置"设置为630,-1382,如图22-30所示。

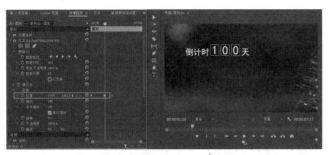

图22-30

28 选中V4轨道的数字素材,将播放指示器移至开始位置,单击"效果控件"面板中"文本"选项内"位置"前面的"切换动画"按钮,如图22-31所示。

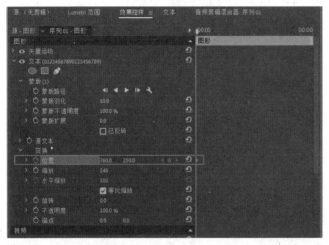

图22-31

29 将播放指示器移至1秒20帧位置,将"位置"设置为760,-1530,如图22-32所示。

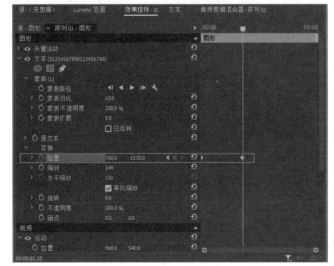

图22-32

30 选中V5轨道的数字素材,将播放指示器移至开始位置,单击"效果控件"面板中"文本"选项内"位置"前面的"切换动画"按钮,如图22-33所示。

图22-33

31 将播放指示器移至2秒06帧位置,将"位置"设置为890,-2414,如图22-34所示。

图22-34

32 分别设置3个数字素材的缓入和缓出。全选"位置"的两个关键帧,然后在任意一个关键帧上单击鼠标右键,在菜单中分两次选择"缓入"和"缓出"命令,如图22-35所示。

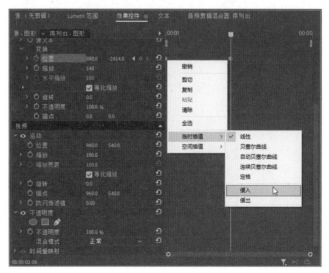

图22-35

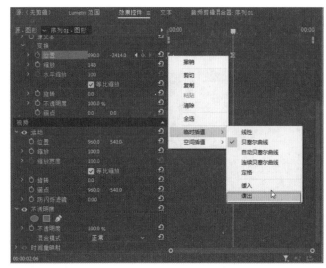

图22-35（续）

⬥ 22.3.7

添加音效

33 将"发条"素材放在A2轨道，并将2秒10帧以后的内容删掉，如图22-36所示。

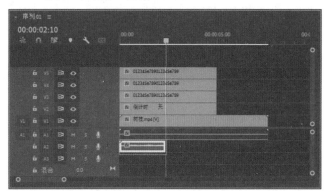

图22-36

⬥ 22.3.8

导出影片

34 执行"文件"→"媒体"→"导出"命令，在设置区域中设置文件名，将"格式"设置为"H.264"格式，单击"位置"选项后的蓝色字设置导出路径，单击"导出" [导出] 按钮，如图22-37所示。

图22-37

滚动倒计时效果案例制作完成，最终效果如图22-38所示。

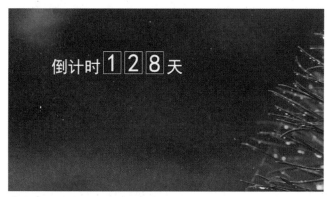

图22-38

唯美换天效果

23.1 效果展示

【本章简介】

唯美换天效果是指替换视频中的天空部分,在拍摄视频时经常会遇到阴天或者光线较差的天气,这种情况下可以使用换天效果,将原始素材中的天空区域替换成与场景符合的优质天空素材,从而达到优化视觉效果、改变场景氛围的目的。

重点指数:★★★★★
素材位置:素材文件\第23章\唯美换天效果
教学视频:唯美换天效果.mp4
学习要点:亮度键、"Lumetri颜色"面板、蒙版

唯美换天效果如图23-1所示。

图23-1

23.2 制作思路

首先需要使用"亮度键"效果将原始素材中天空的部分抠除,抠除不完整的地方可以用蒙版来优化,然后将选好的天空素材放在原始素材的轨道下面,并调整至合适位置,最后需要分别对原始素材、天空素材和

视频整体进行调色，使画面整体更加自然、和谐，如图23-2所示。

图23-2

23.3 实战操作

💎 23.3.1

新建项目和序列

01 双击桌面上的Premiere Pro 2024快捷方式图标 Pr，启动Premiere Pro 2024。在"主页"界面单击"新建项目" 新建项目 按钮，在"新建项目"界面中设置项目名和项目位置，并将导入设置区域的所有开关关闭，最后单击"创建" 创建 按钮，如图23-3所示。

02 在"项目"面板中执行"新建项"→"序列"命令，如图23-4所示。

03 在"新建序列"对话框中打开"设置"选项卡，将"编辑模式"设置为"自定义"，"时基"设置为25帧/秒，"帧大小"设置为1920像素×1080像素，"像素长宽比"设置为"方形像素（1.0）"，"场"设置为"无场（逐行

扫描）"，其他参数保持默认，最后单击"确定" 确定 按钮，如图23-5所示。

图23-3

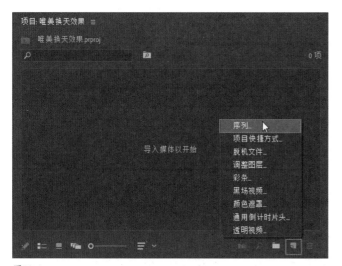

图23-4

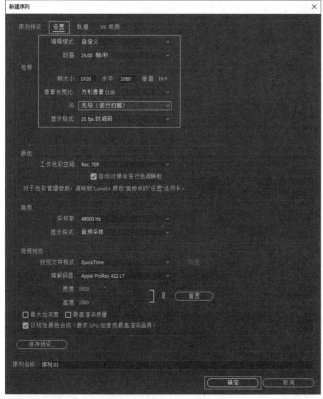

图23-5

💎 23.3.2
导入素材

04 执行"文件"→"导入"命令，在弹出的"导入"对话框中找到素材存放位置，选中"蓝天"和"沙漠骆驼"素材，单击"打开" 打开(O) 按钮，将素材导入"项目"面板，如图23-6所示。

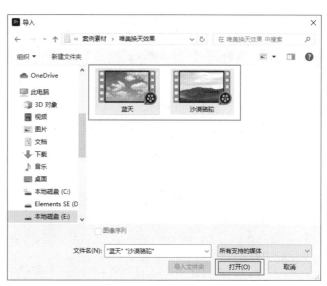

图23-6

💎 23.3.3
抠除素材中的天空区域

05 单击"工作区" 🔲 按钮，将工作区切换至"颜色"模式，如图23-7所示。

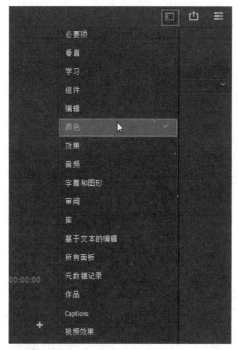

图23-7

06 将"沙漠骆驼"素材放在V2轨道，如图23-8所示。

07 在"效果"面板搜索"亮度键"效果，并将其拖至"沙漠骆驼"素材上，如图23-9所示。

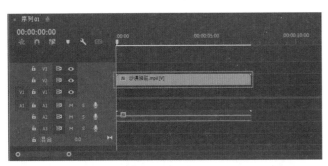

图23-8

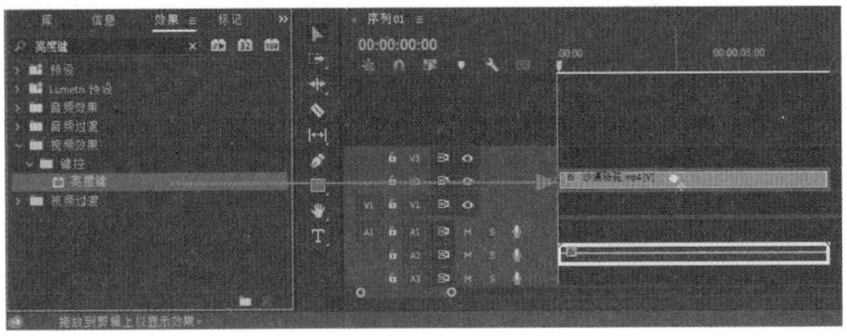

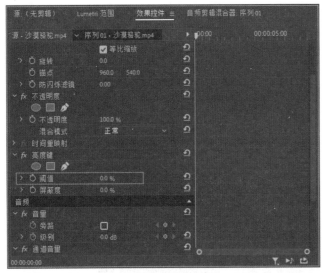

图23-9

08 将"亮度键"效果的"阈值"改为0，如图23-10所示。

图23-10

09 调整"屏蔽度"，使天空中高光的区域被部分去除即可，这里设置的数值为31，如图23-11所示。

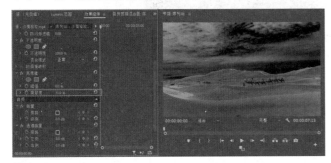

图23-11

10 画面中的黑色区域不是真正的黑色，而是透明的，可以单击"设置" 按钮，在弹出的菜单中选择"透明网格"命令切换查看方式，如图23-12所示。

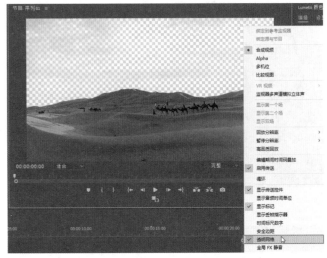

图23-12

11 将"亮度键"中"阈值"设置为30%，如图23-13所示，此时在将天空抠除干净的同时，沙漠中较亮的部分也会受到影响，如图23-14所示。

图23-13

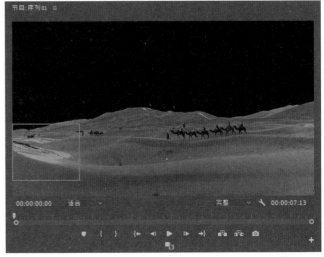

图23-14

23.3.4

天空区域蒙版跟踪

12 使用蒙版工具将沙漠区域受影响的位置排除在外。将播放指示器移至开始位置，在"效果控件"面板中单击"亮度键"中的"自由绘制贝塞尔曲线" 按钮，如图23-15所示。

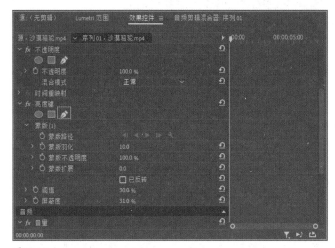

图23-15

13 在"节目"面板中沿着天空与沙漠的交界处将天空的部分单独框选，如图23-16所示。

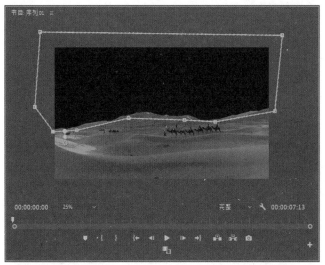

图23-16

14 为蒙版路径添加关键帧，单击"蒙版路径"前面的"切换动画" 按钮，如图23-17所示。

15 将播放指示器移至3秒15帧位置，调整蒙版的框选区域，完整选择天空的部分，如图23-18所示。

16 将播放指示器移至7秒12帧位置，调整蒙版的框选区域，如图23-19所示。

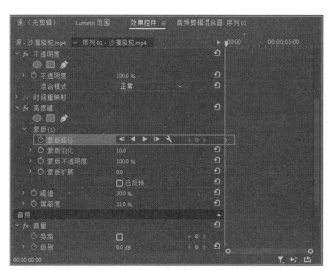

图23-17

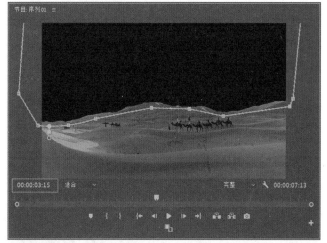

图23-18

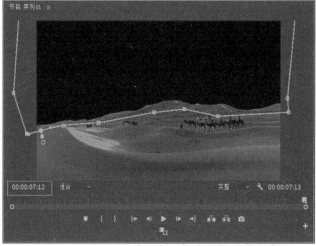

图23-19

💎 23.3.5

沙漠区域色彩调整

17 对"沙漠骆驼"素材做调色处理，在"Lumetri颜色"面板中将"曝光"设置为0.8，"高光"设置为30，"阴影"设置为-22，"白色"设置为25，如图23-20所示。

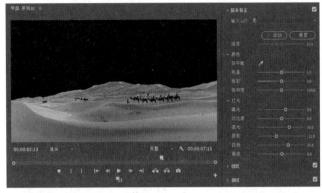

图23-20

18 在"曲线"选项中略微调整曲线，提升画面的对比度，如图23-21所示。

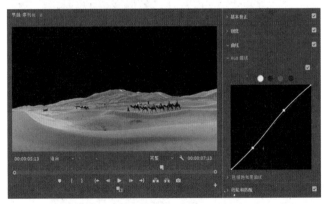

图23-21

19 在"HSL辅助"选项中单击吸管工具💉，选取画面中的沙漠部分，然后调整H、S、L的滑块，完整选取沙漠区域，如图23-22所示。

图23-22

20 将"降噪"设置为15，"模糊"设置为4，将"阴影"、"中间调"和"高光"色轮的色彩偏向橙色，并分别提高其亮度，如图23-23所示。

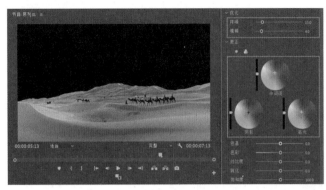

图23-23

💎 23.3.6

"蓝天"素材色彩调整

21 将"蓝天"素材放在V1轨道，如图23-24所示。

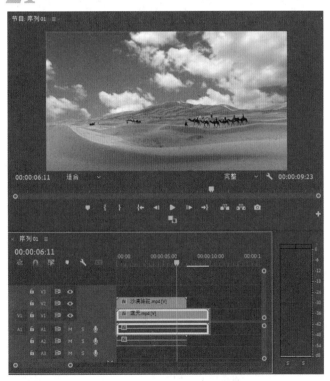

图23-24

22 在"时间轴"面板中选中"蓝天"素材，在"Lumetri颜色"面板中将"高光"设置为15，"阴影"设置为-15，"白色"设置为15，"黑色"设置为-10，如图23-25所示。

23 在"HSL辅助"选项中单击吸管工具💉，选取画面中的蓝天部分，然后调整H、S、L的滑块，完整选取蓝天区域，并将"降噪"设置为13，"模糊"设置为5，如图23-26所示。

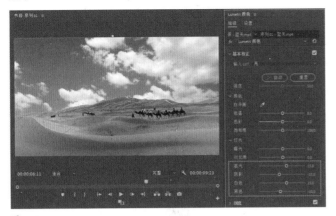

图23-25

图23-26

24 将"阴影"、"中间调"和"高光"色轮的色彩偏向青色，如图23-27所示。

图23-27

◈ 23.3.7

画面整体色彩调整

25 创建调整图层。在"项目"面板中执行"新建项"→"调整图层"命令，如图23-28所示，在弹出的"调整

图层"对话框中单击"确定" 确定 按钮，如图23-29所示。

图23-28

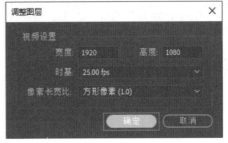

图23-29

26 将"调整图层"素材拖至V3轨道，并将"调整图层"和"蓝天"素材都与"沙漠骆驼"素材对齐，如图23-30所示。

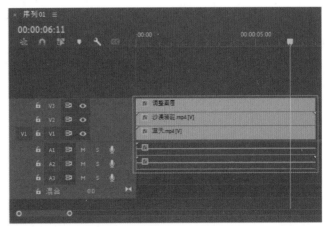

图23-30

27 在"时间轴"面板中选中"调整图层"素材，对整体画面做颜色调整。在"Lumetri颜色"面板中将"曝光"设置为0.3，"对比度"设置为-9，"阴影"设置为-20，"白色"设置为3，"黑色"设置为-13，如图23-31所示。

图23-31

28 在"创意"选项中，将"自然饱和度"设置为-20，"饱和度"设置为120，如图23-32所示。

图23-32

💎 23.3.8
导出影片

29 执行"文件"→"媒体"→"导出"命令，在设置区域中设置文件名，将"格式"设置为"H.264"格式，单击

"位置"选项后的蓝色字设置导出路径，单击"导出" 导出 按钮，如图23-33所示。

图23-33

唯美换天效果案例制作完成，最终效果如图23-34所示。

图23-34

统一镜头颜色

24.1 效果展示

重点指数：★★★★★
素材位置：素材文件\第24章\统一镜头颜色
教学视频：统一镜头颜色.mp4
学习要点："Lumetri颜色"面板

统一镜头颜色效果如图24-1所示。

图24-1

【本章简介】

在拍摄视频素材时，经常会出现同一个场景拍摄的镜头之间有明显色差的情况，这是由环境光线、相机白平衡等原因造成的，遇到这种情况可以用调色的方式统一镜头颜色，也可以使用这种方式对不同场景的镜头做色彩匹配处理。

24.2 制作思路

统一镜头颜色分两个部分，首先是判断两段视频素材的亮度差异，需要先将画面的亮度调整至同一水平，调整的时候如果非主体部分有过亮或者过暗的元素，可以用蒙版工具将其规避掉；其次是调整画面的色彩风格，使用分量（RGB）图来判断色彩偏向，然后通过"Lumetri颜色"面板中的工具对其进行有针对性的调整，如图24-2所示。

图24-2

24.3 实战操作

💎 24.3.1

新建项目和序列

01 双击桌面上的Premiere Pro 2024快捷方式图标 Pr，启动Premiere Pro 2024。在"主页"界面单击"新建项目" 新建项目 按钮，在"新建项目"界面中设置项目名和项目位置，并将导入设置区域的所有开关关闭，最后单击"创建" 创建 按钮，如图24-3所示。

图24-3

02 在"项目"面板中执行"新建项"→"序列"命令，如图24-4所示。

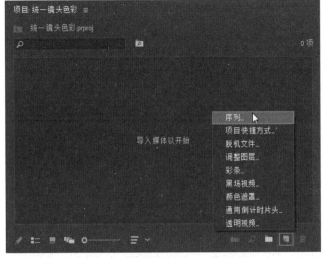

图24-4

03 在"新建序列"对话框打开"设置"选项卡，将"编辑模式"设置为"自定义"，"时基"设置为25帧/秒，"帧大小"设置为1920像素×1080像素，"像素长宽比"设置为"方形像素（1.0）"，"场"设置为"无场（逐行扫描）"，其他参数保持默认，最后单击"确定" 确定 按钮，如图24-5所示。

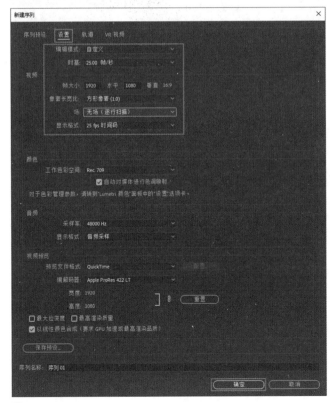

图24-5

◈ **24.3.2**

导入素材

04 执行"文件"→"导入"命令，在弹出的"导入"对话框中找到素材存放位置，选中"沙漠-1"和"沙漠-2"素材，单击"打开" 打开(O) 按钮，将素材导入"项目"面板，如图24-6所示。

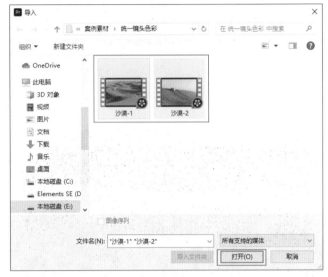

图24-6

◈ **24.3.3**

亮度对比

05 单击"工作区" ▣ 按钮，将工作区切换至"颜色"模式，如图24-7所示。

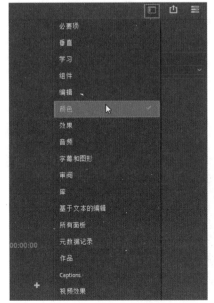

图24-7

06 将"沙漠-1"和"沙漠-2"素材拖至V1轨道，如图24-8所示。

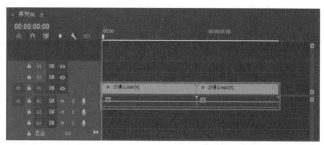

图24-8

07 在"Lumetri范围"面板中单击"设置"🔧按钮，将颜色范围调整至"波形（RGB）"模式，波形图如图24-9所示。

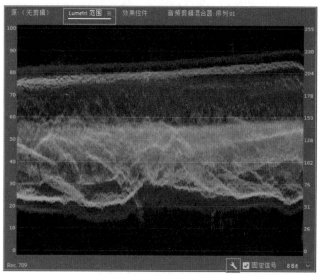

图24-9

08 现在需要调整"沙漠-2"素材，使其色彩与"沙漠-1"素材匹配。"沙漠-2"素材如图24-10所示，"沙漠-1"素材如图24-11所示。

图24-10

图24-11

09 对比两段画面的亮度，为了避免画面中天空区域受到影响，使用蒙版工具只将沙漠的区域单独选取出来。在"时间轴"面板中选中"沙漠-1"素材，在"效果控件"面板中单击"创建4点多边形蒙版"▣按钮，如图24-12所示。

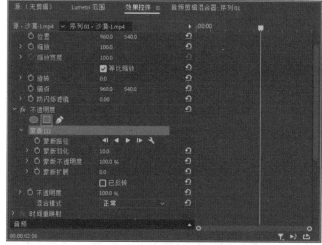

图24-12

10 在"节目"面板中调整蒙版边框，框选沙漠区域，如图24-13所示。

图24-13

11 在"时间轴"面板中选中"沙漠-2"素材，在"效果控件"面板中单击"创建4点多边形蒙版" ■按钮，然后在"节目"面板中调整蒙版边框，框选沙漠区域，如图24-14所示。

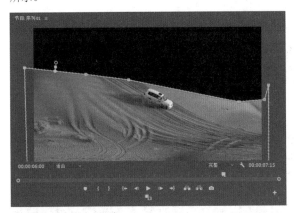

图24-14

12 分别查看"沙漠-1"和"沙漠-2"素材的颜色波形图，"沙漠-1"素材的亮度范围为20~80，如图24-15所示，"沙漠-2"素材的亮度范围为20~70，如图24-16所示。

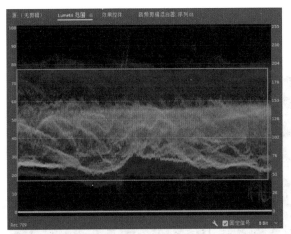

图24-15

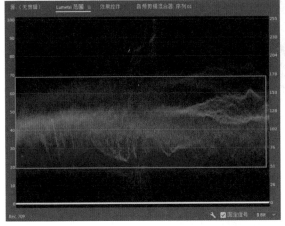

图24-16

24.3.4

调整亮度范围

13 根据上述数值对比，在"Lumetri颜色"面板中调整"基本校正"选项中的参数，使两段素材的亮度接近。将"曝光"设置为0.5，"高光"设置为15，"阴影"设置为-5，"白色"设置为9，"黑色"设置为10，如图24-17所示。

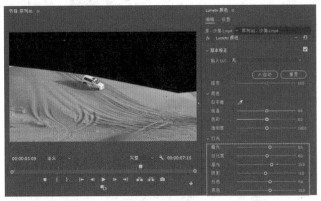

图24-17

14 再整体调整"中间调"的亮度，在"曲线"选项中将曲线的中间位置稍微向上提一些，如图24-18所示。

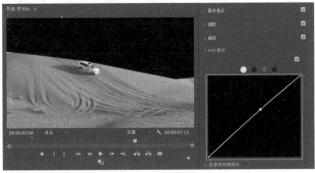

图24-18

15 将"沙漠-1"和"沙漠-2"素材的蒙版删掉。选中"蒙版（1）"，然后按Delete键，如图24-19所示。

图24-19

24.3.5
颜色分量图对比

16 在"Lumetri范围"面板中单击"设置"按钮，如图24-20所示，将颜色范围调整至"分量（RGB）"模式。

图24-20

17 分别查看"沙漠-1"和"沙漠-2"素材的颜色分量图，在"沙漠-1"素材中，红色、绿色、蓝色3种颜色的亮度信息位置对比为：红色>绿色>蓝色，如图24-21所示。在"沙漠-2"素材中，红色、绿色、蓝色3种颜色的亮度信息位置对比为：绿色>蓝色>红色，如图24-22所示。

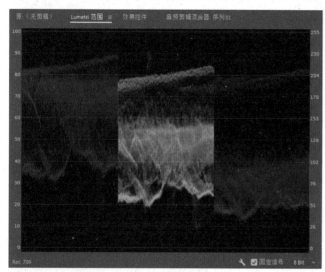

图24-21

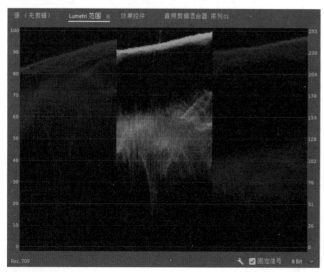

图24-22

24.3.6
调整颜色通道

18 根据上述对比信息对"沙漠-2"素材进行调整，分别调整"RGB曲线"选项的绿色、蓝色通道，先将绿色通道的高光和中间调位置向下拖动，如图24-23所示。

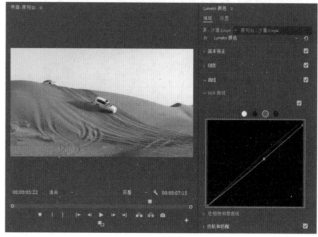

图24-23

19 查看"沙漠-2"素材的颜色分量图，此时绿色通道的图像位置稍微低于红色通道，如图24-24所示。

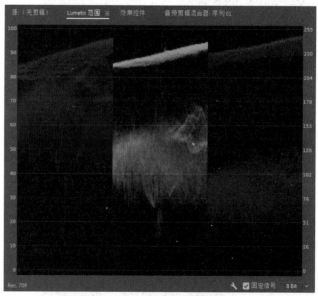

图24-24

20 调整蓝色通道，将蓝色通道的高光位置向下拖动，如图24-25所示。

21 查看"沙漠-2"素材的颜色分量图，此时蓝色通道的图像位置略低于绿色通道，如图24-26所示。

22 根据画面的实时情况，再将"沙漠-2"素材绿色通道的阴影位置稍微向下拖动，如图24-27所示。

图24-25

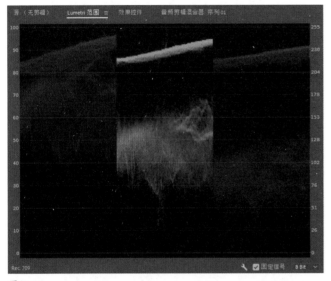

图24-26

图24-27

23 再次对比"沙漠-1"和"沙漠-2"素材的画面情况，可以发现"沙漠-1"素材在中间调区域稍微偏绿，如图24-28所示，"沙漠-2"素材如图24-29所示。

图24-28

图24-29

💎 24.3.7
调整局部细节

24 将"沙漠-1"素材绿色通道的中间调位置稍微向下拖动，如图24-30所示。

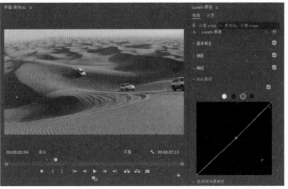

图24-30

25 此时"沙漠-2"素材的天空区域颜色偏冷，继续调整"基本校正"选项，将"色温"设置为10，"色彩"设置为7，如图24-31所示。

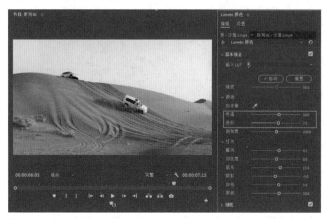

图24-31

图24-32

统一镜头色彩案例制作完成，最终效果如图24-33所示。

◈ 24.3.8

导出影片

26 执行"文件"→"媒体"→"导出"命令，在设置区域中设置文件名，将"格式"设置为"H.264"格式，单击"位置"选项后的蓝色字设置导出路径，单击"导出" 导出 按钮，如图24-32所示。

图24-33

上下遮幅开场

[本章简介]

上下遮幅开场是指从视频的上下两个方向出现黑色的遮幅，通过遮幅的位置变化来引导观众的视线，从而突出视频的重点信息。这种开场形式不同于常规画面的比例和构图，能够创造出独特的视觉效果，增强画面的深度和艺术感，常用于纪录片、专题片等视频内容。

25.1 效果展示

重点指数：★★★★★
素材位置：素材文件\第25章\上下遮幅开场
教学视频：上下遮幅开场.mp4
学习要点：轨道遮罩键、裁剪

上下遮幅开场效果如图25-1所示。

图25-1

25.2 制作思路

该效果是"轨道遮罩键"和"裁剪"效果的综合运用，利用"轨道遮罩键"效果做出以文本所占区域为显示范围、以背景视频为显示内容的文字效果，然后再配合"裁剪"效果做出上下遮幅缓缓进场的动画，最后将文字和遮幅定格，如图25-2所示。

图25-2

25.3 实战操作

◈ 25.3.1

新建项目和序列

01 双击桌面上的Premiere Pro 2024快捷方式图标 <kbd>Pr</kbd>，启动Premiere Pro 2024。在"主页"界面单击"新建项目" <kbd>新建项目</kbd> 按钮，在"新建项目"界面中设置项目名和项目位置，并将导入设置区域的所有开关关闭，最后单击"创建" <kbd>创建</kbd> 按钮，如图25-3所示。

02 在"项目"面板中执行"新建项"→"序列"命令，如图25-4所示。

03 在"新建序列"对话框中打开"设置"选项卡，将"编辑模式"设置为"自定义"，"时基"设置为25帧/秒，"帧大小"设置为1920像素×1080像素，"像素长宽比"设置为"方形像素（1.0）"，"场"设置为"无场（逐行

扫描）"，其他参数保持默认，最后单击"确定" <kbd>确定</kbd> 按钮，如图25-5所示。

图25-3

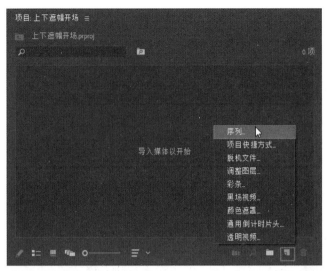

图25-4

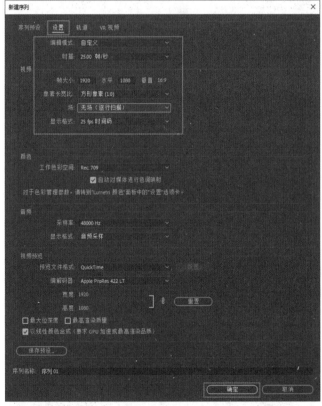

图25-5

💠 25.3.2

导入素材

04 执行"文件"→"导入"命令，在弹出的"导入"对话框中找到素材存放位置，选中"航拍"和"浑厚"素材，单击"打开" 打开(O) 按钮，将素材导入"项目"面板，如图25-6所示。

图25-6

💠 25.3.3

输入文本内容

05 将"航拍"素材拖至V1轨道，如图25-7所示。

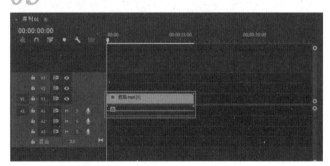

图25-7

06 单击"文字工具" T 按钮，在"节目"面板输入"高山的记忆"文本内容，如图25-8所示。

图25-8

07 全选文字内容，然后在"效果控件"面板将"字体"设置为"楷体"，"字体大小"设置为241，"字距调整"设置为102，激活"仿粗体"选项，将"填充"设置为"白色"，"位置"设置为310,320，如图25-9所示。

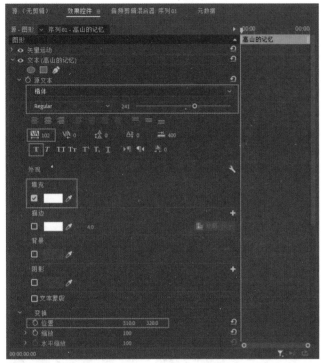

图25-9

💎 25.3.4
添加"轨道遮罩键"

08 在"时间轴"面板中将文字素材放在V3轨道，并且与"航拍"素材对齐，然后按住Alt键，将"航拍"素材拖至V2轨道，将"航拍"素材复制一层，如图25-10所示。

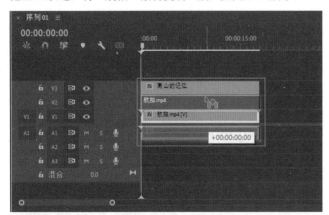

图25-10

09 给V2轨道的"航拍"素材添加"轨道遮罩键"效果，如图25-11所示。

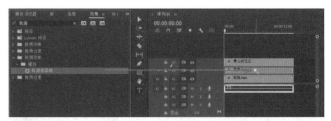

图25-11

10 在"效果控件"面板中，将"轨道遮罩键"中的"遮罩"改为"视频3"，如图25-12所示。

图25-12

11 此时可以单击V1轨道的"切换轨道输出" ⊙按钮，如图25-13所示，以查看添加"轨道遮罩键"后生成的文字效果，如图25-14所示。

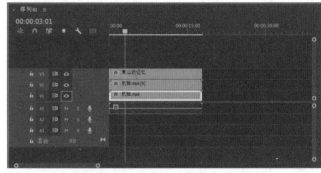

图25-13

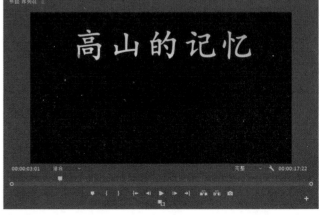

图25-14

25.3.5
制作上下遮幅动画

12 给V1轨道的"航拍"素材添加"裁剪"效果，如图25-15所示。

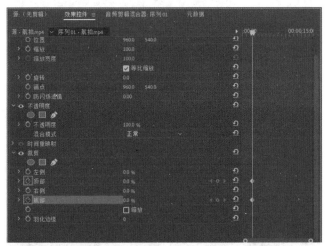

图25-15

13 将播放指示器移至2秒15帧的位置，在"效果控件"面板分别单击"顶部"和"底部"前面的"切换动画" ⟳ 按钮，如图25-16所示。

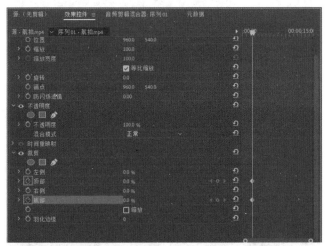

图25-16

14 将播放指示器移至6秒位置，将"顶部"设置为40%，"底部"设置为30%，如图25-17所示，此时的画面效果如图25-18所示。

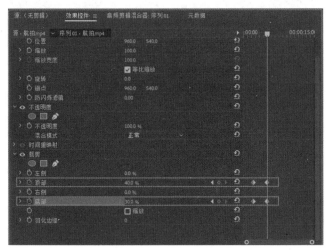

图25-17

图25-18

15 将播放指示器移至5秒10帧的位置，在"效果控件"面板中单击"不透明度"前面的"切换动画" ⟳ 按钮，并将"不透明度"设置为0，如图25-19所示。

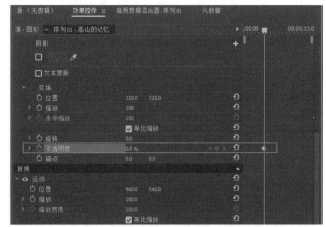

图25-19

16 将播放指示器移至6秒位置，将"不透明度"设置为100%，如图25-20所示。

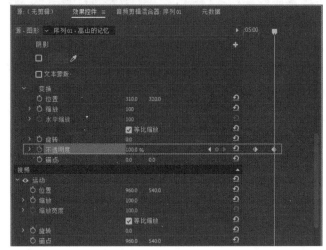

图25-20

◈ 25.3.6
添加背景音乐

17 在"项目"面板中双击"浑厚"素材，然后在"源"面板的16秒23帧位置给"浑厚"素材添加标记，如图25-21所示。

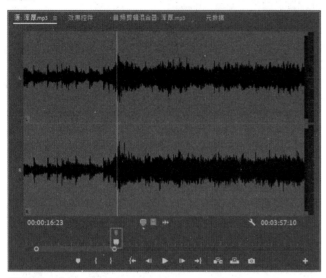

图25-21

18 在"时间轴"面板中将播放指示器移至5秒07帧位置，将"浑厚"素材拖至A2轨道，并将标记与播放指示器对齐，删减音频的前后内容使其与"航拍"素材对齐，如图25-22所示。

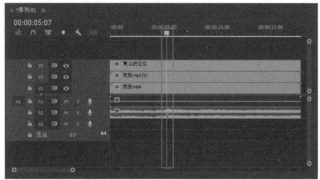

图25-22

◈ 25.3.7
导出影片

19 执行"文件"→"媒体"→"导出"命令，在设置区域设置文件名，将"格式"设置为"H.264"格式，单击"位置"选项后的蓝色字设置导出路径，单击"导出"按钮，如图25-23所示。

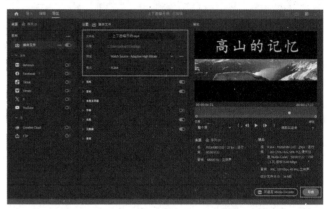

图25-23

上下遮幅开场案例制作完成，最终效果如图25-24所示。

图25-24